JN097755

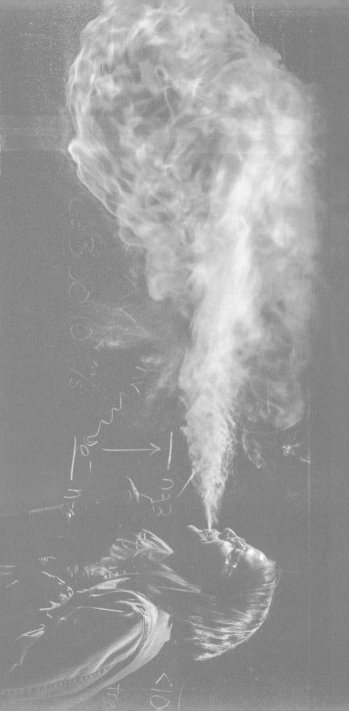

世界の見え方が変わる特別講義

# さぁ、化学に目覚めよう

テキサス大学准教授
ケイト・ビバードーフ

梶山あゆみ 訳

山と溪谷社

# IT'S ELEMENTAL

The Hidden Chemistry in Everything

by

*Kate Biberdorf*

First published by Park Row Books

This edition is published by arrangement with Harlequin Enterprises ULC
through Japan UNI Agency, Inc., Tokyo

私に化学を教えてくれた
ケリー・パルズロック先生へ

## 第3章　姿を変える——固体、液体、気体

## 第4章　絆はいつか壊れるもの――化学反応

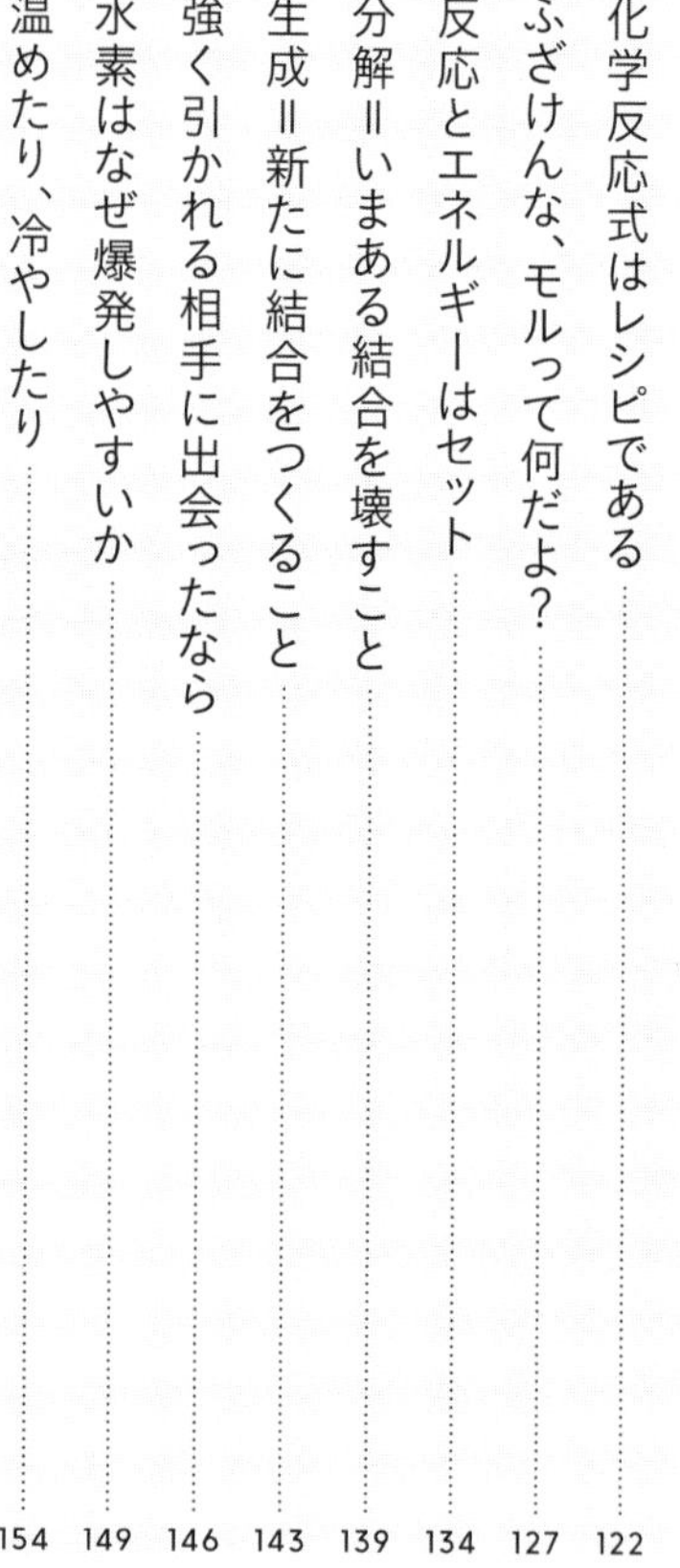



# 第II部　化学はここにも、そこにも、どこにでも

## 第11章 ハッピーアワーは最高の時間 ——バーで



## 第12章 日暮れてまったり ——ベッドルームで

# はじめに

ぼくらみたいなオタクは、おかしなことに本気で熱中したって何のおとがめも受けやしない。オタクはおかしなことが大好きでいいんだよ。それこそ、居ても立ってもいられないくらいにどうしようもなく好きでも、ね。……人が誰かをオタクって呼んだら、それはだいたい「きみっておかしなことが好きなんだね」っていう意味。

——ジョン・グリーン〔アメリカの作家・批評家・ユーチューバー〕

はじめにひとつ白状しておきたい。

私は化学オタクだ。

私は化学者で、夫のジョシュも化学者で、友人も科学者がほとんど(ぜんぶじゃないのが残念だけど、完璧な人間はいないから)。私は何気ない会話をきりだす調子でクォークの話をする癖がある。ジョシュとデートの夜に、ノーベル賞を受賞した実験のパラメーターについて語りあったこともあるし、周期表の元素はどれが最高かをめぐって激論になったことだってある（パラジウムですけどね、もちろん）。

でも、みんながみんなこんなんじゃないことは知っている。

というより、たいていの人はこうじゃない。

確かに化学にはわかりにくい面もある。それをいったら科学全般が理解しにくいかもしれない。用語や規則が山ほどあるし、何もかもが恐ろしいほど込みいっているように思える。とりわけ化学はそうで、それは私たちには何ひとつ見えないからだ。

生物学ならカエルを解剖できる。

物理学の特性、たとえば加速を授業で説明したければ、実際にそれを見せることができる。

でも、はいどうぞと原子を手渡しするわけにはいかない。

友人や家族ですら、私のしていることが呑みこめていないときがある。大親友のチェルシーがまさにそうだ。ものすごく頭が良くて、科学全般をよく知っていて、宝石職人として化学関連の仕事までしているのに、高校の化学の授業では何がどうなっているのかさっぱり「つかめて」いなかった。私が夢中になって聞いているかたわらで、チェルシーは退屈しながら途方に暮れていた。高校2年生の私にはその気持ちが理解できなかった。

いまならよーくわかる。チェルシーみたいな生徒を毎日のように目にしているから。私はテキサス大学オースティン校で、「実感できる化学」という科目を教えている。これは入門レベルのクラスであり、科学の授業なんてこの先二度と受けないような生徒が対象になっている。英文学専攻の学生がCの成績を目指して実際にそれが取れるような、一番簡単な科学の講座だと思えばいい。

ある年、授業の初日にひとりの生徒がクォークについて質問してきた。気づけば私は本題をそれ、ピカピカの1年生500人を前に延々と素粒子を語っていた。必死でノートをとろうとする者。いろいろな度合いのショックや恐怖をにじませて呆然（ぼうぜん）とこちらを見つめる者。仕方がないので私をスマホで撮りはじめた生徒もいる。ふたりの女子学生などはウソじゃなくひしと手を握りあっていた。

考えようによっては笑い話でも、笑うわけにはいかない。せっかく何百人もの学生が化学（と私）にチャンスを与えてやろうと思ってくれたのに、みんなを震えあがらせてしまったんだから。私がいったい何を話しているのか、ほとんどの学生には見当もつかなかった。クリンゴン語〔『スター・トレック』に登場する宇宙人の話す言葉〕を聞かされているのと同じである。科学は退屈で理解不能だという思いこみを強めただけに終わったのは間違いない。

なぜって言葉は大事だからだ。科学について語る際にはなおさらそういえる。

私が博士号を取得したとき、博士論文のコピーを電子メールで母に送った。数分後、母から電話がかかってきた。もしもしと返す間（ま）もなく笑い声が聞こえてくる。何がおかしいんだろう。違うファイルを添付しちゃったんだろうか。ママったらおかしな猫動画でも見ていた？　それともお尻のポケットでうっかり通話ボタンを押しちゃった？

ようやく言葉が吐きだされてきた。「ケイティ、ちんぷんかんぷんだってば！　何あの変な……ナプチルなんとかって？」激しく笑いすぎて、それだけ絞りだすのがやっとだ。どういうこと？　私がどんな研究をしているかはちゃんと話してあった。なんでわからないんだろう。

それから母に送った文書ファイルを開いて、書きだしの部分を読んでみた。

> 本論文には、新しい6種類の1，2－アセナフテニルNヘテロ環状カルベン－パラジウム（Ⅱ）錯体（さくたい）触媒の合成および触媒特性について述べられている。アセナフテニルカルベンは、メシチル基もしくは1，2－ジイソプロピルN－アリール置換基を用いて調製できる。

その瞬間に悟った。母が何を読み、学生が何を聞き、チェルシーが何を感じていたのかを。1，2－アセナフテニルNヘテロ環状カルベン－パラジウム(Ⅱ)錯体触媒といわれても、母にしたら何が何やらさっぱり、だったのだ。

それに、はっきりいって意味がわかる必要もなかった(参考までに書いておくと、これは医薬品をつくる化学反応に必要な触媒の一種)。

化学は本当に最高で、めちゃくちゃすごいんだけれど、化学者は(私も含めて)どうも話し方がまずく、博士号をもっていない人を軒並み置きざりにしてしまう。この本ではその反対のことをしようと思う。どうして私が化学を熱烈に愛しているのか、それを母にも、読者のみんなにも、わかってもらうことを目指すつもりだ。なぜ化学がすばらしいのか、なぜこんなにも胸躍るのか、そしてなぜみんなも好きになったほうがいいのかを伝えたい。

クォークの話なんかしないし、科学的手法の説明すら出てこないと約束する。それでも、読みおえたときには化学の基礎知識を身につけ、化学があらゆる物事にひそんでいることがわかるようになっている。朝のシャワーで使うシャンプーから、夕焼けの美しさまでぜんぶにだ。私たちは空気を吸わなければ生きていけないけれど、その空気の中にも化学はある。毎日毎日、私たちの触れるすべて、遭遇するすべてに化学が存在する。化学について知れば知るほど、いま暮らしているこの世界のすばらしさに気づけるようになる。

いますぐあたりを見回してみてほしい。目に映るものはどれも物質だ。あらゆる物質は分子で構成されていて、分子は原子でできている。

このページに記された文字のインクも分子であり、それが紙の繊維に吸収されている。製本に使われた接着剤も風変わりな分子で、それが紙と表紙の両方をつなぎとめている。化学はあらゆる場所の、あらゆるものの中にある。

第Ⅰ部の4つの章では、原子や分子、それから化学反応の基礎を理解してもらうための説明をしていく。化学入門講座のようなものだと思えばいいし、高校2年生のときに親友のためにノートをとっていた内容の要約ともいえる（ちなみにこの第Ⅰ部が終わる頃には、ついに原子が何かを「つかめる」ようになっていると約束する）。

第Ⅱ部では、日常生活の中の化学を見ていく。目覚めのコーヒーから夜のワインまで。そのあいだの時間にもいろいろなお楽しみが待っている。お菓子を焼き、掃除をし、料理をし、運動し、ビーチにだって出かける。その過程で、携帯電話や、日焼け止めや布地や、日々使うさまざまなものの中で化学がどのように働いているかを学んでいく。

単に化学の知識を得るだけでなく、化学に胸ときめかせてもらいたい。それがこの本を書いた私の願いだ。身のまわりの世界について、新しいことや思いがけないことを学んでほしい。そしてそれをパートナーや子どもや、友人や同僚や……なんならハッピーアワー〔飲食店が平日夕方に割引サービスをする時間帯〕で出会った見ず知らずの人にも伝えてくれたら嬉しい。

なぜって、科学を愛すれば世界をより良い場所に変えられると、私は本気で信じているから。

それじゃあ始めるとしましょうか。

# 第  部

## ひと味違う化学の授業

Not Your High School Chemistry

# 第1章

## 小さいけれど大切なもの
## ——原子

The Little Things Matter : The Atom

# 世界をつくる小さなかけら

化学はあらゆる場所の、あらゆるものの中にひそんでいる。携帯電話の中にも、体の中にも、衣類の中にも、もちろんお気に入りのカクテルの中にも！　化学は氷が水に溶ける仕組みを説明してくれるし、ナトリウムと塩素のような2種類の元素を一緒にしたら何が起きるかを予測させてもくれる（ネタバレ注意――これで塩ができる）。

けれど、そもそも化学って何だろうか。

専門的にいうと、**エネルギーと物質を調べて、そのふたつが互いにどう影響を及ぼしあうかを明らかにするのが化学**である。この場合、「物質」とは存在するありとあらゆるものを指し、「エネルギー」とは分子の反応のしやすさをいう（物質はものすごく小さいものから構成されていて、そのひとつが分子だ。これについてはのちほど詳しく）。

化学者はいつだって、ふたつの分子がどう反応するかを予測したいと思っている。つまり、2種類の化学物質を一緒にしたら何が起きるか、ということである。だから私たちはいろいろな問いを立て、それに答えようとする。その化学物質は室温で反応するのか。爆発が起きるのか。熱を加えたら新しい結合ができやすくなるのか。

こういう疑問に答えを出すには、化学の基礎を理解していないといけない。そのためには遠い昔にまでさかのぼる必要がある。それというのも化学が古い科学だからであり、しかも本当に、冗談じゃなく古い。

紀元前5世紀、レウキッポスとデモクリトスというふたりの哲学者は、この世のあらゆるものがそれ以上は分けられない小さなかけらでできていると考え、それに**「アトモス」**という名前をつけた。無数のアトモスが結びつくことで私たちの目に映る世界がつくられているのだと、ふたりは一連の小論の中で説いた。レゴをいくつも使えば、船だって、超カッコいいミレニアム・ファルコン〔映画『スター・ウォーズ』シリーズに登場する宇宙船〕だって組みたてられるのと同じ理屈である。

レウキッポスとデモクリトスは100パーセント正しかったし、だから「はじめて原子の概念を定義した人」という称号をいまではもらっている。けれども当時、ふたりの仮説は受けいれられなかった。なぜかといえば、ほぼ同じ時代に生きた別のふたりの哲学者の考えと真っ向からぶつかったからである。そのふたりこそ、プラトンとアリストテレスだった(なかなかの大物である)。

プラトンとアリストテレスの信じたところによれば、この世のすべての物質(要するに何もかも）は土、水、空気、火という4つの要素の組みあわせでできている。この説によれば、土は冷たく乾き、水は冷たく湿り、空気は熱く湿り、火は熱く乾いている。そしてその組みあわせでこの世のすべてがつくられている。さらにはどんな物体であっても、土から空気へ、あるいは火へ、あるいは水へと姿を変えたのちに、また土に戻ることができるとふたりは考えた。たとえば丸太を1本燃やす場合、最初は冷たく乾いていた（土）ものが熱く乾く（火）ことになる。火が消えれば、丸太は冷たく乾いた状態になるので土に戻る。

ただし、火を消すために水をかけたとすると、今度は土と水というふたつの要素の組みあわせになる。この場合には焦げて湿った灰が残るが、これはただの乾いた灰の山より圧倒的に場所をとる。したがって、プラトンとアリストテレスの考えでいけば、組みあわせしだいでどんな物質も無限に大きくもなれれば小さくもなれる。

デモクリトスはこの理論を忌み嫌っていた。**物質がどれだけ小さくなれるかには限界があるはずだ**と考えていたからである。たとえば、ひとかたまりのパンを半分に割るとしよう。その半分をさらに半分に、それをまた半分に、と何度もくり返していくと、しまいにはもうそれ以上分けられなくなる。そうなったとき、最後に残る小さなかけらこそが個々のアトモスなのだと、デモクリトスは信じて疑わなかった。**まったくもって大正解！**

とはいうものの、そんなことはどうでもよかった。だって、アリストテレスは当代随一の有名哲学者だったんだから。アリストテレスがアトモス論を一蹴（いっしゅう）すると、ほかのみんなも右にならった。アリストテレスが間違っていたせいで、不幸にも人類は以後2000年のあいだ世界の解釈を誤りつづけ、土、水、空気、火の組みあわせだと思いこんでいた。

**ちょっと噛みしめてみて。2000年よ、2000年！**

アリストテレスの理論を疑えるだけの確かな証拠が得られたのは、ようやく17世紀のことだった。ロバート・ボイルという変わり者の物理学者は、広く受けいれられている仮説の誤りを実験で証明するのが大好物だった。ボイルはアリストテレスの理論に目をつけて本を書き、世界は古代ギリシャ人が考えたように土、水、空気、火でできているのではないと説いた。

じゃあ何でできているかというと、それは**「元素」**なのだとボイルは説明した。それ以上は分解できない、小さな物質のかけらのことである。おや、どこかで聞いた覚えが。『懐疑の化学者』〔邦訳は田中豊助／原田紀子／石橋裕共訳、内田老鶴圃、1987年刊〕といういかにもな名のついたその本が刊行されると、それ以上分けられない小さな元素とやらを探しだそうと科学者はしのぎを削りはじめた。銅や金といったおなじみの材料は、いくつかの元素の混ざったものだと当時のボイルは考えていた。しかし著書の刊行後ほどなく、これらの材料（プラスほか11種類）はそれぞれが元素なのだと、みるみるうちにつきとめられていった。

たとえば銅は紀元前９０００年頃から中東で使用されてきたのに、ボイルの本が世に出るまでは詳しく調べられたことがなかった。元素というものに基づく新しい考え方が登場してはじめて、銅が複数種類の元素の組みあわせではなく、それ自体が単体の元素であると科学者は確信するようになった。

鉛、金、銀などについても同じことが起き、こうして最初の13元素が特定された。その後も新しい元素を示す証拠がないかと科学者は探しつづけ、それが１６６９年のリンの発見と、１７３５年のコバルトおよび白金（プラチナ）の発見につながった。

現代に生きる私たちは、元素がボイルの説明どおりのものであることを知っている。つまり、化学反応の最中に、それ以上単純な物質や、それ以上小さな物質に分解されることのない物質ということである。また、原子という小さな小さなかけらが膨大な数集まって、元素ができていることもいまではわかっている（原子は英語で「atom（アトム）」といい、これはデモクリトスの「アトモス」からきている）。ただし、原子の発見は１８０３年まで待たねばならなかった。謎を解いたのはジョン・ドルトンというイギリスの科学者である。

ドルトンの画期的な仮説は「原子説」と呼ばれることが多い。どういうものかというと、**ひとつの元素（たとえば炭素）内の原子はすべて同一であり、別の元素（たとえば水素）内の原子もすべて同一**だという考え方である。とはいえ、なぜ炭素原子と水素原子が異なるのかについては答えを出せなかった。

すべてが解明されたわけでは(まだ)なかったものの、当時の科学者はドルトンの原子説を受けいれ、同時にその説の誤りを証明しようともした(ネタバレ注意──結局、反証は不可能だった。ドルトンがいまも昔も正しいからである)。その後は1世紀かけて科学者がいくつもの実験を重ね、ドルトンの仮説に穴をあけようと試みた。しかし、実験の結果はどれも一貫して、元素が原子でできているというドルトンの説を支持していた。

一時期は、ジョセフ・ルイ・ゲイ゠リュサック、アメデオ・アボガドロ、イェンス・ヤコブ・ベルセリウスという3人の科学者が、個々の元素の原子がもつ質量を定めようと大変な悪戦苦闘をくり広げた。これはもう、カオスとしかいいようがない。それぞれの科学者が独自の技法と独自の基準を用いたものだから、発表されたデータセットはどれひとつとして一致しなかった。あまりに混乱を極めたために、科学界はイタリアの化学者スタニズラオ・カニッツァーロの意見に従うことを選び、なんとしても必要だった質量の世界標準をついに決定することができた。

私がひねくれているからかもしれないけど、もしも私が19世紀半ばに科学者として活動していたら、そんなテーマには見向きもしない。何でもかんでもバラバラにしてからもとに戻すのが大好きな人間として、もっと大きな謎に取りくんでいたと思う。つまり、物質を原子にまで分解できるのなら、その原子は何でできているのか、だ。ヴィクトリア時代の科学者にはテクノロジーの制約があったのか、はたまたただ単にその問題に関心がなかったのか、私にはいまだによくわからない。ともあれ、ようやく19世紀の終わりになって、サー・ジョセフ・ジョン・トムソンが原子の奥深くを覗(のぞ)くことに乗りだし、原子が何でできているかを暴くために陰極線の実験に着手した。

まず、ガラス管の両端に1個ずつ電極を取りつけ、その管を密封する。栓をされたビール瓶の中に、2個の長く薄い金属片が入っているようなものだと思えばいい。トムソンはそのガラス管からできる限り空気を抜き、電極に電圧を加えた。すると、電極から電極へと電気の流れるのが見えた。これを陰極線と呼ぶ。

その陰極線が正の電荷に引きよせられ、負の電荷に反発することをトムソンは確認した。もっと重要なのは、電極に用いる金属の種類を変えても、陰極線がつねに同じなのを見出したことである。

トムソンは嬉しさに舞いあがった。なぜって、これが画期的な発見を告げるものだと確信していたから。陰極線が元素や原子の種類ごとに違うわけではないとしたら、それは1個の原子を——しかも元素の種類を問わずに——構成している要素のひとつということになる。けれど、同じイギリスの科学者ジョン・ドルトンの原子説によって、原子は元素の

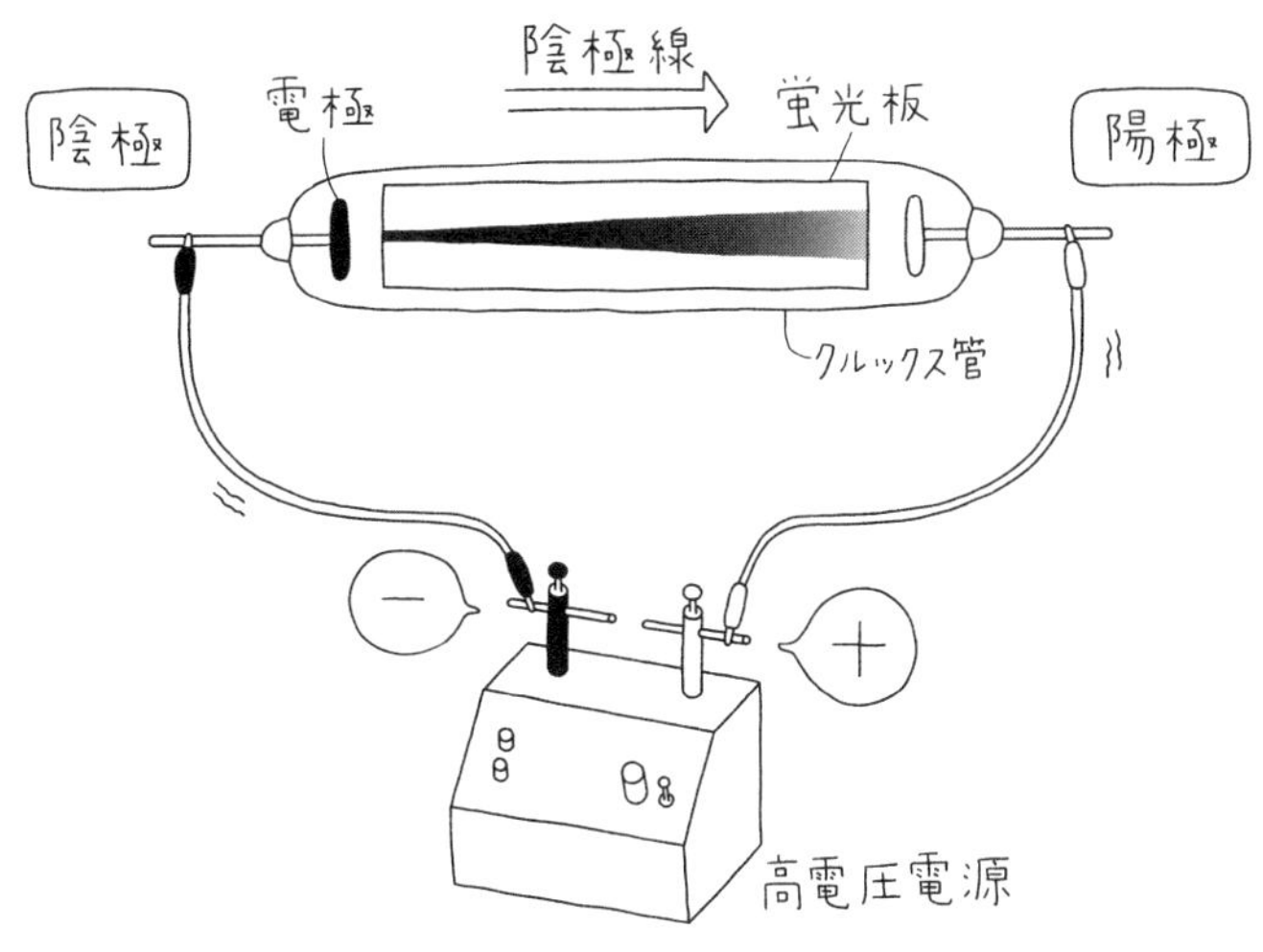


種類ごとに異なるものだとすでにみんな納得してしまっている。このままでは誰にも自分の考えを信じてもらえないとトムソンは危ぶみ（それは正解）、ひたすら実験を続けた。

徹底的にいろいろな計算をした結果、実験で使った陰極線の質量が、すでに知られていたどの原子の質量よりも著しく小さいことをトムソンはつきとめた。仮にあなたが家中のドアノブの重さを量ったとしたら、それは家全体の重さよりはるかに、圧倒的に軽いはずである。それは隣りの家にも、あなたの実家にも、きっとどの家にも当てはまる。トムソンが発見したこともそれと同じだ。どの「家」（つまり原子）にもまったく同じドアノブがいくつも備わっていて、それらは家全体の質量よりもつねに軽い。

つまりトムソンは、原子の内部にあるごくごく小さな部品を取りだしてみせたのである。**何を隠そう、発見したその部品の正体は電子！** 本当に小さなこの粒子は原子の内部にあって、負の電荷を帯びている。

## あなたの体を原子にたとえると

ここで科学史の時計を少し先に進めてお伝えしておくと、原子は3種類の小さな部品で構成されている。**陽子、中性子、電子**だ。陽子（正の電荷）と中性子（ご想像どおり電荷は中性）が核（原子の中央）の内部に位置しているのに対し、電子は核の外側にある。別の言い方をすると、私の体が原子だとしたら、肝臓と腎臓が陽子と中性子。電子は体の外にある何もかもで、たとえば上着や手袋がそれにあたる。

誰かに上着を渡したり、手袋を貸したりするのがいとも簡単にできるように、原子も難なく電子をやりとりできる。その一方で、人が私の肝臓や腎臓を取りだすのは並たいていのことではない。そんなことできる？　イエス。手術のあとも私は同じ？　ノー。というわけで、陽子を移動させるのはちょっとやそっとでできることではない。

原子核の中に陽子がいくつ入っているかで、それが何の元素かが決まる。たとえば、炭素原子には核内にかならず6個の陽子が収まっているし、窒素原子ならいつだって7個だ。窒素原子が何かの拍子に陽子を1個失ったら、それはもう窒素ではない。陽子が6個に減るので、その原子は炭素原子になる。このプロセス（核化学と呼ばれる）はそうそう起きるものではない。普通は原子に中性子を打ちこむような真似をしないと、原子核は崩壊させられない。いまのところこの方法は、原子力発電所でエネルギー（つまり電気）を生みだす際に使用されている。

原子は陽子をもらったり失ったりすることこそめったにないものの、**電子を交換することなら大好き**だ。そこにはおもに原子の構造がかかわっている。

冬の雪の日に外出するときの身じたくを思いうかべてほしい。あなたが原子だとしたら、さっきも話したように肝臓と腎臓が陽子と中性子であり、そこが原子核にあたる。今度は、服をどう重ね着しているかをじっくり見てみよう。一番内側の層――保温性のある下着――が電子の第1の層であり、シャツやズボンが次の層、上着やスノーパンツがさらにその次の層となる。

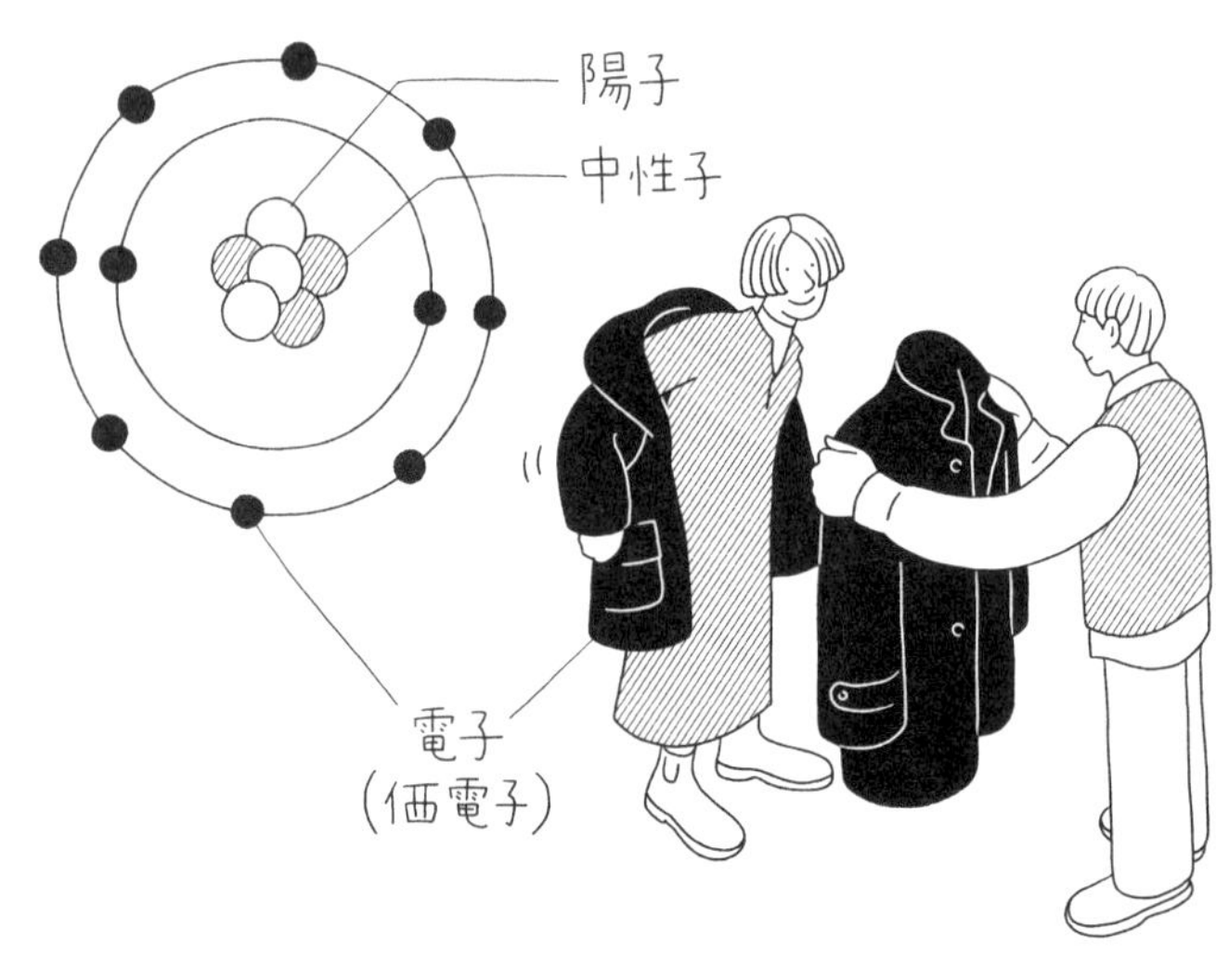


この最後に着る「上着」の層を最外殻(もしくは縮めて外殻)といい、これが化学できわめて重要な役割を果たす。この層にある電子は**「価電子」**と呼ばれ、**ほかの原子との化学反応の最中に簡単に交換できる**。何層も重ね着することで冬の寒さから身を守れるのと同じで、外殻も外の力から原子の中身(内殻という)を守っている。

内殻の電子は外側の価電子にさえぎられているので、ほかの原子とは反応できない。あなたのシャツと上着がさえぎってくれるおかげで、職場の同僚に下着を見られずに済むのと同じ理屈である。

この仕組みは原子にとって都合がいい。というのも、どの層の電子も負の電荷を帯びているので、電子どうしが反発しあう。

つまり、原子内の電子層のあいだにはかならず小さな隙間ができる。ちょうどシャツと上着のあいだにわずかな隙間があくように。

この比喩をさらに続けるなら、原子の大きさに違いがあるのはすべて「着ている」層の数に原因がある。みんなも覚えがあるように、寒い日に山ほど着ぶくれしないと体が温まらない人もいれば、年がら年中短パンとサンダルでほっつき歩く人もいる。同じことは原子にもいえる。小さめの原子は身にまとう層の数がさほど多くないのに対し、大きな原子は何層も何層も重ね着している。

この本で価電子の話が出てきたら、それが**原子のいちばん外側の「上着」の電子だということだけ思いだしてほしい。**晴れた日には上着を脱いで、肌でじかに日差しのぬくもりを感じたくなるように、価電子はいつでも外殻を離れて外の力と反応できる状態になっている。

# じつはすごい！　周期表

こんなことをいうとずいぶん驚くかもしれないけど、いま説明した内容に科学界が追いつくのはようやく1932年になってからだった。その大きな理由は、科学者が何世紀も孤立して研究してきたうえに、得られる情報に限りがあったためである（インターネット前の時代であることをお忘れなく）。かなり最近になるまで、化学の研究は大きな変化のないまゆっくりと進んでいたのだ。でも幸い、陽子、中性子、電子によって原子が構成されていることをいまの私たちは理解しているし、原子どうしで電子を交換できることも知っている。また、19世紀後半には、いろいろな原子について学んだことを体系的にまとめるために、標準化された方法が必要だと世界中の科学者が気づきはじめた。

そうして誕生したのが**周期表**である。

周期表は単なる科学の授業の参考資料ではない。私のような科学者にとってはなくてはならないものである。なにしろ、個々の元素について知る必要のある事柄がひと目で把握できるようになっているのだから。それぞれの特徴についてもそうだし、その元素の原子がどのようにふるまって、ほかの原子とどう作用しあう可能性が高いかもわかる。

まずは基本的なところから押さえておこう。いざ周期表を設計する段になったとき、各元素には名前と記号が必要だという話になった。そんなのはわけなくできそうな気がするけれど、ところがどっこい、そうはいかなかった。同じ元素を同じくらいの時期に別々の人が発見して（少なくとも発見したと主張して）、その元素に別々の名前をつけていることがよくあったからである。じゃあ、正式名をどうするのかという疑問が当然ながらもちあがる。想像にかたくないだろうが、たとえばパンクロミウムがバナジウムと名づけられ、ウォルフラムがタングステンと命名される際には相当に揉めた。

１９９７年というつい最近でも、原子番号１０４～１０９番の元素の命名をめぐってアメリカ、ロシア、ドイツのあいだで醜い争いがくり広げられた。２００２年、国際純正・応用化学連合（ＩＵＰＡＣ）はようやくこの馬鹿騒ぎに終止符を打ち、今後は元素がどう命名されていくべきかについて勧告を行った。いまではこの勧告が神の言葉であるかのごとく固く守られてはいるものの、新発見の元素に正式名が決まるには10年近くかかる場合もある。

元素記号を定める作業のほうは、名称を短縮すればいいだけなのでずっとすんなり進んだ。水素（hydrogen）ならH、炭素（carbon）ならCと、たいていはひと目見ればわかる。ただ、そこまですぐにはピンとこないものもあって、たとえば鉄（iron）がそうだ。鉄の元素記号はＩではなくFeであり、これはラテン語の*ferrum*からきている。ほかにもトリビアゲームで出題されそうな元素記号があとふたつ。タングステン（tungsten）がＷなのは先ほども触れたウォルフラム（wolfram）から採られたもので、水銀（mercury）がHgなのはラテン語の*hydrargyrum*が由来である。

名前と記号が割りあてられたあと、元素には原子番号が振られた。**原子番号は原子核内の陽子の数に合わせてある。**水素の原子番号は１であり、これは核内に陽子が１個しかないことを意味する。現時点で一番大きい原子番号は１１８。この元素はオガネソン（Og）と呼ばれ、核の中に１１８個の陽子が詰まっている。

ということは、原子核の外側にも１１８個の電子が存在するはずである。なぜそうなるかといえば、**原子番号は電子の数も示しているから**だ。ここは大事なので覚えておいてほしいのだけれど、**元素はすべて電気的に中性だ**という前提がある。だとすれば、必然的に陽子と電子の数はイコールでなくてはいけない。だから、水素の原子番号（１）を見れば、内側に陽子が１個と外側に電子が１個だとわかるわけである。もう少し詳しく説明すると、原子核内の陽子１個は正の電荷を帯びていて（+1）、それが電子１個の負の電荷（-1）をうち消すからこそ、元素自体が中性（０）になる。オガネソンの場合も同じ計算が成りたつ

（118＋(-118)＝0）。

じゃあ中性子の数はどうかというと、あいにくそうすっきりとはいかない。中性子の数は元素の種類によって違うだけでなく、同じ元素の原子であっても異なるからである。そこで、化学者は周期表にもうひとつ数字を加えることにした。それが原子量である。原子量とは、個々の元素の原子核の中に陽子と中性子が合計いくつ入っているかを示したものだ。この数字は、原子番号のような整数になることはめったにない。というのも、中性子の数の「加重平均」に、陽子の数を足した数字が原子量になるからである。

一般に、原子内の陽子：中性子の比率は1：1にかなり近い。だとすれば、原子番号（陽子の数）を2倍すれば原子量が推定できることになる。現に、マグネシウムの原子番号は12で、原子量は24・31（陽子の数12個＋中性子の数の加重平均12・31個）。カルシウムの原子番号は20で、原子量は40・08だ（陽子の数20個＋中性子の数の加重平均20・08個）。

しかし、科学の世界ではあらゆる規則に例外がある。たとえば、ウランの原子番号は92なので、原子量は184くらいじゃないかと予想したくなる。ところが、同位体の種類によって中性子の数が違うために、実際のウランの原子量は238・03だ。ウランのように、ほとんどの原子は複数の「**同位体**」をもつ。**同じ元素であっても、中性子の数の異なる原子が2種類以上存在する**場合、それらを同位体と呼ぶ。どれかの同位体がほかの同位体より「優れて」いるとみなされるわけではない。そこで、それぞれの同位体の存在比率を勘案したうえで、あらゆる種類をぜんぶひっくるめて単純に中性子の数の平均を算出している。この平均値は原子の標準的な表記にも用いられている。たとえばウランの場合ならウラン238、マグネシウムならマグネシウム24、カルシウムならカルシウム40といった具合だ〔厳密にいうと、同位体の表記に用いる238や24や40などの数字は「質量数」と呼ばれる。巻末の用語集参照のこと〕。

## 同位体

同位体はいわば個性をもった原子といえる。同じ元素なのに中性子数の違う原子が2種類以上あるとき、それらは互いに同位体だという。じつは同位体の存在は珍しくもなんともないのだが、化学の授業で大きな焦点を当てられることはまずない。それは、中性子が中性であるために、一般的な化学反応の際に原子のふるまい方を左右することがほとんどないからである（だから実際に影響を及ぼす陽子と電子に教師は注目する）。

それでも、発見されたすべての同位体について科学者は特徴を明らかにしてきた。それってすてきなことだと思う。レディー・ガガの歌じゃないけれど、同位体は「そういうふうに生まれついて（ボーン・ザット・ウェイ）」いて、余分な中性子と一緒に地球上に自然に存在している（レディー・ガガの歌の実際のタイトルは「Born This Way」）。

たとえば、炭素原子の大部分は陽子と中性子を6個ずつもっている。ところが一部の、炭素原子については、はじめから7個か8個の中性子が核内に収まっている。中性子が余分にあるからといって、その炭素原子の反応性や安定性がかならずしも高まるわけではない。ただ単にそれらがすべて同位体と呼ばれるということである。

犬にたとえるとわかりやすい。犬種が同じなら、見た目は一緒である。けれど、2匹のダルメシアンを比べたら、ぶちの数が何個か違っていてもおかしくはない。2匹にはほぼ差がないし、余分にぶちがついているからといってその犬や犬種に大きな違いが生じるわけでもない。同位体もそれとまったく同じだ。中性子の数が通常より多くても、その原子自体や元素自体が変わるわけではないし、ほかの元素との反応性にすら変化をきたさないのが普通である。ただ「同位体」という名前を余分にもらうだけだ。

すべての元素について元素名、元素記号、原子番号、原子量が定まったので、今度は元素をきちんと整理して、それぞれの反応性を予測しやすいようにしたいと科学者は考えた。**危険な反応が起きて有毒ガスが発生したり、爆発して吹きとばされたりするのはごめんで**

**ある**。だから、個々の元素がどういうふうに反応するかを知る必要があった。そのためには、物理特性と化学特性に応じて元素をグループ分けすることで、さまざまな原子の共通点を見つけだすのが一番いい。

理にかなった配置にしようと、いくつかの方法が試された。ヨハン・デーベライナーというドイツの化学者は、性質の似た元素どうしを3つひと組のグループに分けてみて、その中の大きい原子ほど爆発しやすいことにすぐ目を留めた。ほどなくして、やはりドイツの化学者ペーター・クレマースは、3つ組元素をふたつつなげてTの字にしてみた。3つ組元素方式の欠点は、その3つ組をいくつも頭に入れなくてはならないうえに、3つ組どうしを比較するのが困難だったことである。

やがて、別々に研究を進めていたふたりの科学者――ドミトリ・メンデレーエフとロータル・マイヤー――が、原子量の小さい順に元素を並べていけばすべての元素をひとつの表にまとめられると気づいた。このやり方にすると、クレマースのつくったT形の3つ組元素がまるでパズルのピースのようにぜんぶぴたりと収まる。こうして最初の元素表が誕生した。

メンデレーエフ式の周期表はほかにはない特徴をもっていた。ふたつの「新」元素を含めていたことである。元素を並べていく過程で、すでに知られている元素の原子量にひとつのパターンがひそんでいることにメンデレーエフは気づいた。そして、まだ発見されていないふたつの元素のために場所をあけておく必要があると思いいたった。たとえば、2、4、8、10というパターンで数字が並んでいて、抜けている数字は何ですかと数学の先生が質問したとしよう。たぶんあなたは6が抜けているのを見てとり、あるべき姿は2、4、**6**、8、10だと答えられると思う。

メンデレーエフがしたことも基本的にそれと変わらない。価電子の数が同じ原子どうしをグループ分けしたときに、それらの原子量のパターンにどうもしっくりこないところがあった。そこで、まだ発見されていない元素が存在するはずだと述べたばかりか、その元素の原子量まで予言してみせた。ここまでに紹介した科学者がたいていそうだったように、メンデレーエフの直感も正しかった。1875年と1886年にはガリウム(Ga)とゲルマニウム(Ge)がそれぞれ単離・同定され、本物の周期表を作成した初の人物という称号が遅ればせながらついにメンデレーエフに与えられたのである。

私たちがいま使用している周期表は、メンデレーエフのつくったものを土台にしている。小さなマスが横7列・縦18列に並んでいて、それぞれのマスがひとつの元素を表している。マスの中には、あの4つの標準的な情報が記されている。つまり、その昔に元素の特徴を示すために定められた元素名、元素記号、原子番号、そして原子量だ。この4つの情報がすぐ参照できるおかげで、私のような化学者も、それから読者のみんなも、原子内の陽子・電子・価電子の数をたちどころに把握できる。

科学者にとって、この周期表はものすごく重要である。なぜなら、世界のあらゆる物質をつくりあげている元素について膨大な情報を与えてくれるからだ。あまりにも重要なので、私の大学では2019年に周期表誕生150周年の記念パーティーを開いたくらいである。私たちはカップケーキで周期表をこしらえ、私自身も何度か公開実験を実施し、うちのカレッジの学部長がすばらしいスピーチをした。これまで参加した中で一、二を争うオタク感満載のパーティーで、はっきりいってその一分一秒が楽しくて仕方なかった。

この本の巻末には周期表を載せてある。でも電子版が見たいならptable.comを強くおすすめする。本書ではこの先も何度となく周期表を参照していくので、読者のみんなもぜひこの表の使い方を覚えてほしい。心身の健康について取りあげる箇所ではこの表が道案内になるし、日常生活の中の身近な化学を分析する際にも欠くことができない。**元素が周期表のどの位置にあって、それが反応性について何を教えてくれるか**は大事なポイントだ。周期表をベースにして化学の基礎を学べば、シャンプーとコンディショナーがどんな仕事をしているかも理解できるし、どうして自分の焼くお菓子が『ブリティッシュ・ベイクオフ』〔イギリスの焼き菓子コンテスト番組〕みたいにならないのかにも納得がいくようになる。

## 左に行くほど電子をあげたがる

具体的に見ていこう。巻末にある周期表のページを開いて、水素の元素記号「H」のマスを探してほしい。表の左上だ。そのマスには上の隅に「1」という数字が記されている。これが水素の原子番号で、かならずマスの上半分に表示される。同じマスには「1・008」という数字も確認できるはずだ。これが水素原子の原子量であり、こちらはかならず下半分に記載される。

水素が長い縦列のてっぺんに載っていることにも気づいただろうか。この縦列は「族」と呼ばれ、縦列についた番号はそれぞれの元素の価電子の数を示している（価電子は最外殻にある「上着」の電子だったことを思いだして）。

### 化学者みたいにしゃべるには

化学者っぽい口ぶりを真似したかったら、周期表の縦列の番号をいうときに十の位を省くといい。たいていの科学者は、縦列の番号13、14、15、16、17、18を指すときにそれぞれ第3族、第4族、第5族、第6族、第7族、第8族という言い方をする（そのまま第13族〜第18族という言い方もするので注意）。そうすれば、その数字が価電子の数と同じになるからである。3〜12番の縦列についてはそういうふうにはしない。というのも、価電子の数が通常の規則に当てはまらない場合があるからだ。価電子の数がわかると、その原子がさまざまな環境の中でどうふるまうかが予測できる。だから、13〜18番の縦列については簡略化した呼び方を用いる。

たとえば水素は縦列番号1番にあるので、価電子は1個しかもてない。同じ理由から、リチウムやナトリウムなどの第1族の元素はどれもかならず価電子が1個だ。だとすれば第1族の元素はすべて、**同等の環境に置かれたときに非常によく似たふるまいをする**はずである。水素は（第1族のほかの元素も）自分の1個の電子をほかの原子にあげるのが好きで、非常に反応性が高いと予想できる。でも、いったいなぜ？

科学者じゃない人からすると、価電子が1個しかないなら何としてもそれを守ろう（そして維持しよう）とするはずに思える。ところが、たいていの原子はそれとは正反対。つまり、その価電子を原子核から遠ざけようとする。ね、変でしょう？

もう少し踏みこんで考えてみよう。原子核（あなたの肝臓と腎臓）が正の電荷を帯びているのなら、電子（あなたのシャツと上着）は正電荷の核に大いに引きつけられるはずである。ところが、原子内の電子の数がどんどん増えていくと、電子どうしの反発が起こりやすくなる。要は、あなたのシャツが上着をはねのけるわけだ。だから、1～2個の電子を必死で抱えこもうとするのではなく、内殻は価電子を原子から押しだしてしまう（シャツが上着を押しのける）。

2個の電子をもつ第2族の元素にも同じことがいえ、そのほとんどはかなり反応性が高い。電子1個の元素よりはやや安定しているものの、自分の電子をよそにあげることにたいていは何の支障も感じていない。ベリリウム、マグネシウム、カルシウム、ストロンチウムは価電子が2個の元素の代表格であり、第1族の元素のように電子どうしの反発が起きている。

炭素とケイ素は14番の縦列にあるので、どちらも4個の価電子をもっている。だとすれば、同等の環境に置かれたときにふたつは非常によく似たふるまいをするはずだ。炭素とケイ素が非常に安定していることを化学者はすでに知っているので、第4族のほかの元素もすべて同様に安定していると予測できる。事実、ゲルマニウム、スズ、鉛についてはそのとおりのことが確かめられている。

元素どうしがどう反応するかを未来の化学者は知りたがるはずだと、メンデレーエフは予見していた。だからこそ周期表を編成する際には、価電子の数と原子量の両方を基準にした（周期表が長方形ではなくお椀のような形をしているのもそこに理由がある。中ほどの上の部分が大きくへこんでいるのは、そうすれば物理特性と化学特性を基準にして元素を整理できるからである）。おかげでメンデレーエフの周期表はいまなお使用されている。

## 下に行くほど原子は大きくなる

周期表のどの縦列でもいいから下へ下へと見ていくと、原子のサイズはしだいに大きくなっていく。大まかにいうと、周期表全体の左下にいくほど原子は大きく、右上にいくほど原子は小さい。

横列は「周期」と呼ばれ（だから周期表という名がついた）、列の番号がひとつ増えるごとに電子の「層」が原子にひとつずつ追加されていく。同じ周期の中にある原子は、**左から右**

**へ移動するにしたがってどんどん小さくなる**のが普通だ。でもなんだか逆のような気がしない？　ヘリウムが水素より小さいなんてことがどうしてありえるんだろう。

同じ周期の中を左から右に進むにつれ、元素には陽子と電子がひとつずつ足されていく。つまり、原子番号が増えるたびに、原子核の正の電荷は大きくなる。そうなれば、価電子は原子の中央（つまり原子核）に向かってますます引きつけられていく。

たとえば水素の原子核の電荷は+1だ。水素は第1族の元素なので、価電子の数もやはり1個だと予測できる。つまり、原子核の+1電荷が電子の-1電荷に引きつけられている。

これを今度はヘリウム原子と比べてみよう。ヘリウムの原子番号は2なので、陽子と電子を2個ずつもっているはずである。この原子核の+2電荷と電子の-2電荷は、水素の+1と-1の場合より引きつける力がかなり大きい。このため、ヘリウムの価電子は水素の価電子より強い力で原子核に吸いよせられている。したがって、**ヘリウムのほうが水素よりも原子半径が小さい**。

電子どうしが反発する力と、陽子と電子の引きあう力を組みあわせれば、周期表にいくつかの傾向が見えてくる。そのひとつの傾向については、「フランシウムは太ってる」と覚えるとわかりやすい。周期表の中でもフランシウムの原子はとりわけ大きい部類に入り、表でいうと左下の角に位置している。原子番号は87で、陽子と電子を87個ずつと、平均

136個の中性子をもっている。フランシウムが人間だとしたら、とんでもない着ぶくれ方といえる。

周期表を見るだけで答えの出ることはもうひとつある。原子がどれくらい変化を受けいれやすいか、だ。忘れないでほしいのだが、原子はいとも簡単に電子を失ったり獲得したりすることができる。上着を脱ぐのと同じであり、フランシウムのような大きな原子の場合は何層もの服から一層脱ぎすてると考えればいい。

電子を受けとったり失ったりしがちな傾向のことを「電子親和力」という。たとえば、酸素やフッ素のように周期表の右上に位置する原子は**たいてい電子親和力が大きく、何が何でも電子を手に入れようとする**。第7族（17番の縦列）の元素は1個の電子を探しもとめ、それを近くの原子から奪いとることで悪名を馳せている。なかでも一番反応性の高いのがフッ素だ。

## そもそもイオンって何？

原子が電子を受けとった（もしくは失った）とき、その原子は「イオン」と呼ばれる。1個以上の電子を受けとった原子は「陰イオン」、1個以上の電子を失った原子は「陽イオン」という。

まずは陰イオンから見ていこう。陰イオンはつねに負の電荷を帯びていて、陽子の数より電子の数のほうが多い。同じ元素の中性の原子と比べてサイズが大きくもなる。うちの夫がぶかっとしたダウンコートを貸してくれたとしたら、私の体はふくれあがる。原子もそれと同じで、電子を1個もらうと（そして陰イオンと呼ばれるようになると）大きくなる。

たとえばフッ素は、つねに電子を1個手に入れてフッ化物イオン（$F^-$）になろうとする。中性の状態のフッ素は人体にとって何の役にも立たない。ところが、電子を1個受けとってフッ化物イオンに変わると、微量栄養素となって骨の健康な成長を促し、虫歯の予防を助けてくれる。たった1個の小さな電子が原子の化学特性にこんなにも違いを生むんだから、なんてすごいんだろうと私は思う。

1個以上の電子を失った場合、その原子は陽イオンに分類される。ダウンコートの例でいうと、夫は私に上着――つまり電子――を貸して陽イオンになったわけである。陽イオンはつねに正の電荷を帯びていて、電子の数より陽子の数のほうが多い。陽イオンは本来の中性の原子よりサイズが小さくもなる。上着をよこしたあとの夫の体が縮んで見えるのと同じだ。

一般的な陰イオンと違って、**最も陽イオンになりやすい原子は周期表の左上に位置している。** たとえばリチウムやベリリウムなどがそうだ。これらの元素は1個か2個の価電子をもっていて、ほかの原子に難なくそれを与えることができる。だから圧倒的に陰イオンより陽イオンになりやすい。

これはとくに第1族の元素に当てはまり、その代表格がリチウムだ。リチウム原子の場合、1個の電子を失いさえすればリチウムイオン（$Li^+$）に変化できる。陽イオンになったリチウムは、脳のドーパミン感受性の調節を助ける作用をもつために、双極性障害（いわゆる躁うつ病）の治療薬として用いられている。一方、中性のリチウム金属は人体へのメリットが何もない。この場合もまた、たった1個の電子を足したり引いたりするだけで、原子の化学特性を大幅に変えられるのがわかる。

知っておいたほうがいい最後のカテゴリーは第8族（18番の縦列）だ。ここに入る元素は「不活性」だという言い方をされる。ヘリウムやネオンなどがこの仲間であり、どれも電子をやりとりしたがらない。この族の元素は**土曜の夜になっても出かけてみんなと騒いだりせずに、家でゆっくりくつろぐ人に似ている**と思う。第8族の元素（ヘリウム、ネオン、アルゴン、クリプトン、キセノン、ラドン）は現に「貴ガス」と呼ばれていて、それはほかの元素と交流することがほとんどないからだ――まるで貴族のように。

周期表はただカンニングペーパーになるだけの存在じゃない。もっともっといろいろなことの役に立つ。これまでに世界中の何千人もの（何十万人ではないにせよ）科学者が、数百年かけてさまざまな発見を積みかさねてきた。周期表を眺めることは、その発見のすべてを目にするのと同じ。この表を使えば数々のすばらしいことができる。

がん発見のための画像診断装置も製作できれば、ソーラーパネルの半導体も発明できる。携帯電話やノートパソコンのリチウムイオン電池が誕生したのだって、周期表から浮かびあがるパターンのおかげだ。なにしろ、原子の内部（および原子間）で電子が移動しなければ電池は機能しないのだから。

それに、原子の構造について理解の土台を固めれば、電子と陽子の相互作用が世界のさまざまな場面にくり返し顔を出すことに気づけるようになる。

ここまでで、原子の基礎（陽子、中性子、電子）や、原子が元素を構成していることを理解したことと思う。今度は、種類の違う元素の原子が出会ったら何が起きるかを見ていく番だ。ここから化学はがぜん面白くなっていく。なぜって、２種類の原子が引きつけあう様子は、人間どうしがデートをしたり、新しい友だちをつくったりするのによく似ているからである。

**両者は引かれあうだろうか。**

**相手にどう反応する？**

**ちゃんと絆（きずな）を結ぶことができる？**

第

章

# 形がすべて——空間の中の原子

All About the Shape : Atoms in Space

# 原子は引かれあっている

前章では、宇宙のほぼすべてをつくりあげているのが原子であることを学んだ。でも、その原子がどのように集まって、たとえばコンピューターや、サラダドレッシングや、キンキンに冷えたビールをつくっているんだろうか。

**答えは電子だ。**

2個以上の原子が合体するときには、化学結合を通して電子を共有したり移動させたりする。化学結合をもつものは、すべて分子や化合物と呼ばれる。原子1個だけでは絶対に分子や化合物にはなれない。どこまでいってもただの「原子」だ。

化学反応の世界に飛びこむ前にひとつ知っておいてほしいのは、化学では分子の集まりのことを化学種や化学物質、果ては系といったりもすることがある。これらは同じことを指していて、要は分子の集団を意味している。だから私が「系」の話をしたら、ははあ、分子の集団のことだな、と思ってくれればいい。私が「分子」といったら、それは分子そのもののことである。

**いい感じ？**
**いい感じ。**

原子が化学結合を毎日形成していることは私たちにも実感できる。目を向ける場所を知っていさえすればいい。塩が海水に溶けるのもそうだし、顔のパックで毛穴の黒ずみが取れるのもそうだ。原子どうしが結合するときには、引きあう力がベースになる。そういう意味では原子も私たちと同じ！　陽子は正の電荷を、電子は負の電荷をそれぞれ帯びているので、結合するとどちらの原子も中性になる。じつは、それこそがまさに原子の求めていることなのである。

原子どうしが引かれあうのは、互いが物理的に近い距離にあるときだ。電子は原子の外側にあって、陽子は内側にあるので、実際には一度に2種類の引力が働いている。

ここにAとBという2個の原子があるとしよう。原子Aの電子は原子Bの陽子に引きつけられ、原子Bの電子は原子Aの陽子に引きよせられる。一般に、この状況を邪魔できるのは電子どうしの反発力だけだ。

原子はせっかく結合できそうなときでも、近づきすぎてしくじる場合がある。知らない人がカフェですごく近くに座ってくると、いやな気持ちになるのと同じである。赤の他人に自分のパーソナルスペースを侵害されたとき、普通は再び居心地を良くするために距離をとろうとするものである。ときには立ちあがって、その場を去ることだってある。原子もこれとまったく同じだ。1個の原子の電子が別の原子の電子に近づきすぎると、電子どうしが反発して距離が開く。

やがて、2個の原子がちょうどいい距離を確保したとき、陽子と電子の引きあう力が電子どうしの反発力にまさる。別の言い方をするなら、陽子-電子間の引力が最大になり、電子どうしの反発力が最小になる。こうなると化学結合が起きる。

仮にあなたがカフェではじめて出会った人とほどよい距離を見つけ、おしゃべりを始めたとしよう。互いに引かれあったとしたら、次なるステップはもちろん、かりそめではない絆を結ぶことだ。これが現実の世界なら、たぶんあなたはコーヒーをおかわりするか、相手の電話番号を訊くところだろう。でもいまはたとえ話の最中なので、次の段階は手をつなぐことだとする。

**原子どうしが「手をつなぐ」とき、実際に結合が生まれる。**化学結合とは、いってみれば両者の思いが一致することだ。魅力にまさる新たな原子が現れるまでは、2個の原子はどこへ行くにも一緒である。たとえば、はじめて会ったキュートな人と私が手をつないだら、私はその手を握りつづける……んだけれど、それもライアン・レイノルズ〔カナダ生まれのアメリカの俳優〕が部屋に入ってくるまでのこと。その瞬間に私はキュートな誰かの手を離し、もっとすてきな結合を追いかけはじめる。原子にも同じことが起きる。

ただし、ここからがちょっと違ってくる。私がライアン・レイノルズと夕日を眺めに出かけたとしても、私はもとのとおりのケイトだ。カフェを出た私とも、ゆきずりの人と手をつないだ私とも、どこも何も変わることはない。ライアンにしてもキュートな誰かにしても、私の腕や脚を１本奪っていったりはしないでしょう？　あいにく原子Ａと原子Ｂの場合はそうとは限らない。

見知らぬ人と私のケースとは異なり、２個の原子が結合しようと決めると、個々の原子はもはや独立した存在とはみなせなくなる。なぜかというと、原子どうしが結合するとき、瞬時に電子を交換するからだ。そのため、原子Ａと原子Ｂが別れたあとも、ＡはＢの電子をひとつふたつもって歩くことがある。

とはいえ、両者が一緒にいるとき、結合した２個の原子のあいだで電子はどれくらい均等にシェアされているのだろうか。これをつきとめるには、原子の性格を知るためにその構造を調べる必要がある。一番手っ取り早い方法は、その原子が金属か非金属かを判断することだ。幸い、そのふたつを区別したければ普通は見ただけでわかる――研究室でも実生活でも。

# その元素は金属？　非金属？

ほとんどの金属はとてもきれいで、適切に洗浄するとなおさらそれが際立つ。金属に分類される元素には金やコバルトや白金などがあり、光を反射しやすいので光沢がある。展性があって曲げ延ばしできる金属も多いので、アクセサリーの材料にするにはもってこいだ（展性とは、ハンマーなどでたたいて薄く平たく変えられる性質をいう）。金属は熱もよく伝えるが、そのことはみんなも熱いフライパンに触れたときに身をもって学んでいるはずだ。

この仲間の元素は非常に電気を伝えやすいことでも知られている。つまり、**電子はほとんど抵抗を受けずに、たいていの金属の内部をすばやく移動できる**。雷が鳴っているときに、傘を差してじっと立っていると危ないのはこのためだ。柄の部分（や先端）によく用いられている金属が、稲妻に伴う電気を引きよせる。金属は電気伝導性が高く、電気の正体は電子の動きなので、その電子が人を感電させてしまう。その一方で、電気伝導性の高さには利点もあって、私たちはそれをしじゅう利用している。スマートフォンの電池が使えるのもこの特徴のおかげである。

金属は**自分の電子をほかの原子に与えたがる一方で、電子を受けとらざるをえないような結合はつくりたがらない**。いってみればサンタに似ている。物をあげるのは大好きなのに、もらうのが嫌いなのである(あいにく、サンタの場合の牛乳とクッキーに代わるものは原子の世界にはない〔アメリカでは子どもがサンタのために牛乳とクッキーを用意しておく習慣がある〕)。また、金属がほかの金属と結合するには電子を1個受けとらないといけないので、そういう状況も避けるのが普通だ。

それにひきかえ、非金属の元素はピカピカじゃないし、展性もなければ延性もない。延性とは、物質(おもに金属)を引きのばして針金状にできる性質をいう。どういう元素を非金属と呼ぶかというと、金属ではないことが決め手になる(当たり前なのはわかってます、はい)。固体の非金属は面白みのないものが大半を占める。気体の非金属もだいたい無色なので、その元素自体を目にすることができないし、かわいいアクセサリーになどなれるはずもない。

非金属元素について押さえておきたいのは、**その物質内では電子がそうやすやすとは移動できない**点である。非金属は熱も電気も通しにくい。電子の移動がしにくいせいで、この仲間の元素には反応性の低いものが多い(前章で見た貴ガスが他者と交流しないのもそこに理由がある)。早い話が、原子間の電子の移動が金属どうしの場合ほど楽にはできないということである。

**非金属元素のほとんどは周期表の右上に集まっている。**炭素（第4族）から始まって、第8族の元素までだ。炭素より下のそれぞれの周期でいうと、リンから右の元素、セレンから右の元素、ヨウ素から右の元素、そしてラドンが非金属元素である。

金属元素は非金属元素の5倍あまりの数があるのに、宇宙の99パーセントは水素とヘリウムでできている。なんと、どちらも非金属。酸素ガスは人類の生存に欠かせないけれど、これもまた非金属である。非金属元素の一部は非常に安定しているのに対し、それ以外は信じがたいほど反応性が高い。そこが非金属の何より興味深い点だ。

どうしてこんなに金属と非金属の話をするのか、って？　それは、1個の分子内で原子どうしがどういう種類の結合をつくるかを考えるときに、最初に注目する項目が原子の構造、つまりそれが金属かそうでないかだからである。化学結合にはふたつの種類がある。共有結合とイオン結合だ。

## 両想いの共有結合

共有結合から見ていこう。

共有結合の一番単純なかたちを単結合という。2個の原子が2個の電子を共有しているときに単結合ができる。単結合に限らず、共有結合ではかならず2個の原子が複数の電子を共有する。単結合の場合、それぞれの原子が電子を1個ずつ出しあうのが普通だ。ここでもう一度さっきの例に戻って、私がライアン・レイノルズとつくった結合を考えてみたい。

単結合の例になるように、ライアンが左手で私の右手を握っているとする。私たちのあいだには2個の電子があり、ふたりは腕の長さの分だけ互いから離れている。この距離に立つと、私の「電子」がライアンの「陽子」に引っぱられるのが感じられるようになる。

次に、結合をもうひとつつくるために、ライアンがあいた右手で私の左手をつかんだとしよう。こうなると私は体の向きを変えて彼の手を握ることになる。このせいでふたりの距離は縮まる。なんたって、いまじゃ向かいあって立っているんですからね。私たちのあいだに2個の結合ができたことで、いまやふたりの「結びつき」の強さは2倍になった（だからこれを二重結合と呼ぶ）。

**二重結合は単結合よりはるかに強力である。**しかも電子の配置のおかげで、2個の原子は前より少し近づいても耐えられる。二重結合の場合、2原子間に4つの電子がある。握りあった4つの手にひとつずつだ。

三重結合にしようと思ったら、ライアンは片方の脚を私の胴体に絡めないといけない（夫には内緒ね）。三重結合では、原子どうしがあきれるくらいに近づく。いまやライアンと私は三重結合で結ばれ、両手を握りあうのに加えて彼の脚が私の胴に巻きついている。これで電子を共有する場所が3か所できた。

計算すればわかるように、3か所の結合ごとに電子がふたつずつあるわけだから、2個の原子のあいだで合計6個の電子を共有していることになる。三重結合が非常に強力で、単結合や二重結合より格段に壊れにくいのはそこにひとつの理由がある。しかも6個の電子を共有しているため、2原子間の距離は一段と近い。

共有結合で最も多く見られるのが、この単結合、二重結合、そして三重結合だ。私たちはこうした結合にしょっちゅう接している。シャンプーや練り歯磨きや、朝のコーヒーの中にも、さらには衣類や化粧品やデオドラントの中にだって共有結合はある。後半の章で説明するように、あなたがたまたまどこで暮らしていようと、生活のあらゆる場面に共有結合がひそんでいる。いますぐあたりを見回せば、近くにあるほとんどのものの中に共有結合が含まれている。あなたがどこに住んでいるのか、私には見当もつかないのに、それでもそう断言できる。それくらい共有結合は私たちの世界の隅々にまで広がっている。

科学者が共有結合を評価する際には、2個の原子が実際にどう電子を共有しているかに目を向ける。電子は均等に共有されているだろうか。それとも片方の原子がすべての電子をひとり占めしている？　2個の原子が電子を完全に均等に共有しているとき、その結合を「完全な共有結合」と呼ぶ。原子Aの電子が原子Bの陽子に引かれる度合いと原子Bの電子が原子Aの陽子に引かれる度合いが一致したときにしか完全な共有結合は起こらない。ふう、早口言葉みたい。

完全な共有結合は恋愛の場面で考えるとわかりやすいかもしれない。

私の心が彼の体に引かれる度合いと、彼の心が私の体に引かれる度合いが仮に同じであれば、私は彼とのあいだに完全な共有結合をつくることができる。さて、彼の内面は私の外面にどれだけ引かれているでしょうか。

引かれあう程度が同じなら、完全な共有結合をつくれる。

でも**人間の恋愛がまさしくそうであるように、2個の原子の場合も引かれる度合いが完**

**全に一致することはまずない**。たいていは少しどちらかに偏る。一致しなければ、それはもはや完全な共有結合ではなく、「極性共有結合」に分類される。ここで登場するのが、引きよせられるときの電気のお話。いいえ、めちゃくちゃキュートな人に出会ったときにビビッと感じる電気のことではありません。原子Aの電子が原子Bの陽子にどれだけ引かれるかを数字で表す際には、「電気陰性度」という尺度が用いられる。2個の原子の電気陰性度が同じなら完全な共有結合が形成されるのに対し、電気陰性度が異なる場合には極性共有結合になる。

**おーいみんなー、まだついてきている?** まとめると、完全な共有結合の場合は、2個の原子が相手の中に同じだけ入りこんでいる。それに対し、極性共有結合の場合は、片方の原子の引かれる度合い——つまり電気陰性度——が相手より高い。1個の原子がどれだけの電気陰性度をもつかは、(またもや)周期表のおかげで大まかに知ることができる。**周期表の右上にいくほど電気陰性度は高く**、具体的にはフッ素、酸素、窒素、塩素がそれにあたる。この4つはじつにいろいろな原子を引きよせる。一方、**電気陰性度のとりわけ低い原子——あまりほかの原子を引きつけない原子——は周期表の左上にいる**。リチウム、ベリリウム、ナトリウム、マグネシウムはすべて電気陰性度が低い。

極性共有結合がつくられているとき、どちらの原子が強いか(つまり電気陰性度が高いか)

を化学者は知りたがる。というのも、電子がどこでたむろしているかが私たちには重要だからだ。結合内の電子の位置によって、その分子がほかの分子とどう相互作用するかが決まる。思いだしてほしいのだけれど、化学者っていうのは化学反応の結果を予測することにとりつかれているんです。

電子が均等に分布する分子をちょっと退屈に感じる科学者は多い。なぜって、そういう物質はえてして反応性が低く、やはり均等に分布している分子としかつきあわないからである。

それに対し、電子の分布が不均等な分子は概して反応性が非常に高い。同じように反応性の大きいほかの分子と相互作用するのを好むので、私のような化学者にはすこぶる魅力的に思える。

とりあえずライアン・レイノルズと私の結合では、周期表を見る限り彼のほうが引きつける力が弱い（電気陰性度が低い）と仮定しよう。彼より私のほうが電気陰性度が高いとすれば、彼の価電子が体を離れて私に向かって近づこうとすることが予想される。電子は彼の腕を出発し、私たちの手の共有結合を通り、さらに私の腕をのぼってついに肩に達する。その電子は私たちの結合が壊れるまで私の体内にとどまりつづける。壊れた時点で電子がどうするかにはふたつ選択肢がある。ライアンの体へ飛んで帰るか、永遠に私と一緒に去るか、だ。

これが現実の世界でどうくり広げられているかを見てみよう。炭素とフッ素のあいだに結合ができたら（C－F）、化学者はまず周期表を参照して、どちらの元素の電気陰性度が高いかを確かめる（この場合はフッ素）。だとすれば、炭素の価電子が炭素を離れ、共有結合を通ってできるだけフッ素に近づこうとするはずである。

結合内の電子のほとんどを電気陰性度の高い原子が引きよせているので、その原子は少し負の電荷を帯びる（これを記号で$\delta^-$と表し、デルタマイナスと読む）。ということは、電気陰性度の低い原子――つまり引きつける力があまり強くなくて電子の一部を失った原子――は、少しプラスに帯電することになる（$\delta^+$）。なぜ「少し」かというと、まだ共有されている電子があって、それが普通は共有結合（原子の「手」）の中に残っているからである。

## 片想いのイオン結合

これとはまったく対照的なのが金属と非金属の結合だ。共有結合と同じように金属－非金属の結合も、互いに引きつけられる距離まで原子が近づいたときに起きる。ただし共有結合とは違って、こちらのタイプの結合では原子から原子へと電子が「移動」しないといけない。具体的には、金属から非金属へと電子が渡される。こういう結合を「イオン結合」という。

このときにとても大事なポイントがあって、イオン結合では共有結合のような電子の共有は起こらない。**相手に電子を完全にあげてしまうので、結果として金属の陽イオンと非金属の陰イオンが誕生する**（共有結合の原子が少しだけ電荷を帯びたのとはここが違う）。それに、思いだしてほしいのだけれど、電荷が反対なものどうしは引かれあう。だから、いまや陽イオンとなった金属は非金属の陰イオンに強く引きつけられる。

ふたりの人間が引かれあい、互いに尽くしあう関係を築いて愛が双方向に流れるのが共有結合だとすると、イオン結合はもっと一方的な関係といえる。片方のパートナーがつねに与え、もう片方がつねに受けとるわけだ。イオン結合はまさしく一方通行であり、陽イオン（電子が少ない）は与えるだけで、陰イオン（電子が多い）は受けとるだけである。

共有結合と同じく、イオン結合も世界のあらゆる場面に顔を出す。たとえば、食卓塩はナトリウム原子と塩素原子のイオン結合だ。ナトリウム（金属）が電子を塩素（非金属）に与えることでナトリウム原子は陽イオンに、そして塩素原子は陰イオンになる。食卓塩の中では、つねに与えるナトリウムと、つねに受けとる塩素がパートナーを組んでいる。

原子どうしの結合——共有結合とイオン結合——の基礎を学んだところで、次の話題に移ってみたい。分子にまつわるめちゃくちゃカッコいいお話。

## 秘密の式

分子がどんな原子でできているかを表す際に、化学では分子式というのを用いる。分子式にはふたつ種類があって、ひとつが組成式、もうひとつが構造式だ。一般の人になじみがあるのは組成式のほうで、具体的にどんな元素が分子の中に存在するのか、また元素どうしはどういう比率になっているかが示される。

ためしに$H_2O$を例にとってみよう。水は水素原子が2個と、酸素原子が1個でできている。だから組成式は$H_2O$となる。水素の原子記号の後ろに小さな2が書かれているのは、水分子の中に水素原子が2個含まれていますよ、という意味だ。組成式の場合、この個数を表す小さな数字はかならずその原子の後ろに記される。

とはいえ、分子内で原子がどう結合しているかは組成式からはわからない。$H_2O$という分子式を見たら、分子はH-H-Oのようになっていると（間違って）決めてかかるおそれがある。いまの式のようだとすると、2個の水素原子が結びついているかに思えるが、そうではない。実際には水素原子がひとつずつ酸素原子とじかに結合して、H-O-Hとなっている。$H_2O$という式だけを眺めていても、(化学をしっかり学んでいない限り)水素原子と酸素原子のつながり方までは読みとりようがない。

そこで登場するのがもう1種類の式だ。それが分子構造式であり、原子の配置を伝えてくれる。中央の酸素原子に水素原子が1個ずつ結合するかたちになるので、構造式はHOHだ。これにより、水素原子Aが酸素と結合し、その酸素が水素原子Bと結合して、H-O-Hとなることがわかる。

けれど、その2種類の式をどう使いわけたらいいんだろうか。

じつをいうと、それはどういう状況で使用されるかによる。

一番多くの情報を与えてくれるのは構造式なので、化学者のあいだではこれが好まれる。ただし、多数の原子で構成される分子の場合は、構造式が非常に長くて扱いにくいものになる。そのため、分子について述べる際には組成式を記すことが多い。

# 分子を立体でとらえてみて

さっきも触れたが、二重結合と三重結合では原子と原子のあいだにわずかな隙間が必要になる。それは、分子がそれぞれ特徴的な形をしているためだ。こんなことをいったら驚くかもしれないけれど、1個の分子がどういう形をとるかは、構成する原子の種類によって決まるのではない。じゃあ何が決め手になるかというと、化学者が夢中になるアレ、電子である。

1950年代、ロナルド・ギレスピーとロナルド・シドニー・ナイホルムというふたりの化学者が、分子の形にいくつかのパターンがあることに気づきはじめた。ふたりがすぐに見出したのは、分子の形が空間内の電子の配置で決まるのであって、原子が何物かは関係ないということだった。1957年、ギレスピーとナイホルムは「VSEPR理論（正式には原子価殻電子対反発則）」を発表した。これは、電子の数と相対的な位置さえわかれば、どんな分子であってもその立体構造を正確に予測できるというものである。

たとえば、**原子2個でできている分子はかならず直線形になる**のがわかっている。1個の結合で2個の原子をつなごうと思えば、どうしたってそうなるのだ。2個の原子しかない分子は、その原子が何であれ決まって直線形になる。

典型的な二原子分子に一酸化炭素（CO）がある。一酸化炭素では、炭素原子と酸素原子のあいだに三重結合がつくられていて、原子が2個しかないからつねに直線形を維持する。一酸化炭素は無色無臭で可燃性の高い気体だが、非常に危険でもある。人体に吸いこまれると、この小さな分子が血液中のヘモグロビンと結合し、酸素分子を蹴りだしてしまう。一酸化炭素が「サイレントキラー（沈黙の殺し屋）」と呼ばれるのはこのためであり、多量に摂取しすぎると命取りになる。

ギレスピーとナイホルムの名コンビは徹底した研究を通してこのモデルを広げ、何個の原子からできた分子であってもその形を予測できるようにした。このVSEPR理論の土台には、読者のみんなもすでに知っている事実がある。それは、電子どうしはかならず反発する、ということ。

電子は分子内で空間のゆとりを必要としている、と考えるとわかりやすい。だから、**それぞれの結合はほかの結合とできるだけ距離をおこうとする**。分子の中で電子がどういう位置にあるかは「電子の幾何学」と呼ばれる。そして、忘れないでほしいのだがこれはすべて電子の話なので、電子がいくつあって、結合内のどこに位置しているかが鍵を握る。

分子内の電子の幾何学は大きく分けて5種類あるとギレスピーとナイホルムは考えた。分子の形がそんなに重要かと思うかもしれないけれど、それがわかれば電子がどう配置されているかを判断するのに役立つ。電子は均等に分布しているだろうか。それとも不均等？　電気陰性度という要素と分子全体の形を組みあわせることで、2個の分子がどのように反応するかをついに決定することができる。

仮に分子に1個の中心原子（A）があって、いくつかの末端原子（X）がじかにAと結合しているとしよう。この場合、中心原子はかならず分子の中央に位置し、末端原子がつねにそのまわりをとり囲むことになる。3つの原子からなる分子は分子式が$AX_2$となり、A原子が分子の中心に、2個のX原子がその外側に位置する。

VSEPR理論によれば、分子内の2個のX原子はA原子のまわりでできるだけ互いとの距離をとろうとする。そうすると、1個のX原子がAの左側に、もう1個のX原子がAの右側に配置され、それぞれの結合がなす角度は180度になる。この形は「直線形」と呼ばれ、二酸化炭素（$CO_2$）などがその好例だ（ちなみに二酸化炭素が凍るとドライアイスになり、ドライアイスは超低温の実験をする際の私のお気に入りの物質でもある）。

4個の原子で構成される分子の場合にも同じ規則が当てはまる。分子式は$AX_3$となり、3個のX原子が中心のA原子のまわりに均等に配置される。このタイプの分子の形は「平

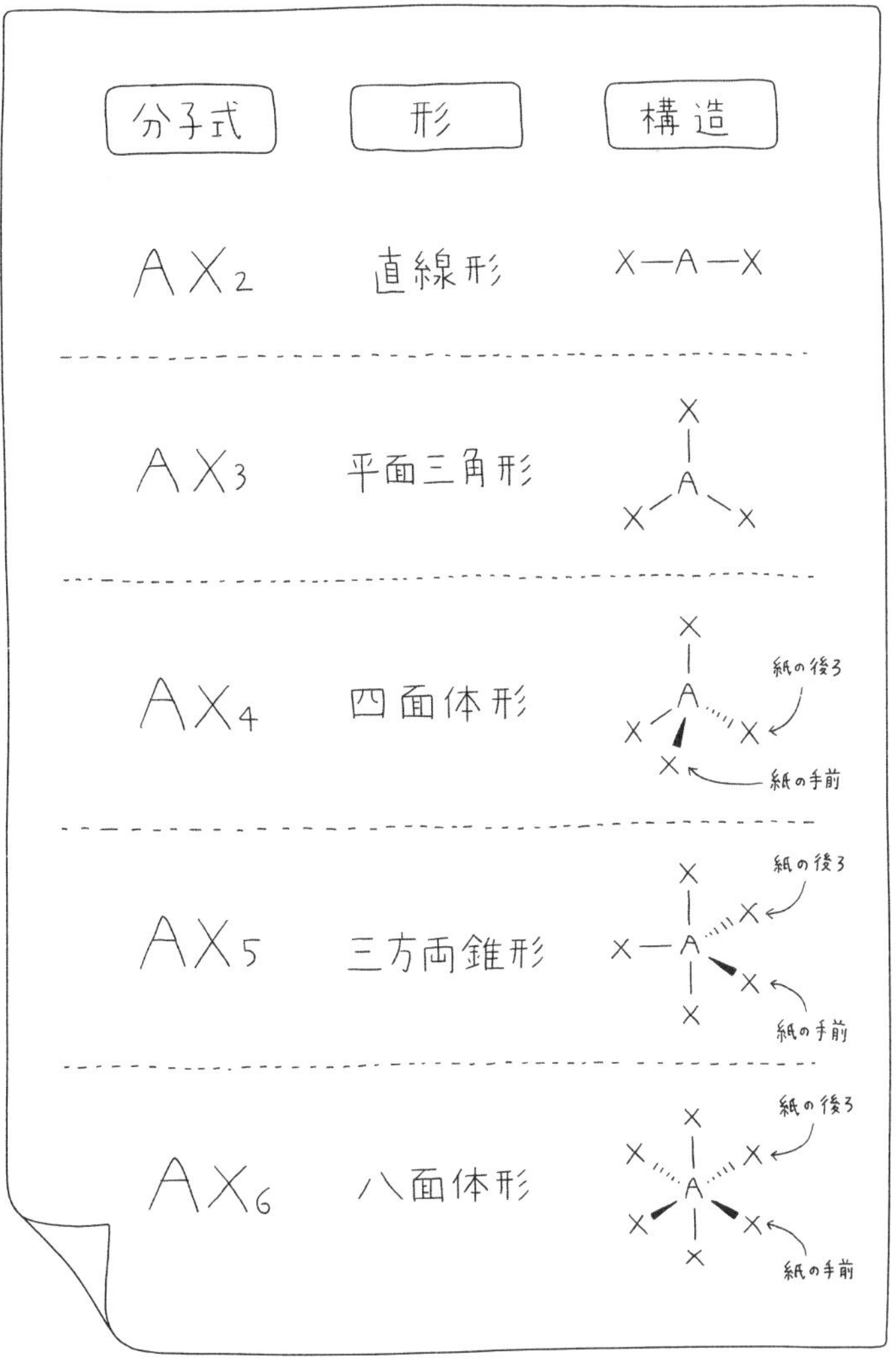
分子式
形
構造
AX2
直線形
X—A—X
AX3
平面三角形
AX4
四面体形
紙の後ろ
紙の手前
AX5
三方両錐形
紙の後ろ
紙の手前
AX6
八面体形
紙の後ろ
紙の手前

面三角形」と呼ばれ、3つの結合はそれぞれ120度ずつ離れる。「平面」という言葉からもわかるように、この種の分子は紙のように平たい。

ホルムアルデヒド（$CH_2O$）は代表的な平面三角形分子であり、ひどく誤解されている化学物質のひとつでもある。ホルムアルデヒドは体内で自然に生成されているばかりか、ブロッコリー、ホウレンソウ、ニンジン、リンゴ、バナナなどの、体にいい食品にも含まれている。ところが、長期にわたって大量に摂取すると体に悪影響が及ぶため、ある種の工場労働者は健康を損なうリスクが高い。

以上の平面的な分子とは違って、奇抜な形をとるのが原子5つの分子だ。もっとも、当てはまる規則はこれまでと変わらない。$AX_4$分子の形は「四面体形」と呼ばれ、4つの面をもっている。X原子は、一番近い原子とできるだけ離れようとするので、結合の角度は109・5度となる。四面体は平面（つまり二次元）ではないので、紙に描くことはできない。2個のX原子は紙の上にとどまってくれるものの、もう1個は紙の上に浮きあがり、さらにもう1個は紙の後ろ側に突きでる格好になる。ともあれ、VSEPR理論でいけば、空間内の結合どうしの距離が最大になるように配置されることをしっかり覚えておいてほしい。

別の言い方をすると、**分子内の電子どうしが反発するのを防ぐため、大きめの分子は平**

**面ではいられなくなる**ということである。メタン（$CH_4$）は典型的な四面体形だ。メタンはガスコンロから発生する気体ではあるけれど、ガス漏れしたときに臭うあのガスではない（あれはメタンチオールと呼ばれ、腐った卵のような臭いを放つ。人体には全く無害な分子であり、1937年にテキサス州ニューロンドンで起きた学校爆発事故のあとで天然ガスに添加されるようになった。この事故では、漏れていた天然ガスに引火して爆発が起き、生徒と教師ほぼ300人が死亡した。メタンチオールには刺激性の悪臭があるため、人がすぐに気づくことができる）。

6個の原子からなる分子は$AX_5$の分子式で表され、「三方両錐形」をとる。これはなんともややこしい形をしている。まず平面より上に原子が1個と、平面より下にも原子が1個ある。それに加えて、同じ平面上に3個の原子が120度の間隔で配置されている。あらら、ついてこられなくなっちゃった？　じゃあ、この変てこりんな形を人間の体を使って説明してみましょうか。

あなたの体が三方両錐形の分子だとして、足を閉じて立っているとしたら、A原子は胴体。X原子は頭と足先に1個ずつ位置し、骨盤の真ん中にも1個突きだしている。さらには、右のお尻と左のお尻からそれぞれ1個ずつが飛びだしてもいる。これは複雑な形の分子であり、思いがけない箇所にいくつもの対称性がひそんでいる。

7個の原子で構成される分子は6個の場合と形がよく似ている。やはり平面より上と下に1個ずつが位置するところは同じだ。ただし今度は、同じ平面上に4つの原子が90度の間隔で配置されている。つまり、左の骨盤、右の骨盤、左のお尻、右のお尻から原子が1個ずつ飛びだしているわけだ。この形は「八面体形」と呼ばれ、その名のとおり末端原子を線で結ぶと八面体になる。

八面体の分子として断トツに有名なのが六フッ化硫黄（$SF_6$）だ。この気体を吸いこむと、ヘリウムガスの場合とは逆に声がうんと低くなる。

## 形が変われば、性質も変わる

VSEPRに基づけば、1個の分子の中心原子のまわりに電子がどう配置されているかがわかる。とはいえ、分子の中には中心原子が1個ではないものもある（コーヒーのカフェイン、ビールのエタノール、ポテトチップの炭水化物など）。その場合に化学者がどうするかというと、それぞれの中心原子がかかわる分子形をすべて組みあわせることで、大きな分子全体の形を割りだしている。

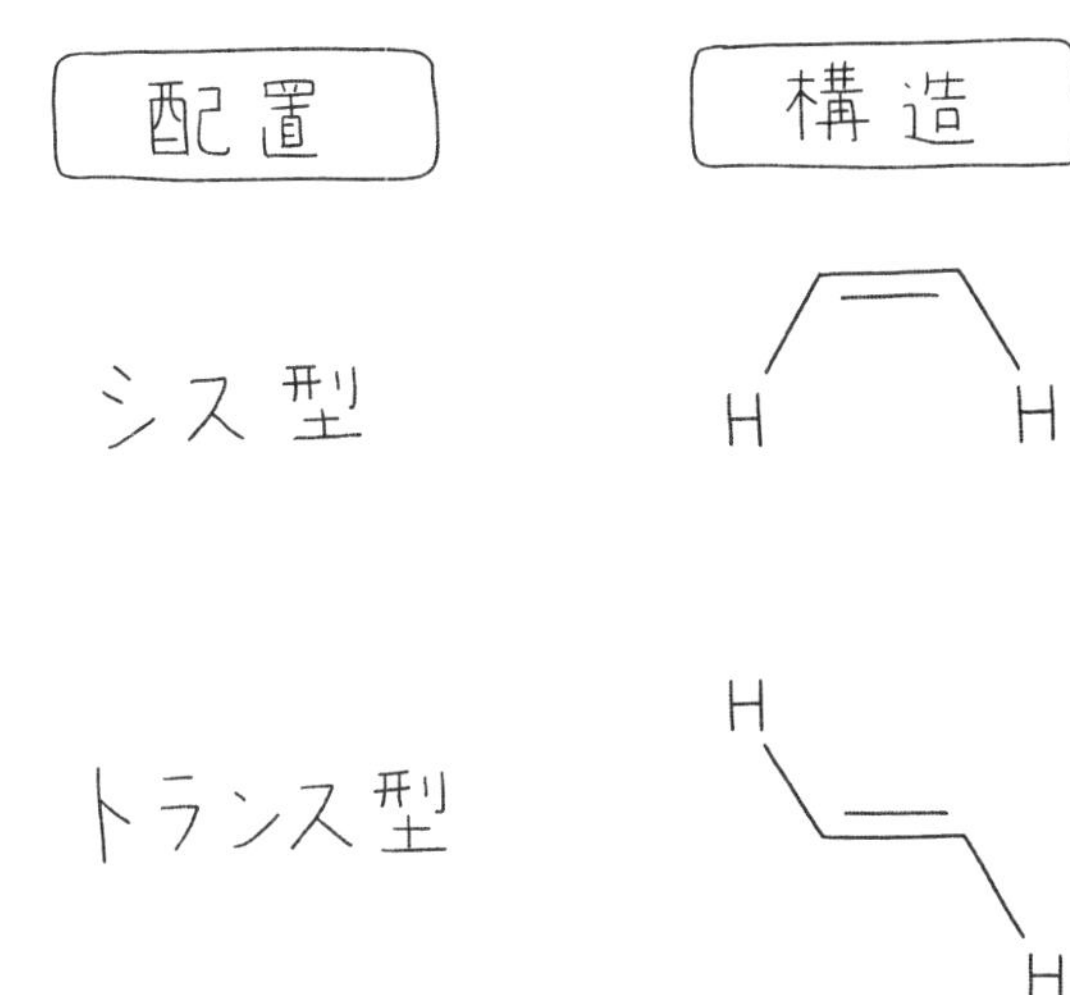


50個以上の原子からなる分子で具体的に見ていこう。たとえば、シス脂肪酸やトランス脂肪酸がそうだ。

何年か前、アメリカ食品医薬品局（FDA）はすべての食品メーカーに対し、3年以内に商品からトランス脂肪酸を排除するよう求めた。2018年6月には、アメリカの食品にトランス脂肪酸を使用することが正式に禁止されている。その一方で、シス脂肪酸と呼ばれるものに対してはいっさいの規制がない。これを意外に思う人もいるんじゃないだろうか。というのは、シス脂肪酸もトランス脂肪酸も分子式自体は同じであり、どちらもよく似た工程でつくられるからである。

唯、一、の違いは分子の形だ。トランス脂肪酸が長くて管状なのに対して（楊枝のように）、シス脂肪酸は曲がっている（楊枝を真ん中で折ったように）。

トランス脂肪酸が動脈に入ると、ほかのトランス脂肪酸と完全に重なりあうことができる。どんどん積みかさなって、少しずつ動脈を狭くしていく。下手をするとあまりにもきちんと積みかさなってしまい、酸素を含んだ血液が心臓に流れなくなる。このせいで体にいろいろな悪影響が及び、なかでも重大なのが心臓発作につながりやすいことである。

これを具体的にイメージするには、楊枝を何本も束にしてホースの端に詰めるようなものだと思えばいい。楊枝がぴったりと重なっていたら、水はその障害物を通りぬけられない。

それにひきかえ、その楊枝をぜんぶ半分に折りまげたらどうなるだろうか。こちらもやはりきれいに重なる？　まず無理だろう。どれだけ頑張ってみても、折る前の楊枝のようにホースを楽々と詰まらせることはできない。それと同じで、シス脂肪酸はトランス脂肪酸に比べて動脈をふさぎにくい。

**いまの話を聞けば、化学では（そしてあなたの動脈でも）分子の形が本当に物をいうことがわかったんじゃないかと思う。**電子がどういう位置にあり、分子が三次元空間でどうふるまうかを分子の形は教えてくれる。でももっと大事なのは、電子の位置が把握できると、その分子内の原子間で電子どうしがどのように結合をつくっているかが分析できるようになることだ。

　とはいえ、その分析を始めるには、原子をもう少し詳しく調べる必要がある。

## ほら、いまも電子が動いてる

　まず、原子の各層にポケットがついていると想像してみよう。下着にポケット、シャツにポケット、上着にもポケットである。この小さな小さなポケットのひとつひとつは、原子軌道と呼ばれるものを表している。それぞれの原子軌道（ポケット）には、一度に最大で2個の電子をしまうことができる。3個以上は絶対に入らない。空間の余裕がないうえに、電子が3個になるとポケットはその電荷をうまく扱えないからである。

　電子どうしは反発しあって自分の空間を確保するのを思いだしてほしい。

　じつをいうと、ひとつのポケット（原子軌道）にたった2個の電子が隣りあっているだけでも、それぞれの電子は居心地の悪さを感じている。この不快感（反発力）をできるだけ小さくするために、2個の電子は逆向きに回転しはじめる。1個は時計回りに、もう1個は反時計回りである。

これをいますぐ自分の手を使って試してみて。左の手首を時計回りに回し、右の手首を反時計回りに回す。私は授業で毎学期これをやっていて、さぞおかしな様子に見えていることと思う。生徒が決まって大笑いするから。2個の電子が反対向きに回転したところで、どうってことなさそうな気がするけれど、じつをいうとこのおかげで原子は安定する。不思議なことに、こういうふうに回転運動すると、小さな原子軌道（ポケット）の中で2個の電子は可能な限り広がることができるのだ。別の言い方をするなら、2個の負電荷のあいだの距離を最大限に大きくできる。

とはいえ、**ここまで聞いてたぶんみんなはこんなふうに思っているんじゃないかな――だからどうした、って**。なんで自分が原子軌道（とそこの占有ルール）のことなんか気にしなきゃいけない？　いったいぜんたい原子軌道が自分の日々の暮らしにどう影響している？

ここだけの話、そういいたくなる気持ちは私にもわかる。

原子や分子が実生活でどう使われているかならけっこう理解しやすく、衣類のような単純なものに目を向けさえすればいい。染料の中の分子のおかげでシャツに赤や青の色が生まれる。吸放湿素材を身につけているときには、分子と分子の間隔が広いか狭いかに応じて生地がどれだけ楽に呼吸できるか、汗をどれだけ逃がせるかが決まる。

でも原子軌道って？　こちらの科学のほうがもっと込みいっていて、私にいわせればもっと美しい。

独立記念日の7月4日には、花火という花火の中で電子が軌道から軌道へ移動しているのが見える。**赤い花火は軌道間を電子が小さく動いたせいであり、緑色の花火はもっとはるかに大きく動いた結果である。**

ハロウィーンの夜に青く怪しい燐光（りんこう）（暗闇でぼんやりした光を放つ化学現象）を目にするたびに、軌道の働きを私たちは見ている。気づいていてもいなくても、電子が軌道内や軌道間を動いているのを私たちはしじゅう目の当たりにしている。科学のおかげで、この電子の動きを利用して安全に遊べる方法が生まれ、グロースティック〔化学反応で光る小型の照明道具〕や線香花火のようなものを楽しむことができている。

これらに用いられている化学現象は、原子上で電子を収容できる軌道（ポケット）の形が4種類あることから生まれている。その4つとは、s軌道、p軌道、d軌道、f軌道だ。20世紀の前半、エルヴィン・シュレーディンガーという科学者が、この4つの原子軌道が存在することを一度にぜんぶ示してみせた。それって、想像を絶するほどすごいことである。シュレーディンガーは短期間で仕上げた一報の論文の中で、原子の結合についてそれはそれは多くの謎に答えを出した。考えてみると、その後の１００年間でたいした変化は起きていない。私のような化学者はいまもなお、原子軌道が大きく分けて４種類あるという前提のもとに研究を進めている。

いずれにしても、覚えておいてほしい大事な点はふたつ。軌道の大きさや形がどうであれ、それぞれが収容できる電子の数は2個だけであること。そして、その2個は互いからできるだけ離れていないといけないことだ（電子どうしが反発するため）。

s軌道に入っているとき、電子は一番自由に動きまわれる。それというのも、s軌道は大きな丸いボールのような形をしているからだ。単純な球形として、原子核のまわりをすっぽりと覆っている。その形からすると意外な気もするが、「s」というのは「sharp」〔「鋭い」の意味〕の略であり、研究室で調べたときにグラフに鋭いピークが現れることからその名がついた。

単純な事例で考えるには、原子内でエネルギーの一番低い原子軌道に注目するといい。これを1s軌道と呼ぶ。周期表に載っている元素にはすべて1s軌道がひとつずつ備わっている。これは原子核に最も近い軌道であり、さっきも説明したように電子を2個しか収容できない。水素とヘリウムの電子数はそれぞれ1個と2個なので、1s軌道以外の軌道には電

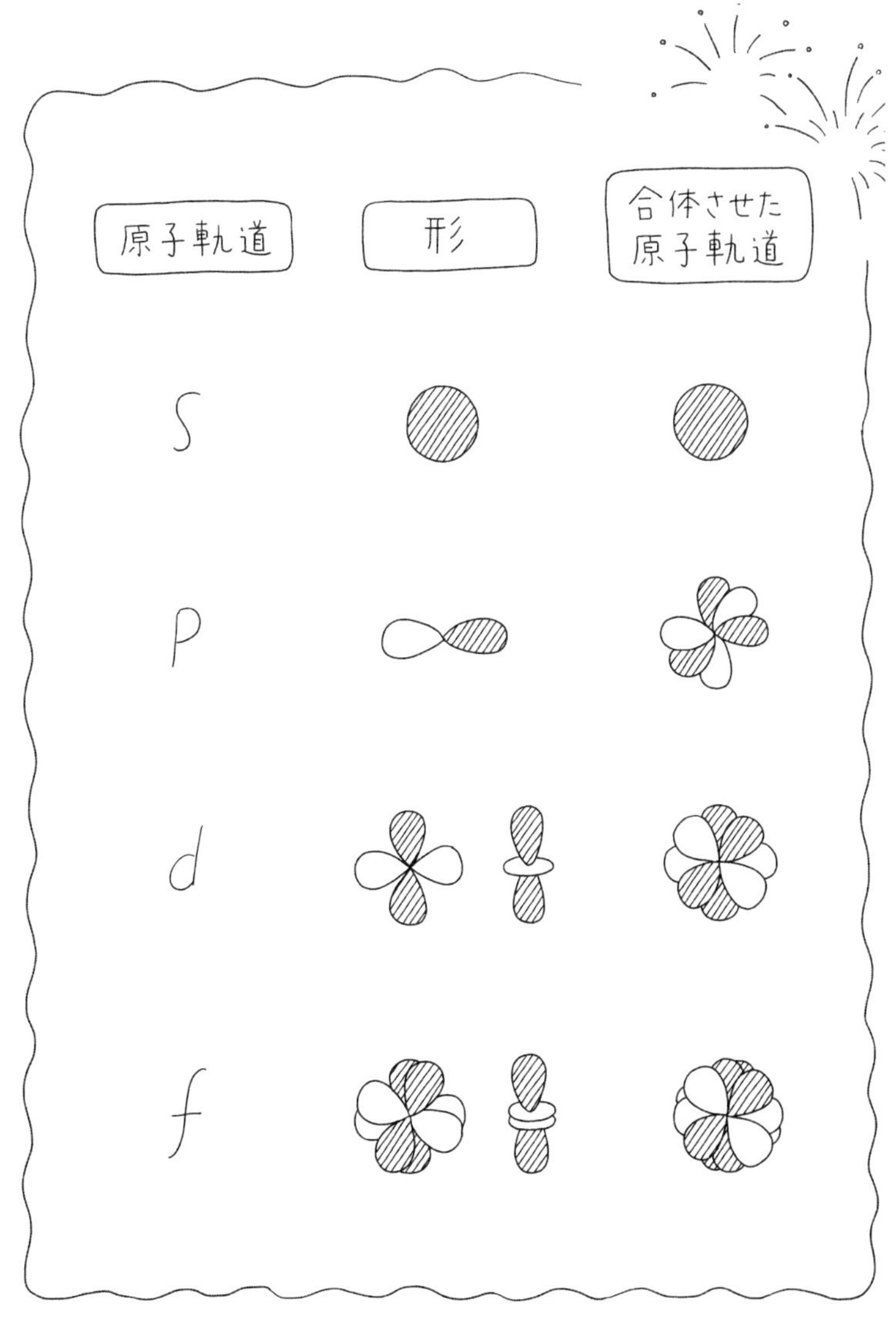
原子軌道
形
合体させた原子軌道
s
p
d
f

子が1個も入っていない。このおかげで、原子軌道の重要性を示すには水素とヘリウムがもってこいである。

まずはヘリウムから見ていこう。ヘリウムは1s軌道に電子を2個もち、非常に安定した元素とみなされている。前の章でも取りあげた貴ガスのひとつなので、安定性がきわめて高く、誕生日会の風船や熱気球などによく利用されている。すごく不活性でもあるので、安全上の懸念もいっさいない。つまり、ヘリウム風船が風に飛ばされてバースデーキャンドルを直撃したとしても、危険なことは何ひとつ起こらない。ただ風船が割れて、ヘリウムガスが空気中へ立ちのぼっていくだけだ。

それにひきかえ、今度は水素に目を向けてみよう。水素原子には1s軌道に電子が1個しか入っていないため、とてもじゃないけど安全とは程遠い。軌道に「空席」が存在するために、水素原子単独ではとてつもなく危険だ。その空席を埋めるための新しい電子か、または自らの唯一の電子を手放せる方法を水素は絶えず探している。反応性が著しく高いために、自然界に水素原子が単体で見つかることはまずない。単独で漂う代わりに、別の水素原子と結合して2原子の水素分子（$H_2$）になる。誕生日会の風船にうっかり水素を詰めてしまったら、キャンドルの炎は風船を割るだけにとどまらない。巨大な火の玉を生みだして、さあ大変。パーティー自体よりそっちのほうで大騒ぎになるでしょうね。

**これもすべてもとをただせば原子軌道にひとつ空席があるため。ポケットがいっぱいになっていないせいだ。**

たぶんみんなにも察しがついていると思うけれど、ふたつ目の原子軌道についても、電子が増えたり減ったりすれば同じ反応が起きる。この軌道はp軌道と呼ばれ、pは「principal」〔「主要な」の意〕の略である。p軌道は8の字に似た形をしていて、よく「ローブ〔「葉」の意〕がふたつある」という言い方をされる。これは要するに、p軌道内で電子の存在できる場所がふたつのセクションに分かれている、という意味だ。じつはp軌道は、どの層に存在する場合もまったく同じ形の3つの種類をもっている。3種類のp軌道を合体させると、六芒星のような形で原子核をとり巻く。

3種類のp軌道は、それぞれ空間内での向きが異なる。px軌道に入っていると電子は原子内を左右に動くことができ、py軌道では前後、そしてpz軌道では原子内を上下に移動できる。

ところが、あえていうけれど、電子が原子内を動く様子には魔法めいたところがある。電子が原子核内に入ることは絶対にないのに、原子の左端から右端へと飛びうつることができるからだ。前後や上下の場合も同じで、核を通りぬけることなく移動してみせる。いったいどうやって原子核内を通らずに左から右へテレポートするんだろうか。正直にいうと、その答えはまだ見つかっていない。化学にはいまも理解できていないことが山ほどあって、これもいまだに答えの出ていない謎のひとつだ。どういう仕組みでそうなるのか、私の生きているうちに解明されてほしいと願っている。

3種類のp軌道が重なりあうと星のような形になる。この軌道に入ると6個の電子が（3軌道×2電子ずつ＝6電子）、陽子‐電子間の引力を最大にしつつ電子間の反発力を最小にして原子内を動きまわれる。p軌道の六芒星のようなイラストを見てみると、球形のs軌道と比べて電子の存在で**き**な**い**場所がかなりあるのに気づくだろう。電子からすると、p軌道よりs軌道のほうが空間が――もしくは自由が――はるかに大きい。電子にとってこれはすばらしいことである。

次の原子軌道は私の個人的なお気に入りで、d軌道と呼ばれる。d軌道はおもに無機化学の土台となるものだ。d軌道には4個のローブがあるため、電子の存在できる場所が4か所ある。なんとなく小さな花みたいな形で、原子核が中心に、そして電子が花びらの部分に位置する。

d軌道には5つの種類があって、そのうち4つはそのかわいい花の形を保っている。4つの違いは空間内の向きだけだ。この点をもう少し詳しく説明しよう。

この本をテーブルの上に置いたとしたら、d軌道は水平で平らな表面上にある（向き1）。

でも、あなたが今度は立ちあがったら？　そうしたら、正面の壁の表面に置いてもいいし（向き2）、左側の壁に置いてもいい（向き3）。部屋に斜めの間仕切りを設置して、その間仕切りの表面に置く手もある（向き4）。これで本が空間内で4つの方向を向いているのがわかるだろうか。（1）水平、（2）垂直、（3）垂直だが90度回転している、（4）垂直だが45度回転している。この4通りの本の配置は、原子内でd軌道に4種類の存在の仕方があることを表している。

5つ目のd軌道は奇妙奇天烈な形をしていて、昔私が教わった先生はそれを「ドーナツにソーセージを挿した」格好と表現した。おかしな説明ではあるけれど、これはほめないわけにいかない。なぜって、この個性的なd軌道はまさしくそういう形をしているからである。私には、pz軌道がウエストにチューブを巻いた姿にも見える。

これら5つのd軌道は重なりあって、じつに複雑な形の花をつくる。3種類のp軌道が合体して六芒星ができるのと同じだ。しかし電子にとって、中で動きまわるにはd軌道の花のほうがはるかに複雑なネットワークである。この独特な形のd軌道に入ると10個の電子が（5軌道×2電子ずつ＝10電子）、陽子－電子間の引力を最大にしつつ電子間の反発力を最小にして原子内を動きまわれる。

最後の原子軌道はf軌道と呼ばれ、複雑さでいったら群を抜いている。f軌道をここで紹介するのは、身のまわりの世界を知るのにこれが絶対に必要だからではない。ただf軌道の形がめちゃくちゃオシャレだからである。

f軌道には7つの種類があり、ローブが6個のものと8個のものがある。さっきのイラストの中で一番変てこりんな形なのがそれだ。「二重ドーナツにソーセージを挿した」形とでもいおうか。$p_z$軌道が腰にチューブを2個巻いたようでもある。

この7種類のf軌道が重なりあうと14個の電子が（7軌道×2電子ずつ＝14電子）、陽子－電子間の引力を最大にしつつ電子間の反発力を最小にして原子内を動きまわれる。でもそのためには、輪をかけて突飛な花の形にならないといけない。f軌道が関係するのはおもに核化学の分野なので（日常の化学ではない）、形がとにかく複雑だという点だけ押さえておけばそれでいい。

ただ、形がどうあれ大事なポイントは、s、p、d、fそれぞれの軌道に電子は2個ずつしか収容できないこと。そしてその2個は、相互作用を最小限にとどめるために互いとは逆向きに回転していることである。1個の原子内を電子がどう動いているかがわかったところで、今度は別の種類の原子軌道がどのように重なって結合をつくり、電子を共有するのかを詳しく見ていきたい。

## どうやって電子を共有する？

まずひとつ目の種類の結合は、いわば頭と頭で正面から重なるかたちだ。2個の軌道が1か所で重なりあうときにこの結合が生まれる。

集合を表す一般的なベン図で、3個の円が重なりあっているのを思いうかべてほしい。そこから円をひとつとり除けば、要はそれが2個のs軌道の重なった姿だ。2個のs軌道が1個の結合をつくるときには、まさしく2個の円が1か所で重なりあうような状況になっている。2個の球体が重なって単結合をひとつつくっており、これをシグマ(σ)結合と呼ぶ。

シグマ結合ができると、いまや原子Aの電子には原子Bの陽子へ向かう直通ルートが開けたことになる(原子Bのほうが Aより電気陰性度が大きいと仮定した場合)。

もっとも、s軌道はs軌道どうしでだけ結合するのではない。頭と頭の重なりあいによってp軌道ともシグマ結合を形成する。この場合、s軌道がp軌道のローブのひとつと重なる。さっきのベン図(円がふたつ)から円を1個外して、横倒しになった数字の8を代

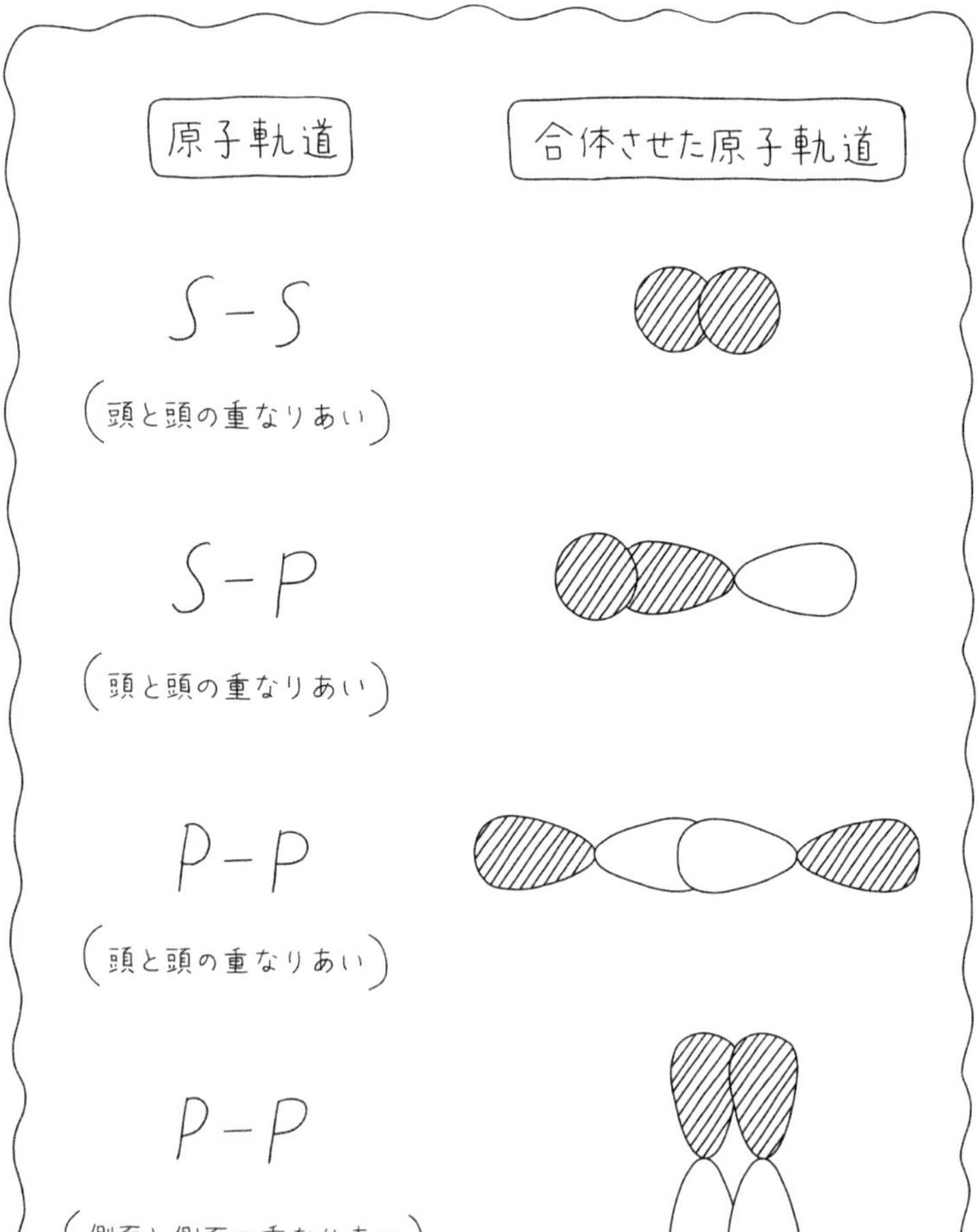

原子軌道　　合体させた原子軌道

S−S
（頭と頭の重なりあい）

S−P
（頭と頭の重なりあい）

P−P
（頭と頭の重なりあい）

P−P
（側面と側面の重なりあい）

わりに置けば、それがs軌道とp軌道の結合を表すモデルになる。1か所で重なりあっているので、原子から原子へと電子は楽に移動できる。

ふたつのp軌道が頭と頭で重なりあった場合もシグマ結合ができる。この結合では、横倒しの8の字の右側のローブと、横倒しの8の字の左側のローブが重なることになる。やはりふたつのp軌道が1か所で重なって、シグマ結合をつくっている。

ただし、ふたつのp軌道は横腹と横腹をくっつけて重なることもできる。つまり軌道の側面の2か所で結合するわけだ。このタイプの結合はパイ（π）結合と呼ばれ、複数箇所で重なる必要があるために二重結合か三重結合にしかならない。

具体的にイメージするには、数字の8が縦向きでふたつ並んだところを思いうかべるといい。上半分の2個のローブどうしと、下半分の2個のローブどうしがそれぞれ相互作用することで、電子が分子内を動きまわるための通路がふたつできる。

酸素アセチレン溶接（ガス溶接とも）になじみのある人なら、すでにこのタイプの結合に気づいているかもしれない。アセチレン（$C_2H_2$）は炭化水素の一種で分子は小さく、2個の炭素原子のあいだに三重の強力なパイ結合をつくっている。アセチレンガスに火をつけると、この三重結合が真っぷたつに壊れ、摂氏3330度もの炎が上がる。ふたつの金属を溶接するにはこの高温がおあつらえ向きである。

ということで、**原子どうしの結合が生まれることの正体は原子軌道が重なりあうことであり、そこで原子が電子を共有する。**そして分子の中にどういう原子が含まれていようが、結合の種類が共有結合だろうがイオン結合だろうが、**地球上の分子はかならず価電子どうしの距離が最大になるような形をとる。**

分子内の結合について知っておく必要があるのは以上。少なくとも入門者向けの情報としては！

分子の内部で結合がどう形成されるかがわかったところで、今度は分子と分子のあいだで、どのようなやりとりが行われるかに目を向ける番である。

2個の分子は反応して、共有結合やイオン結合を新たにつくるのだろうか。それとも相手のことは無視して、ただ単に集団で固まっているだけなのだろうか。

# 第3章

## 姿を変える——固体、液体、気体

Let's Get Physical : Solids, Liquids, and Gases

# 原子も分子も群れるのが好き

　ここまでの2章では、化学の土台である原子と分子について学んだ。世界には途方もない数の原子が存在する。何兆個の何兆倍なんてものではなく、とてもじゃないけど数えきれないくらいに、とにかく本当に冗談抜きにたくさんの……って、いいたいことはわかってくれたと思う。なのに、原子や分子がただそこら辺でぶらぶらしているのを目にすることはまずない。それは原子や分子が超ウルトラ小さいせいもある。なにしろ原子の直径ときたら、人間の髪の毛の太さの１００万分の１くらいしかない。私たちが原子にとり巻かれている様子が実際に見えたら、どれだけ不気味か想像できる？　もう圧倒されて言葉も出ないに違いない。

　仮に裸眼で原子を確認できるとしても、私たちの目に映るのは個々の原子ではなく原子の集団だ。なぜかというと、**原子も分子も群れるのが好きだから**である。中学の卒業ダンスパーティーに参加している子どもたちみたいなものだ。たとえば、バーベキューグリル用の炭があったとして、私たちが見ているものは炭素原子の集団である。炭素原子の集団が酸素原子と結合して二酸化炭素分子になろうと決めると、個体のドライアイスとして私たちの目でもとらえられる。

炭の中の炭素原子も、ドライアイスの中の二酸化炭素分子も、どちらもぎゅっと押しあわされている。原子間や分子間にはほとんど隙間がない。この隙間こそが、いわゆる「物質の状態」を決める大きな要因のひとつである。

物質には大きく3つの状態がある。**固体、液体、気体**だ（ほかにもプラズマやコロイドといった状態があるにはあるが、さしあたっては最もなじみ深い3つに焦点を絞ろうと思う）。何かの物質が固体か液体か、はたまた気体かをつきとめるには、めちゃくちゃ簡単でなかなか楽しい方法がひとつある。**その物質を落としてみて、何が起きるか**を確かめればいい。

たとえば、シャンパングラスなら粉々になって四方八方へ飛びちり、ガラスのかけらがいろいろな場所に着地する。それはガラスが固体だからだ。たとえ砕けていても、かけらは依然としてかけらである。かけらが集まって（液体のように）水たまりをつくったりはしないし、空気中に（気体のように）立ちのぼっていったりもしない。

じつをいえば、物質には固体・液体・気体の区分にすっきりとは収まりきらない中間の状態がいくつもある。ガラスは固体ではあるけれど、もっと正確にいうと非晶質固体（アモルファス固体とも）である。これは、その物理特性が液体と固体の中間だということである。とはいえ、いまはガラスも典型的な固体にすぎないという前提で話を進めていきたい。

シャンパングラスを顕微鏡で覗いてみると、原子が本当にぎっしりとすし詰めになっているのがわかる。分子どうしがぎゅうぎゅうに押しあわされているので、身動きがとれない。寝返りを打つのも、自分の位置をちょっと直すのもままならない状態である。固体の分子で思いだすのは、まだ赤ちゃんだった姪が私の腕の中で眠ってしまったときのこと。まわりで何が起きていようが、ちょっとでも動いたら目を覚まさせてしまいそうで身じろぎひとつできなかった。無理無理、絶対に無理。固体の分子もそれと変わらない。

顕微鏡のレベルでは液体の分子も固体の分子とよく似ているけれど、ひとつだけ大きな違いがある。分子間の距離だ。液体では、固体の場合より**分子と分子のあいだに隙間があいている**。だからもっと自由に動きまわれるし、自分を入れている容器と同じ形になれる。うっかりシャンパングラスを落としてしまったときには、いつでもこの光景を目にすることができる。グラスが粉々になってタイルの床に散っても、液体のシャンパンはタイルの上を流れていって隅か端にたまる。

化学では、固体と液体の違いをその形と体積で区別する。**液体は絶えず形を変えるが、体積は一定**である。それに対し、**固体は形も体積も決まっている**。シャンパングラスの例でいくと、シャンパンははじめグラスの形をとっていて、グラスが砕けたら今度は床に広がる。液体なので、シャンパンにはシャンパンならではの形というものがない。

さらにいくつか具体例を見ていこう。鍋の中に１個の固体――たとえばジャガイモ――を入れたとすると、ジャガイモはただ鍋の底でじっとしている。何もせずに。そりゃそうだよね？　で、そこに何かのかなり強い力が加わりでもしない限り、鍋のジャガイモが形を変えることは絶対にない。一方、やはり鍋に液体――たとえば水――を注いだ場合は、水は広がれるだけ広がって鍋の底を覆いつくす。

中学の卒業ダンスパーティーを思いだしてみて。液体中の分子はダンスフロアでスローなダンスを踊っている。一方、固体中の分子は隅っこで身じろぎもせずに立っている。液体がサイドステップを踏みながら腕をゆらゆらさせているかたわらで、固体は足が地面に接着剤でくっついたみたいになっている。液体が鍋の中で広がるのに固体が形を変えないのは、固体の分子がダンスを踊っていないからだ。それどころか、固体中の分子はほとんど動いてもいない。

地球上の液体のほとんどは分子である。ただし例外がふたつ。室温の場合、臭素と水銀だけは液体なのに原子のみが含まれている。それ以外の液体は少なくとも１種類の分子でできている（たとえば、混じりけのない水は水素原子や酸素原子単体ではなく、$H_2O$という分子なのに対し、純粋な液体の水銀はHg原子のみで構成されている）。

液体と気体の違いも、液体と固体の違いと同じ。そう、分子間の距離！　また中学の卒業ダンスパーティーに戻ってみたい。

固体がじっと立っていて、液体がスローなダンスを踊っているのだとしたら、気体は速いテンポでクイックステップを踏んでいる。気体の分子はできる限りすばやく動いて、できる限り広がろうとする。液体や固体と違い、**気体の場合は形も体積も決まっていない。**ただ容器全体を満たそうとする。液体ならフラスコの底を覆うのに対して、気体はフラスコをいっぱいにしようとする。

酸素、窒素、ヘリウムといったありふれた気体については、すでにみんなもよく知っていると思う。気体はいま現在もあなたのまわり（家の中も含む）で動いている。それというのも、地球の大気には気体が満ちているからだ。酸素を見たり、窒素を嗅いだり、二酸化炭素を味わったりはできなくても、こうした気体が存在しなければ私たちは生きていけない。

宇宙飛行士に宇宙服を着せるのはこのためである。月や宇宙空間には、地球の大気のようなかたちで気体が存在しない。スキューバダイバーが酸素ボンベを背負わないといけないのも同じ理由だ。酸素という気体を吸えなければ、人間は3分くらいで絶命する（いわれるまでもないだろうけど）。

でも地球上では、いままさにこの瞬間にも無数の分子があたりを漂っている。そのほとんどは窒素（78パーセント）と酸素（21パーセント）であり、あっと驚く１パーセントがアルゴンである。ほかにもいろいろな種類の気体（二酸化炭素など）が微量ながら含まれていて、多少の汚染物質（一酸化炭素など）もひそんでいる。大きく深呼吸をすれば、そうしたさまざまな気体の混合物を吸いこむことになる。分子はあなたの鼻を通って肺に入り、酸素分子全体の４パーセントが二酸化炭素に変換される。息を吐きだすとき、呼気に含まれる気体は窒素とアルゴンはそっくりそのまま変わらずに、酸素が17パーセント、二酸化炭素が４パーセントとなる。呼気は１００パーセント二酸化炭素だと勘違いしている人が多いが、それはまったくのデタラメである。

呼気にも含まれるアルゴンはとても安定した気体だ。科学者が実験をしていて、不活性な環境で反応を起こさせたいときにはかならずアルゴンが使われる。たとえば私が大学院生だった頃、フラスコで危険な反応をさせるときにはアルゴンを注入して、火が出ないようにしていたものである。アルゴンガスが爆発の確率を最小限に抑えてくれる。でも白状すると、いつなんどき爆発するかもわからない実験をするのは、ドキドキだけじゃなくワクワクもちょっとある。

アルゴンの原子番号は18番なので、いまならおわかりのとおり原子核内に陽子を18個と、核の外側に電子を18個もっている。アルゴン原子は比較的小さいものの、密度は非常に大きい。要は、狭い空間内にぎゅっと詰まっているということである。

テキサス大学で気体に関する授業をするとき、私はよく風船を使う。ひとつの風船にアルゴンガスを、もうひとつにヘリウムガスを詰めて、気体の密度がどういう違いを生むかを見せるためだ。アルゴン風船は見た目は何の変哲もないが、手を離すとたちまち沈んで床に落ちる。アルゴンは空気より重いからである。一方のヘリウム風船はどうかというと、みるみる浮きあがって天井に張りつく。手っ取り早くいえば、それが気体密度である。

**高密度の気体では、一定の体積の中に詰めこまれた分子の数が多い。**もしも洗濯物が気体中の分子だったら、大学生の洗濯物入れは「高密度」に違いない。汚れた衣類で縁までいっぱいだろうから。それにひきかえ、近藤麻理恵の洗濯物入れだったら圧倒的にすっきりしているはずである。だって、ときめきを感じる服しか手元に残していないわけだから（大学生よりこまめに洗濯するだろうし）。

水素やヘリウムのように密度の低い気体は、空気より軽いので浮きあがる。軽めの気体は、前章でも取りあげた誕生日会の風船にうってつけだ。ただし、たぶんみんなも経験から学んできたように、そういう風船はどこかに縛りつけるか重りをつけておかないと飛んでいってしまう。

でも、そもそもヘリウムのような物質がどうやって気体から液体へ、液体から固体へと移りかわるのだろうか。高校で習ったことを覚えていると思うけれど、こういう状態変化は私たちのまわりで日常的に起きている。溶ける、気化する、凝縮する、凍るといったプロセスは、すべて**物質内の分子間の距離が広がったり縮んだりしたことの直接的な結果**だ。

## アイスクリームが溶ける仕組み

一番簡単な状態変化として、まずは溶けることから見ていこう。みんながどうだったかはわからないものの、私はうんと幼い頃にこれを学んだ。外でアイスクリームを食べているときに強烈な日差しが照りつけて、溶けたアイスが手を伝って落ちたのである。その恐ろしいほどのぐちゃぐちゃの中で、私は化学における重要な状態変化のひとつを教えられたのだった。ちなみに、専門用語としては「溶けること」ではなく**「融解」**というのだけれど、普通は誰もそんなふうにいわないしね。

アイスクリームなり何なりが融解している、つまり溶けているときには、分子間の距離がどんどん大きくなって固体を液体に変えている。たとえば、固体の中の分子と分子が1キロメートルずつ離れていたとしたら（ちょっと誇張した数字を使いますからね）、液体になった分子はいまや5キロメートルずつ離れている。実際には、固体中の分子間の距離は10のマイナス10乗メートル（＝100億分の1メートル）くらいなのだが、これを具体的にイメージするのは相当に難しいと思う。

ともあれ、押さえておいてほしい**大事なポイントは、状態変化が起きても分子自体は前とまったく同じ**だということ。分子をつくる原子も、その原子間の距離も変わったわけではない。ただ、分子と分子の間隔が広がるだけである。

そうはいうけど、いったいどうやって？　**間隔が広がるためにはエネルギー源が必要**になる。普通は熱だ。環境の温度を変えれば、分子のスピードを無理やりアップさせることも（熱した場合）、ダウンさせることもできる（冷やした場合）。そして、このあとすぐに説明するように、それが分子間の距離にも影響する。

さっきのアイスクリームの例を考えれば、それはそうだろうと思ってくれるはずだ。アイスクリームが溶けるには、外部の熱源が必要になる。テキサス州では、屋外でアイスを食べていたらほんの2〜3分で溶けはじめる。大気中の分子からの熱が十分なエネルギーを与えると、アイスクリームの中の分子は動きだし、やがて分子間の距離が開いていく。

こうした目に見えないプロセスが起きることで、アイスクリームの融解が始まる。

融解が最も鮮やかに見てとれるのが、プレッツェルのチョコレートがけをつくるときの最初のステップ。つまりチョコレートを溶かす作業だ。私が家でこれをするときには、鍋に湯を沸かし、チョコレートを耐熱ボウルに入れ、そのボウルを水面に触れないようにして鍋に載せる。こうすると、蒸気の熱がボウルの底を通して伝わり、チョコレートにじかに送りこまれる。このプラスアルファのエネルギーが加わることで、チョコレートの中の分子はもぞもぞと動きはじめ、それが分子間の間隔を広げることにつながる。これが起きるドンピシャの瞬間を私は知っている。なにしろ、目の前でチョコレートが溶けだすわけだから。

## 水が蒸気になる仕組み

チョコが溶けて、鍋からボウルを外すと、もうひとつの物理的な変化が確認できる。鍋の水が沸騰しているのは、十分な熱が加えられたことで液体の水が蒸気に変わったからだ。

そして水が蒸気になれば、分子間の距離は大幅に広がる。このため、固体の分子間距離が1キロメートルで、液体が5キロメートルだとしたら、気体の場合は50キロメートルくらいになる。この場合も分子自体が変化したわけではなく、ただ固体や液体の場合より分子どうしが圧倒的に離ればなれになったにすぎない。決まった形や体積が気体にないことはすでに学んだとおりなので、気体となった水分子——つまり水蒸気——は空気中へ立ちのぼって消えたように見える。

このように、液体が気体に変わるプロセスを**気化**という。ところが、これは間違って**「蒸発」**と呼ばれることが少なくない。よくある勘違いではあるけれど、この際だからどう違うかを考えてみよう。融解と同じように、気化のプロセスも分子間の距離を広げる。ということは、そのプロセスが生じるためには熱が必要ということになる。液体が沸点に達すると気化が起き、液体が気体になる。

一方の蒸発は、多量の熱をじかに加えなくても分子が液体から気体に変わることをいう。この状態変化は、コップの水がひと晩で蒸発したり、体から汗が蒸発したりというように、沸点より低い温度で起きる。そのどちらの場合にも、溶接用のブロートーチは必要ない。気体へと移りかわれるだけのエネルギーが、分子にもとから備わっているということである。逆に、沸騰している水の場合は、もともともっているより多くのエネルギーの助けを借りて気体になった。

気化にしろ蒸発にしろ、液体を気体に変えたいと思ったら分子間の距離を広げるしかない。お菓子を焼くのが好きな人なら、熱湯が気体に変わるときに何が起きるかをチョコレートを溶かしながら目の当たりにしている。じゃあ、溶かしたチョコレートに不意打ちをくらわされた経験はないだろうか。気体となった厄介な水分子が、溶けたチョコに入りこむと、別の状態変化を起こすことがある。それが**凝縮**だ。

水分子が凝縮すると、なめらかだったチョコレートをぼそぼそのかたまりにしてしまう。気体の水分子（蒸気）は凝縮して液体の水分子に変わり、チョコレートの分子レベルで起きていることの邪魔をする。暑い日に飲み物の容器の外側に水滴がつくのも、やはり凝縮が原因である。

凝縮と気化は、**プロセスの進行する向きが違う**だけだ。いってみれば私の通勤みたいなものである。かかる時間も距離も、行きと帰りとで変わらない。行きも帰りも車で10分だが、方向だけが違う。それと似たようなもので、気化が分子間の距離を広げるのに対し、凝縮は分子間の距離を縮める。距離が近くなれば、分子は隣りの分子と引きつけあい、液体に変わることができる。

液体は化学組成を変えないまま固体になることもできる。このプロセスを**凝固**と呼び、分子どうしの距離が十分に近いと液体から固体に変化する。気化と凝縮が逆向きのプロセスであるように、凝固と融解（一般にいう溶けること）も逆向きのプロセスだ。融解の場合、分子が広がって分子間の距離が開くと固体が液体になる。凝固の場合は、分子が近くに集まってこないと物質は液体から固体になれない。

何かを凝固させたければ、冷凍庫などの低温の環境に押しこむのが一番いい。環境の圧力を（実験で）変える手もある。気温を下げると分子のスピードがゆっくりにならざるをえず、ついには分子間の距離が縮んでいく。プレッツェルのチョコレートがけをつくってそれを冷凍庫に入れたら、溶けていたチョコレートが固まってパリッとしたコーティングになる。このプロセスは瞬時に起きるものではなく、どれだけ時間がかかるかはコーティングの厚みによる。分子の数が多いと、スピードを落として固体になるまでには時間がかかる。もっとも、チョコレートに限らずすべての分子には凝固点があり、その温度に達すれば液体は固体になる。

# ドライアイスと霜に共通するもの

融解、気化、凝縮、凝固は最も一般的な状態変化である。でも、そこまでありふれてはいないながらも、特筆すべき物理的な変化があとふたつある。**昇華と凝華**だ。これはそれぞれ、固体がじかに気体になることと、気体がじかに固体に変化することを指す。昇華や凝華の過程では分子が液体になることはなく、固体から気体、もしくは気体から固体しかない。こういう変化が起きるためには、分子間の距離が短時間で一気に増えたり減ったりする必要がある。分子の種類にもよるものの、極端な温度と圧力のもとではこの2種類の状態変化が教室や実験室で自然に起きる。

自然界で昇華が起きることはそれほど頻繁ではない。というのも、分子が急速に動かなければいけないからである。私たちの日々の暮らしの中でもそうはお目にかからない。たいていの人にとって、昇華との数少ない接点のひとつはドライアイスだ。ドライアイス（つまり固体の二酸化炭素）はその独特の特性によって、固体から気体へとじかに変化できる。ということは、この状態変化のさなかに二酸化炭素分子どうしの距離は急激に広がっている。ドライアイスの場合、このプロセスは大気圧下で、しかも常温で自然に起きる。だからミュージカルやコンサートや、ついでに私の教室でも、白い煙を発生させるのにドライアイスがよく使われている。

昇華は芳香剤や防虫剤にも利用されている。これらの物質は固体でありながら、分子を少しずつ空気中に放出して香りを生みだしている。どちらも室温で昇華するものの、ドライアイスと違ってプロセスの完了には何日もかかる（何週間ではないにせよ）。車の芳香剤を2〜3週間おきに交換しなくちゃいけないのはこのためだ。分子が空気中への昇華をやめてしまうからである。

昇華の反対が凝華で、気体状態の分子が一足飛びに固体へ変化する。この状態変化のあいだには膨大なエネルギーが失われるため、早い話が分子はその場で動くのをやめてじっとしてしまう。寒冷な地域で暮らしている人は、たぶん思った以上に凝華を経験している。毎朝、外を眺めて葉が霜に覆われているのが見えたら、それは凝華の結果を目にしているのと同じだ。空気中の水分子が夜間に大量のエネルギーを失ったために、とりあえず葉の表面に付着して、美しく不思議な氷の世界をつくりあげた。あなたが意を決して屋外に出て、霜ができる様子をじっと観察するとしたら、水蒸気が液体の段階を通らずに一気に固体の氷になるのがよくわかるはずである。

凝華の例としてもうひとつおなじみなのが、煙突の内側につく煤だ。私がミシガン州に住んでいた頃、寒い朝は暖炉のそばに座って体に熱を浴びるのが大好きだった。ついでに温かいココアも飲んだりして。当時はそんなことをぜんぜん知らなかったけれど、気をつけてよく見ていたら、煤の粒子が気体から固体へと変わりながら塵に付着するのが観察できたはずである。この煤＋塵の粒子は暖炉の内側にたまっていき、黒い汚れとなって母から目の敵にされた。煤の凝華は霜の凝華よりはるかに短い時間軸で進行するものの、**頭の偏った私にいわせればどちらもうっとりするほどすばらしい。**

まとめると、状態変化には6つの種類があり、すべてを表にすると次ページのようになる。

ほとんどの分子については、この6つの状態変化を起こす温度と圧力が決まっているが、それらは分子の種類によって異なる。なかには**「三重点」**をもつ分子もある。何かというと、特定の温度と圧力のもとでは分子間の距離があいまいで不明確なために、**固体・液体・気体の3つの状態が同時に共存できる**のである。水の場合、温度が摂氏0・01度で圧力が4・58トールの状態が三重点だ。それを実験室で観察するには、密閉容器に水を閉じこめ、圧力を下げるためにそれを真空状態に置くのが一般的な方法である。

そこまでしなくても、YouTube（ユーチューブ）でこんな動画を見たことはない？

| 名称 | 状態変化 |
|---|---|
| 融解 | 固体 ⇨ 液体 |
| 凝固 | 液体 ⇨ 固体 |
| 気化 | 液体 ⇨ 気体 |
| 凝縮 | 気体 ⇨ 液体 |
| 昇華 | 固体 ⇨ 気体 |
| 凝華 | 気体 ⇨ 固体 |

気温マイナス52度のアラスカで、水差しに入った熱湯を高々とまき散らす、っていうやつ。水が水差しを離れると、たちまち状態変化が起きる。水分子の一部は瞬時に凍って小さなつららになるけれど、残りは気化して白い巨大な雲になる。まるで凍った花火のようで、吹きだした白いガスの大きな塊からオシャレなつららが地面に向かって弧を描く。一瞬とはいえ、水の3つの状態がすべて混在している。三重点の水もそれとだいたい似たような感じで、**本当にめちゃくちゃカッコいい**。

もうひとつ、やはり特定の温度と圧力のもとでは、液体と気体の区別がそれ以上はつけられなくなる瞬間が訪れる。そこを**「臨界点」**という。臨界点を超えると、液体中と気体中の分子間の距離が変動しすぎて、その物質が液体であるとも気体であるとももはや定められない。そうなったものは**「超臨界流体」**と呼ばれる。これは、**液体と気体の混じりあったような奇妙な物質**だ。超臨界流体は、液体の性質の一部と気体の性質の一部を兼ね備えている(具体的にどういう特性をもつかは分子の種類によって異なる)。

超臨界流体はどういう用途に利用されるかというと、よくあるひとつがコーヒーのカフェイン除去である。生のコーヒー豆を蒸してから、特殊な耐圧容器に投入する。ここで登場するのが超臨界二酸化炭素。これを豆の上にスプレーすると、豆の中のカフェインがこの液体／気体の物質の中に溶けだす。豆自体が傷つくことはないので、カフェインを除去するにはうってつけの溶媒といえる。この工程の何がすごいって、使用を終えた超臨界二酸化炭素からカフェインをとり除くことができる点だ。だからこの溶媒をくり返し何度も使用できる。

かつては、超臨界二酸化炭素を好んでドライクリーニングに用いる業者もあった。衣服を実際に「濡らす」ことなく、汚れを簡単に落とせるからである（わざわざ「濡らす」とカギカッコに入れたのは、超臨界流体が一般的な「濡れ」の定義に従わないからだ。液体／気体の物質は濡れているとはいいがたいものの、決して「乾いて」もいない）。高圧状態で衣服に超臨界二酸化炭素をスプレーするわけだが、ひとつ大きな問題があった。圧力を解除したときに、もろいタイプのボタンが砕けたり弾けとんだりしてしまうのである。この欠点をなくすことがどうしてもできなかったために、いまでは大部分のクリーニング業者がこの処理法をやめてほかの選択肢に頼っている。

# 氷でトラックの重さを支える!?

ここまで説明してきた状態変化はぜんぶ、マクロのレベルで観察できる。凝縮や凝固はもちろん、超臨界流体だって肉眼で見える。ただ、それが具体的にどうやって起きるかはミクロのレベルの出来事であるために、目で確かめることはできない。

## 科学者はどうやって世界を「見る」のか

化学者でも生物学者でも地学者でも、○○学者なら誰でも、世界を科学的に調べる際にはふたとおりの視点を検討する。マクロ（巨視的ともいい、目に見えるもののこと）と、ミクロ（微視的ともいい、目には見えないもののこと）だ。

何かを見るのに顕微鏡が必要であれば、それはミクロである。裸眼で確認できるなら、それはマクロである。

だとしたら、その小さい小さい分子のあいだでは何が起きているのだろうか。化学者が最初に目を向けるのは、分子の内部で電子がどのように分布しているかである。それを決めるのは……そう、お察しのとおり分子の形だ。なぜって、私のような化学者からすると、種類の異なる分子の電子どうしがどのように相互作用するかや、もっと大事なのは電子が空間内で自らをどう配置しているかが、分子の形からわかるからである。

分子の集団を調べてみたとき、分子がきれいに一列に並んでコンガライン〔縦につながって踊るラインダンス〕みたいになっていることもある。かと思えば、陰陽のシンボルみたいに、頭が足と、足が頭とつながっているのに近いこともある。最も一般的な分子の配置をつきとめるのはそれほど難しくない。それが明らかになれば、分子の集団がミクロのレベルでどのように状態変化するかがついに説明できる。

でもそこへ行く前に、分子全体の極性を明らかにしないといけない。

ここで関係してくるのが、みんなにもすでにおなじみのあの話。

電気陰性度だ。

たとえば、酸素原子はとりわけ電気陰性度の大きい部類に入る。思いだしてほしいのだが、電気陰性度が大きいとすると、分子の中にいるときに隣りの原子から電子を残らず吸いよせて自分の核に近づけようとする。現に、水分子($H_2O$)中の酸素原子はすべての電子

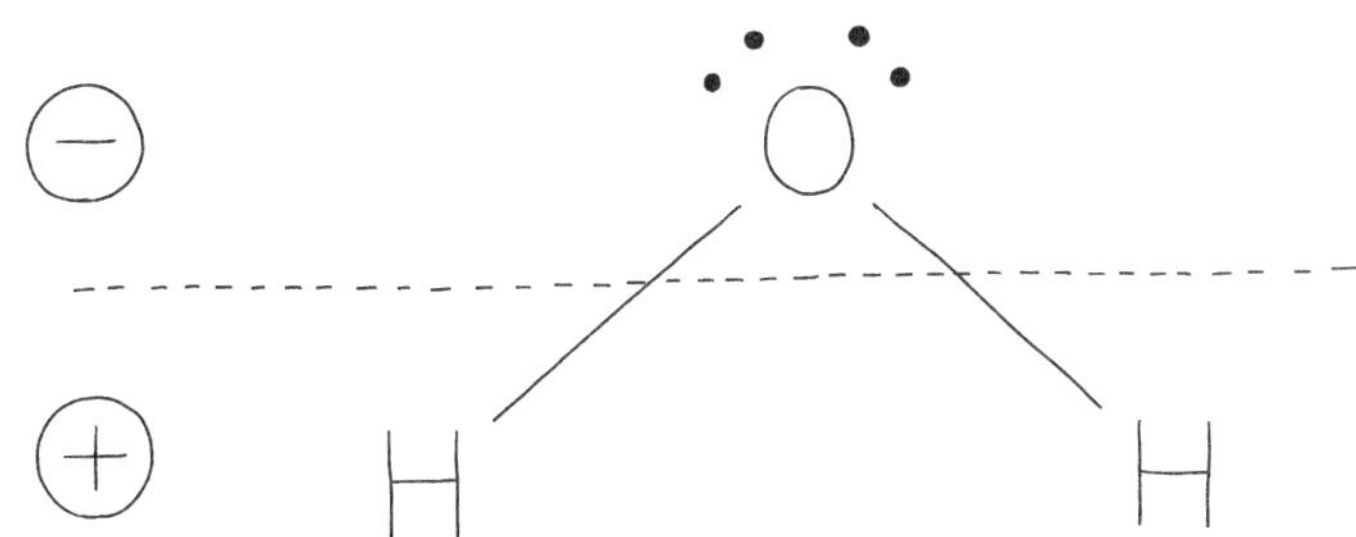


を引きつけ、2個の水素原子ではなく自らのそばにはべらせている。

水分子の中の電子の分布が不均等で、酸素原子側に偏っていることから、酸素原子は少し負の電荷を帯びていると化学者は判断する。原子が結合内で電子をどう共有しているかを考えるとき、私たちはまさしくこういうふうにする。でもいまは、ひとつの分子の中で複数の結合ができたときに何が起きるかを見ていこう。

分子内で電子が分布する際にはふたとおりのやり方があり、それによってその分子が極性か、無極性かが決まる。まず、分子をふたつの部分に分けることができるなら、それは「極性」分子とみなされる。つまり、電子が分子全体に均等に分布しているのではなく、磁石のように正電荷の部分と負電荷の部分が存在する。

水分子の中で電子がどう分布しているかをさらに詳しく見てみよう。さっきも触れたように、水分子の中の酸素は少し負の電荷を帯びている。このため、2個の水素原子はどちらも少し正の電荷を帯びている。このことは地球上のすべての水分子に漏れなく当てはまるので、酸素原子はつねに電荷が少しマイナスであり、水素原子はつねに電荷が少しプラスである。こういう状況であれば、分子を正電荷側と負電荷側とに分けることができ、それが分子の極性を生んでいる。

この種の極性分子は、**1個の分子の正極側と、別の分子の負極側とのあいだで強力な引力の連鎖反応をひき起こす**。この分子間の強力な引力を**「双極子相互作用」**という。双極子相互作用が起きるのは、電荷が永久に偏っている分子（つまり極性分子）に限られる。

いままさにこの瞬間にも、あなたのまわりでは何百という双極子相互作用が起きている。いまキッチンにいるのなら、リンゴやナシの内部ではもちろん、豚肉や牛肉や魚の内部でさえもそうだ。グラス入りの水や炭酸飲料や、ワインでもいいから近くにあれば、特別な双極子相互作用を目の当たりにしている。この特別な双極子相互作用はあまりに強力なので、別個の名前をもらっている。それが**「水素結合」**であり、その結合は、**どうかしているといいたくなるほどに強力**だ。水分子は典型的な水素結合である。なぜかといえば、きわめて極性の高い結合をもった極性分子だからである。

ただ、ここで注意してほしいのは、水素結合は共有結合とは違うということ。共有結合は、水素原子と酸素原子が一緒になって$H_2O$をつくるときの結合だ。水素結合のほうは、1個の水分子の水素原子と別の水分子の酸素原子とのあいだに生じる。この水素結合はあまりに強いので、氷の厚さが15センチメートルもあれば、荷を満載したトレーラートラックを支えることができる。

**何トンにもなるトラックを15センチメートルで支えられるなんて！　どうかしているでしょう？**

何年か前まで『アイスロード・トラッカーズ』という番組をやっていて、大好きだったのだけれど、水素結合の強さをこれ以上に物語るものはない。ミシガン生まれの人間として、薄い氷がどれだけ危険かを私は身にしみて知っている。だから、恐れ知らずのトラック野郎が氷の上を延々と何キロメートルも走るのを見て、ハラハラしどおしだった。でも水素結合が尋常じゃなく強力なおかげで、荷をぎっしり積んだトラックでもカナダの凍った湖を渡ることができた。

幸いなことに、番組に登場するトラック野郎たちは複雑な方法を用いて氷の強度を判断できるため、恐ろしい事故を起こさずに済んでいる。とはいえ、自分たちがじつは水分子間の引力の強さを調べていることには気づいていないかもしれない。だって考えてみて。この水素結合が壊れたら、水分子は状態変化を起こすことができるんだから。

水素結合のほんの一部でも壊れたら、固体の氷は溶けて液体の水になれる。凍った湖の上でうろうろしている人間にとっては一大事だ。水素結合がひとつ残らず壊れたら、その液体の水は気体の水（水蒸気）に変わる。だから、角氷が融けたり、お湯が沸いたりするのを私たちが見ているときは、じつは水素結合の崩壊をリアルタイムで観察しているのと同じことなのである。

## 物質の状態を決めるものは何か？

逆に、液体の水が凍って固体の水（氷）に変わるときには、水素結合がつくられる様子を目の当たりにしている。私が「サンダークラウド」［「雷雲」の意］と名づけたド派手な公開実験は、この状態変化が起きるからこそ成りたっている。液体窒素の入ったバケツの中にお湯をぶちまけると、お湯はバケツの底で急速に冷えて氷になる。その過程でお湯の熱が液体窒素に伝わり、液体窒素（$N_2$）は気化して巨大な窒素ガスの雲となるのだ。

水の場合と同じで、窒素が液体から気体に変化するには窒素分子どうしの結合が壊れないといけない。けれど、窒素分子は水のように水素結合をつくることができない。そもそも水素結合ができるのは、極性の非常に強い分子に限られるからである。では窒素分子はどうやって自分たちをつないでいるのか。その答えが**「分散力」**だ。

分散力は、分子どうしの相互作用がわりあい弱いときに生じる。前の章で取りあげた厄介なトランス脂肪酸を覚えている？　あの分子がきれいに重な（って動脈を詰まらせ）ることができるのは、分散力のおかげで分子どうしがしっかりつなぎ止められているからである。無極性分子の場合にはすべてこれが当てはまる。

じゃあ、そもそも「無極性分子」ってどういう意味だろう。

無極性分子は、１個の分子の中が正極側と負極側に分かれてはいない。そうではなく、**すべての電子が分子全体に均等に分散している。**クッキー全体にまんべんなくチョコチップが散らばった、完璧なチョコチップクッキーみたいに。クッキーを半分に割ったときに、チョコチップの数が左右どちらかに偏ることがない。同じことが無極性分子にもいえ、電子が分子全体に均等に分布している。

ところが、ここが無極性分子のすごくうまくできたところなんだけれど、ほんの一瞬だけ極性分子になって、またすぐに平常運転に戻ることができる。たとえば私が仮装してフォトブースに入り、2〜3分したらおかしな帽子と眼鏡を外しておなじみのケイトに戻るようなものだ。

とすると、分子はいったいどうやって「仮装」をして、電子を不均等に分布させるのだろうか。じつは、どんな原子でもどんな分子でも、しかもサイズの大小にかかわらず、原子内で電子の分布がアンバランスになる瞬間が訪れる。たとえば、窒素分子（$N_2$）は2個の窒素原子のあいだで14個の電子を共有している。この場合、1秒にも満たないごくごく短いあいだながら、分子の左側に電子が6個来て右側が8個となってもおかしくない。その瞬間、窒素分子の左側がわずかに正の電荷を、そして右側はわずかに負の電荷を帯びる。

私のサンダークラウドの実験では、1個の窒素分子（分子A）が別の窒素分子（分子B）のすぐそばにある。8個の電子が分子Aの右側に突如現れると、分子Bはそのマイナスの電荷を感じとって逃げる。何人かの友だちと一緒にお化け屋敷に入ったときに、急にどこからともなく骸骨人間が飛びだしてきたようなものだ。あなたも友だちもみんなわっと飛びさがって、一目散に反対方向へ走っていく。でしょ？　分散力の場合も同じようなことが起きている。たった1個の分子の中でほんの一瞬バランスが崩れただけで——つまり大勢の友人グループをたったひとりの骸骨人間がおどかしただけで——**分子の集団全体にドミ**

**ノ倒しのように電荷が移動していく。**

とはいうものの、分子はなるべく早く電子の分布をもとに戻そうとする。電子どうしの間隔をできる限り大きくするのが分子の絶えざる使命だからだ。でもその効果が1秒と持続しないうちに、再びドミノ倒しが始まる。こうした電子のドミノ効果が起きるのは少しも珍しくない。だからこそ無極性分子は大気中にばらばらに漂いでることなく、集団として固まっていられる。こういう相互作用が生じなければ、液体窒素の個々の分子は隣りの分子から離れ、気化し、宇宙空間へ消えていき、結果的に私のド派手な実験も台無しになる。

以上のように、分子と分子が引きつけあうのはごく普通の（そして重要な）現象であり、独自の名前をもらっている。**「分子間力」**だ。水素結合も、双極子相互作用も、分散力もぜんぶ分子間力の一種である。分子と分子のあいだにこうした分子間力が生まれると、気体は液体に、液体は固体になることができる。反対に、分子間力が壊れると、固体は液体に、液体は気体になれる。

サンダークラウド実験の場合でいうと、水が凍るときに私は水分子のあいだに水素結合をつくり、窒素が気化するときに私は窒素分子のあいだの分散力を壊している。このふたつの物理的変化はごく短時間で（しかも限られた空間内で）起きるので、ビルの3階にまで届くようなものすごい雲をつくることができる。

すでにお気づきかとは思うけど、この状態変化と分子間力が私には面白くて仕方がない。分子間の距離と、それに対応する分子間力が、最終的な物質の状態をどう決めているのか。その気になれば何日だって書いていられる。でも、どうやらみんなは次に移りたがっているみたいだから……**じゃあ、ちょっと何かをふっ飛ばしてみましょうか？**

# 第4章

# 絆はいつか壊れるもの——化学反応

Bonds Are Meant to Be Broken : Chemical Reactions

# 化学反応式はレシピである

ここまでは、原子と分子と状態変化を取りあげた。水は水素原子2個と酸素原子1個でできていて、それは固体にもなれば（氷）、液体にもなり（蛇口から出てくるやつ）、気体にもなる（水蒸気）。でも、そこへ**まったく別の種類の分子が入ってきたらどうなるんだろう。**そして$H_2O$をつくる水素原子と酸素原子の結合を壊したら？　原子は配置を変えて新しい分子になる？　仮に新しい分子が生まれたら、その反応を逆向きにしてもとの分子に戻せる？　それとも映画『バック・トゥ・ザ・フューチャー』の主人公マーティ・マクフライと同じで、ほんの小さな違いひとつがすべてを変えてしまう？

こうした疑問は化学の中でも私の大好物。なぜって、その答えが化学反応の土台になるからだ。

化学反応の世界に飛びこむ前に、ふたつのことを知っておいてもらいたい。ひとつ目は、化学反応と化学反応式の違いである。このふたつをごっちゃにされるのは、科学者にとって黒板を爪で引っかかれるようなもの。大学の先生にとってもそれは同じですからね（聞こえた?-)。

ラッキーなことに、違いは単純きわまりない。

化学反応は実験室で起きるもの。

化学反応式は紙に書かれるもの。

私が実験室でフラスコに2種類の分子を入れて混ぜれば、化学反応をご披露できる。普通は白衣を着て、反応の各ステップに慎重に目を光らせる。この間、反応によって色が変わったり、状態が変化したり(固体が液体になるなど)する場合もあり、それは分子レベルでさまざまなことが起きるからである。

原子が再配置される。

それに対し、単に実験を記録に残したくて、どの化学物質をどれくらい使ったかをはっきりさせておきたいだけだったら、私は化学反応式というものを書く。化学反応式は3つの部分に分かれている。(1)反応物、(2)矢印、(3)生成物だ。反応物はかならず矢印の左側に、そして生成物はかならず右側にくる。一般化した表現を使うと次ページのようになる。

A、B、C、Dはそれぞれ別々の分子を表している(水、二酸化炭素、などのように)。でも、もう少し興味がもてるかたちにして考えてみましょうか。デザートづくりなんてど

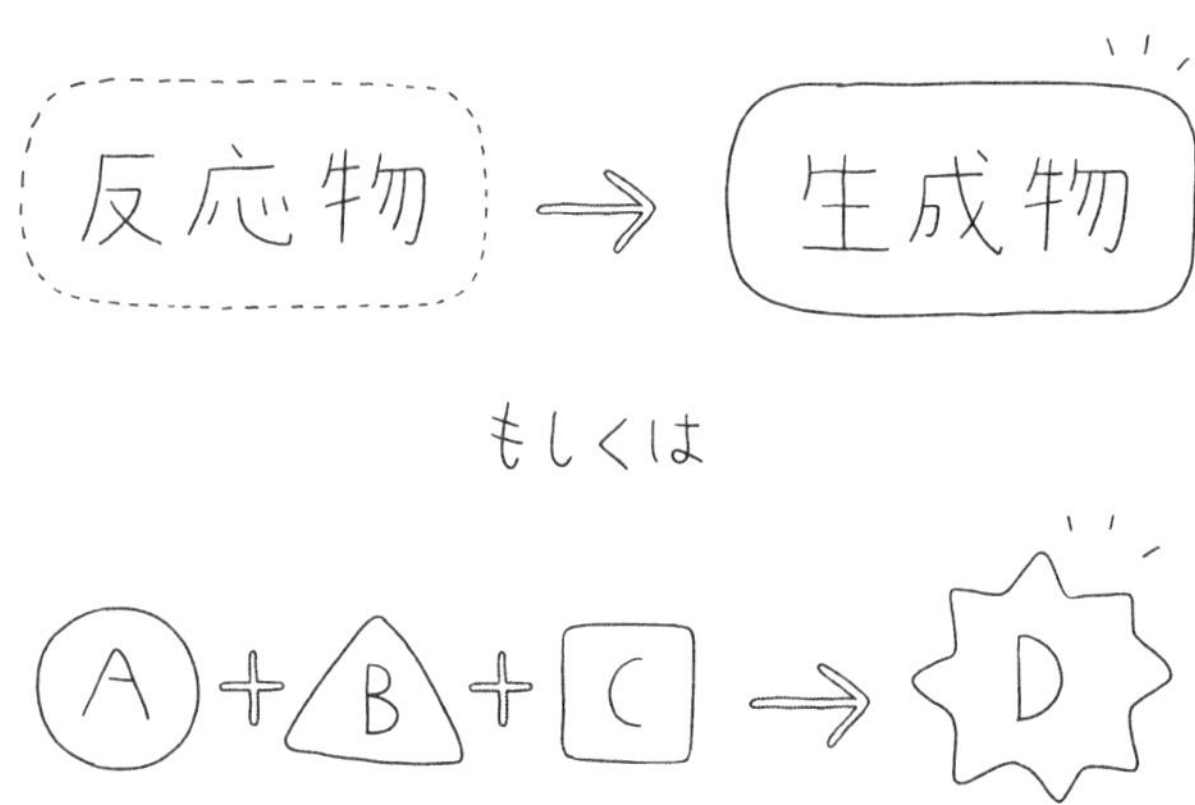


注：本書では見やすさの観点からイラスト中の化学反応式の記号（＋ー＝→）を
＋ ー ＝ ⇒ と表記しています。

う？　化学反応がケーキをつくるプロセスだとしたら、反応物は必要な材料ぜんぶということになる。なので、化学反応式ではすべての材料（小麦粉、卵、砂糖）を式の左側に置く。生成物は、この化学反応で生みだされる化学物質すべて。つまりケーキ！ということで、ケーキをつくる際の化学反応式は次ページの①のようになる。

①のとおりの化学式だとすると、ケーキのレシピは小麦粉と卵と砂糖の分量の比率が1：1：1ということになる。たとえば1カップずつだ。それで焼いたら恐ろしい何かができあがって、**何なんだ、このレシピは！**とたぶん叫ぶことになる。まっとうなケーキをつくるにはとんでもない比率なので、この化学反応からの生成物はおいし

①　小麦粉＋卵＋砂糖→ケーキ？

②　3小麦粉＋4卵＋砂糖→ケーキ

くないこと請けあいだ。

化学反応式で化学物質の比率が間違っているとき、私たちはそれを「式のつり合いがとれていない」という。平たくいえば、レシピがまずいせいで生成物もまずくなるという意味である。このままでは何の役にも立たないので、**化学反応式のつり合いをとらないといけない**。どうするかというと、係数——つまりは数字——を化学反応式に加えればいい。分子の前に係数を置くことで、生成物をつくるための正しい比率を示すのである。ケーキを焼くのに小麦粉３カップ、卵４個、それから砂糖１カップが必要なのだとしたら、先ほどの化学反応式にその数量を反映させて②のように修正する。

③ 3小麦粉＋4卵＋砂糖＋ココアパウダー→チョコレートケーキ


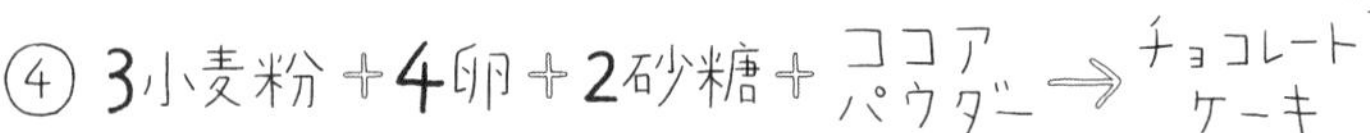

化学反応式では数字の1は使わない。何も書いていなければ1だというのが前提なので、どんな化学反応式にも1は出てこない。

レシピを微調整して、チョコレートケーキがつくれるようにするのもわけなくできる。もうひとつの反応物、つまり材料にココアパウダーを加えればいい。すると式は③のようになる。

この式もつり合いがとれていない。ココアパウダーは相当に苦いので、砂糖の量を調節しなくてはだめだ。その点を改めると、新しいレシピは④のようになる。

チョコレートケーキ用のレシピであっても、ささっと手直しするだけでブラウニーやチョコレートクッキーもつくれる。それは、小麦粉・卵・砂糖がいろいろなデザートの基本的な構成要素だからだ。原子と分子が化学の基本的な構成要素なのと同じである。

## ふざけんな、モルって何だよ？

ここでまた一般化した化学反応式に戻ろう（次ページ参照）。

この化学反応式には貴重な情報が詰まっている。手順（レシピ）がわかるので、このとおりに従えば生成物Dがちょうどひとつだけつくれる。つまり、Dをひとつつくりたければ、A3つとB4つとCひとつをフラスコに入れればいい。それを2〜3時間かき混ぜて、少し熱を加えたりなんかすれば、そのうちDがひとつできあがる。

でもちょっと待って。Dが「ひとつ」ってどういう意味？　1カップ？　1グラム？　1キログラム？

何を隠そう、その答えは1**「モル」**だ。

**ふざけんな、モルって何だよ、**って思っているんじゃない？　化学でいうモル（mole）と

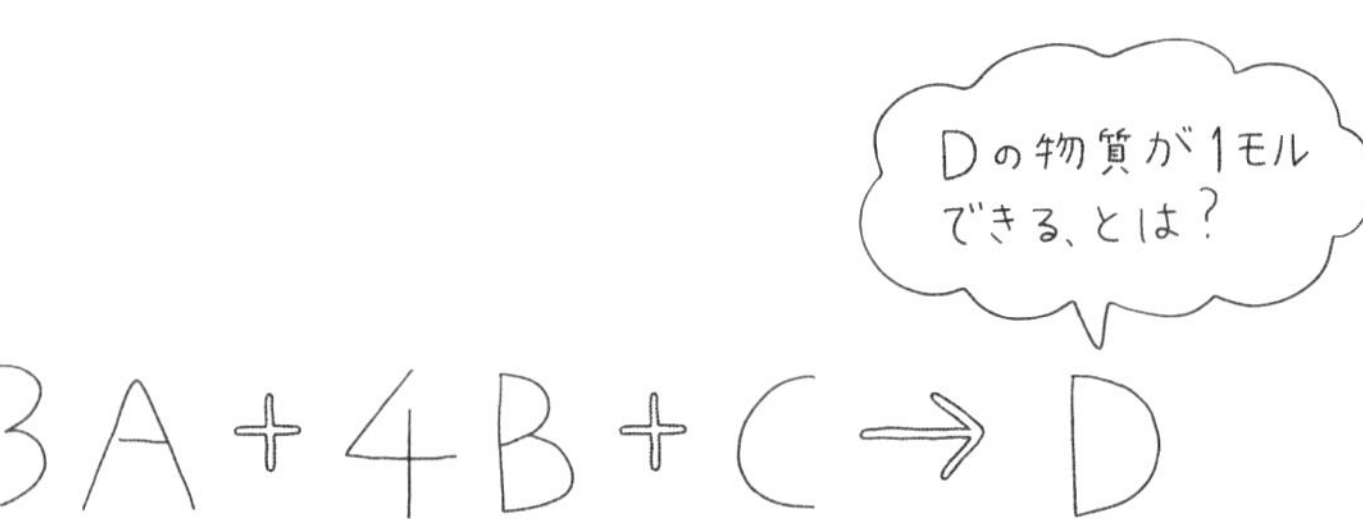


は、毛の生えたかわいい動物のことでもなければ、おいしいチョコレートソースのことでもない〔moleには英語でモグラの意味があるほか、メキシコ料理では「モレ」と発音してソースを指す〕。化学のモルは明確に定められた数字のことであり、ひとつの化学反応の中に何個の分子が存在するかを特定する手がかりになる。化学反応を理解するために知っておくべきふたつ目がこれだ。モルとは何なのか。なぜそれが重要なのか。

　モルの概念をはじめて提唱したのはイタリアの科学者アメデオ・アボガドロで、1811年のことだった。ただし「モル」という言葉を最初に使ったのはドイツの化学者ヴィルヘルム・オストヴァルトであり、モルとはドイツ語の「モレキュール(Molekül)」(分子という意味)の略である。

アボガドロは「モル」という言葉こそ使わなかったものの、**2種類の気体サンプルの温度・圧力・体積がまったく同じであれば、まったく同じ数の分子が含まれる**と考えた。その3つの条件が一致しさえすればよく、その気体が何の気体かは関係がない。

たとえば私が、酸素ガスの入った風船1個と窒素ガスの入った風船1個を教室にもってきたとしよう。風船はどちらも同じ温度で、サイズも寸分たがわず変わらない。風船の体積が変化していないので、風船の内部の圧力は外部の圧力と一致していて、しかも風船の圧力は2個とも一緒なのがわかる。このように温度・体積・圧力が同じであれば、風船の中の分子はどちらも同じ数になるとアボガドロは説いた。つまり、私の酸素ガスの風船も窒素ガスの風船も、中に存在する分子の数は同じである。唯一の違いは、中に含まれる分子の種類だけだ。

オーストリアの化学者ヨハン・ヨーゼフ・ロシュミットは１８６５年、気体サンプル中の分子数を数値化することに成功した。数密度を求める方程式、つまり所定の体積内の分子の数を計算する方法を編みだしたのである。ロシュミットは非常に特徴的な定数を発見し、その定数を用いれば19世紀初頭にアボガドロの主張したことがすべて裏づけられることに気づいた。１９０９年にはフランスの物理学者ジャン・ペランがロシュミットの「魔法の」数字を使い、サンプルの質量をそれに対応する分子数に変換した。このとき、ペランはその数字を「アボガドロ数」と呼んだ。このテーマに先鞭をつけたアボガドロの業績に敬意を表してのことである。

自分の功績がないがしろにされたみたいで、ロシュミットは気を悪くしなかったんだろうかと、私はずっと不思議に思っていた。ともあれ、ペランは$6.022 \times 10^{23}$をアボガドロ数と定めた。この数字は、2原子からなる酸素分子32グラム中の分子の数を表したものである。

ペランの発見は当時としては画期的なものだったが、2019年になってモルの定義が改定された。国際純正・応用化学連合（IUPAC）はいくつかの基本単位について現状よりすっきりした定義を採用したいと考え、モルについても新しい定義を提示した。新定義はすぐに受けいれられた。というのも、それを用いれば、もう炭素や酸素のような具体的なサンプルを基準にする必要がなくなるからである。

新しい定義では、厳密に$6.022 \times 10^{23}$個の存在を含むサンプルを1モルと呼ぶ〔正確には$6.02214076 \times 10^{23}$個〕。私は化学を教える身として、この新定義を聞いたときには小躍りした。これならモルは単なる数字になるので圧倒的に教えやすいし、アボガドロ、ロシュミット、ペランのかかわる歴史物語ぜんぶを生徒に無理やり覚えさせなくてすむ。

この新しい定義でいけば、「モル」という言葉は$6.022 \times 10^{23}$という数字を指すだけになる。

それでおしまい。単なる数字。1世紀が100を意味するように、1ダースが12を表すように、1モルは$6.022 \times 10^{23}$にすぎなくなる。

前の章で、目に見える世界（マクロ）と見えない世界（ミクロ）について話をしたのを覚えている？　そのギャップに橋をかけるのがモルだ。モルを用いれば、マクロの世界の質量をもとにして、ミクロの世界の分子数に変換することができる。

私のような科学者が所定のサンプル内の分子数を割りだしたいとき、モルはなんともありがたい存在だ。実際、ケーキをつくる際にも爆発を生みだす際にもそういう作業は必要になる。

**1モル＝$6.022 \times 10^{23}$**は巨大な数字である。参考までにいうと、$10^6$が100万で、$10^9$が10億。$10^{12}$が1兆。なので1モルを具体的にいうと6022垓（がい）〔垓は1兆の1億倍〕であり、算用数字で表すと602、200、000、000、000、000、000、000となる。

**602、200、000、000、000、000、000、000って！**

## モルはグラムではありません（小さじでも大さじでも円周率でもない）

押さえておいてほしいのだけれど、Aが3モル、Bが4モル、Cが1モルというのは、

Aが3グラム、Bが4グラム、Cが1グラムというような意味ではない。モルはそういうふうにして働くのではないのだ。周期表のところで原子量を勉強したのを覚えている？　原子量とは、陽子数に中性子数の平均を足したもののこと。でもそれだけじゃない。原子量からは、1モルの中にその元素が何グラム含まれているかもわかる。

コバルトを例にとってみよう。巻末の周期表を確認するとコバルトの原子量は58・93なので、1モルのコバルトは58・93グラムであることがわかる。ということは、化学反応式が3モルのコバルトを要求していたら、実験に必要なコバルトの量は176・79グラムとなる（58・93×3＝176・79）。176・79グラムが必要なのに、仮に3グラムのコバルトしか使用しなければ、173・79グラム足りないために反応はあまりうまくいかないだろう。

化学方程式にモルが用いられるのは、その化学反応に必要な原子数の比率を完全に正しくするためだ。それをしなければ、バースデーケーキをつくるのにバケツ6杯分の小麦粉と1カップの砂糖を混ぜるような羽目になり、間違いなく失敗する。

小児感染症の専門家ダニエル・デュレックがTED-Ed〔アニメーションを使った短くわかりやすい教育動画〕でモルに

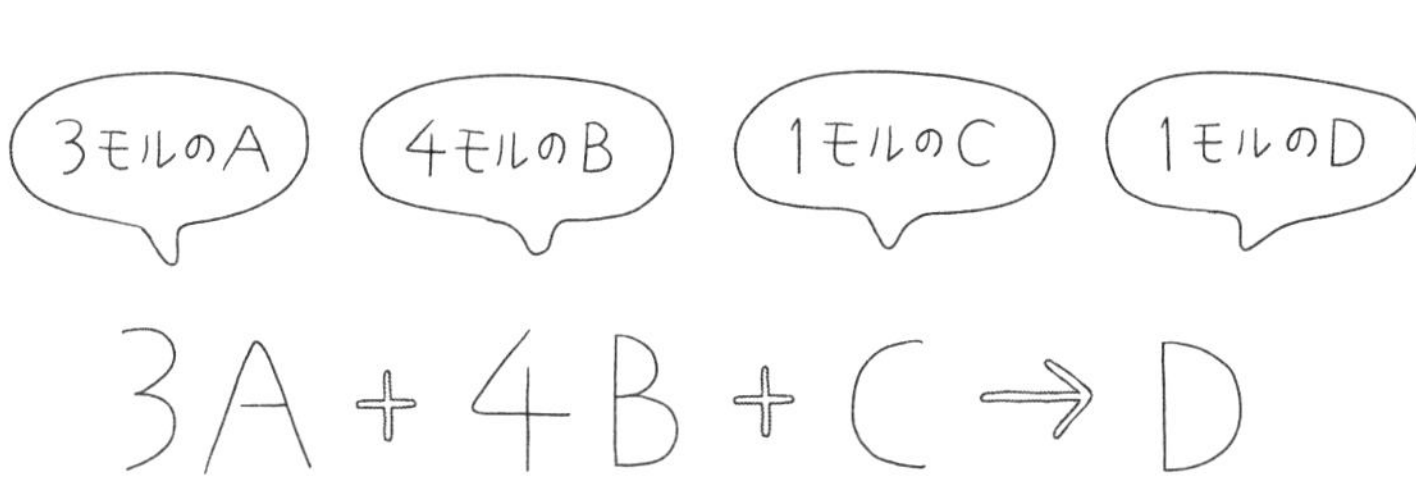


関する話をしているのだが、私がこれまでに聞いた中で一番秀逸な比喩で説明している。生まれた日に1モル分の1セント硬貨をもらって、それを100年のあいだ毎秒100万ドル分（1セント硬貨1億枚分）ずつ捨てつづけたとしても、100歳の誕生日にはまだお金の99・99パーセントが残っている。それくらい大きな数字なのだ、と。

毎秒100万ドルずつ使うのを100年続けても、全体の0・01パーセントしか減らないだなんて……。

信じられる？

1モルはべらぼうにデカい数字なのである。

ともあれ最初の話に戻ると、化学者がモルという単位を用いるのは、化学反応に必要な分子の比率を示すためである。何モル必要かは化学反応式の係数で表されている。

なので、3モルのAと、4モルのBと、1モルのCを反応させると1モルのDが生成されるのであれば、実際に必要なのはA分子が$1.807 \times 10^{24}$個と、B分子が$2.409 \times 10^{24}$個と、C分子が$6.022 \times 10^{23}$個。これによってD分子が$6.022 \times 10^{23}$個できる（1モルの分子は$6.022 \times 10^{23}$個の分子とイコールであることを思いだして。つまりA分子が3モルというのは、実際には分子が$6.022 \times 10^{23} \times 3$個＝$1.807 \times 10^{24}$個ということになる）。

ただ、これだとごちゃごちゃしてしまうので、こうした情報を前ページの化学反応式のようにまとめればだんぜんシンプルである。

## 反応とエネルギーはセット

化学特有の式とモルを学んだので、ようやく面白いところに入っていける。今度はいろいろな種類の化学反応を見ていく番だ。

典型的な化学反応の最中には、結合が壊れたり生まれたりしている。これは、エネル

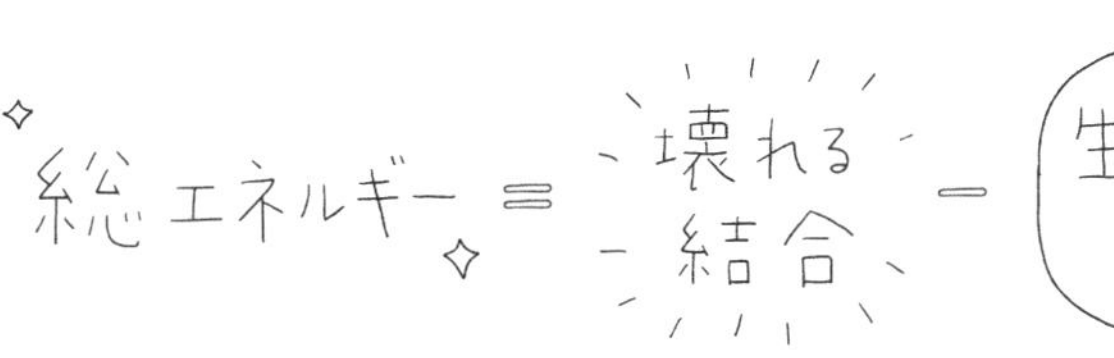


ギーを加えたり放出したりすることとじかに関係している。化学の中でこういう研究をする分野を熱力学という。暖房や冷房の装置とのからみでこの言葉を聞いたことがあるかもしれない。でも、この章を理解するうえで知ってほしいのは、熱力学とは化学反応におけるエネルギーの流れを調べる学問だということである。

エネルギーの流れには正か負かのどちらかがある。エネルギーの流れを計算するときには、**すべての結合を壊すのに必要なエネルギー**と、**すべての結合がつくられるときに放出されるエネルギー**に目を向ける。上の式のように覚えるのが一番簡単だ。

化学反応で放出されるエネルギーより投入されるエネルギーのほうが大きければ、

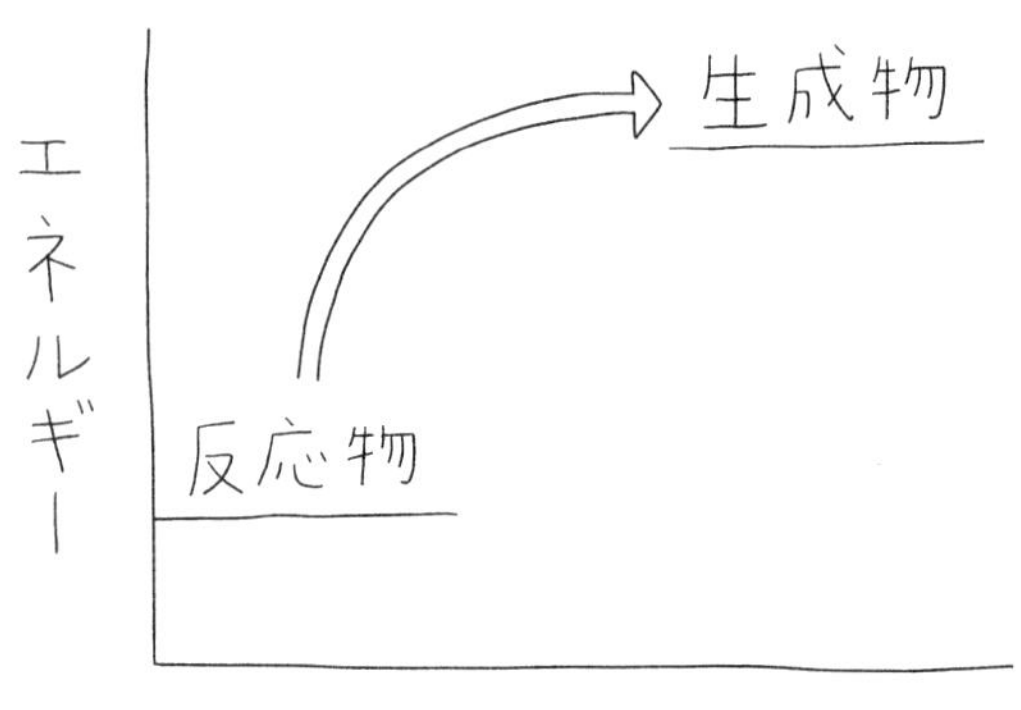


総エネルギー＝500kJ－250kJ

総エネルギー＝＋250kJ

その反応の総エネルギーはプラスの値になる。この考え方をもっと深く探っていくために、デタラメな数字でちょっと遊んでみよう（ここで私は「ジュール」を使う。ジュールはエネルギーを表す最も一般的な単位だ。扱うエネルギーの範囲から、化学ではキロジュール（kJ）を用いることが多い。1キロジュールは1000ジュールである）。

たとえば、すでにできていた結合をすべて壊すのに500キロジュールが必要であり、新たな結合をつくるときに放出されるエネルギーが250キロジュールだとしよう。そうすると上のような式になる。

総エネルギー量は＋250キロジュールとなって、プラスの値である。この例では、結合を壊すためのエネルギー量のほうが、

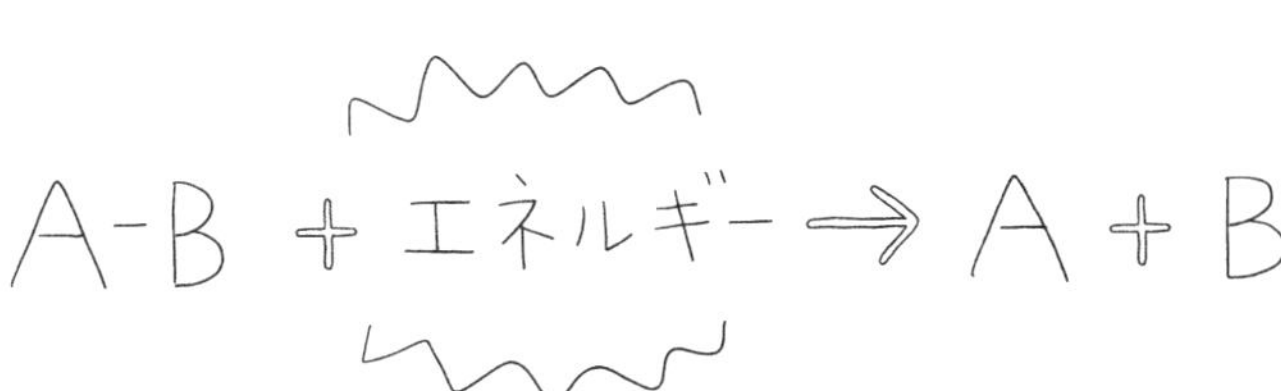


新しい結合ができるときに放出されるエネルギー量よりも大きい。こうなるのは、いまつくられたばかりの結合よりも、もともと分子内にあった結合のほうが強かったときである。反応物（すでにあった結合）のほうが生成物（新しい結合）より安定していた場合、そのエネルギーの変化は**「吸熱反応」**と呼ばれる。

化学反応で結合を壊すときには、かならずエネルギーを加える必要がある。つまり、結合を壊すプロセスはつねに吸熱反応だということである。上の式を見てほしい。A－Bという共有結合が壊れて、原子Aと原子Bになったことを表している。

これが吸熱反応であることを示すために、「＋エネルギー」という言葉を加えた。

この反応は、子どもの頃に遊んだレッドローバー・ゲームにそっくりである。このゲーム、覚えてる？　チームが向かいあって立って、片方のチームは手をつなぎ、指名された相手チームのひとりが走ってそのつないだ手——つまり結合——を突破しようとする。手をつないだ側は必死で手を離さないようにする。突破するには、人物Aと人物Bの手と手が外れるくらいのエネルギーで走らないといけない。これは原子Aと原子Bの結合を壊すのに似ている。AとBが離れるように何らかの方法で促さなければ、結合がひとりでに壊れることはない。

このプロセス全体を理解するために、あなたが階段を上がって2階に行くことを思いうかべてほしい。階段の一番下からてっぺんまで歩くには、片足をもち上げて次の段に乗せるためにエネルギーを使う。2階へ向かうために労力をつぎ込むことは、原子Aと原子Bの結合を壊すために熱／エネルギーを加えなくてはいけないのと同じことだ。

## 分解＝いまある結合を壊すこと

反応に十分な熱（つまりエネルギー）を加えれば、原子と原子を無理やり離れさせることができる。分解反応ではまさにそのとおりのことが起きている。ここで大事なのは、反応を起こさせるだけの熱を加えるのと、焦がして台無しにするのは紙一重だということ。私にしたって、これまで実験室のサンプルや家のクッキーをどれだけ焦がしてきたことか。食べ物を黒焦げにするのと同じように、分解反応によってもサンプルの分子は黒くなるし、悪臭を放つことだってある。

水酸化アルミニウムのような分子は、十分な熱を与えられると簡単に分解する。結合はすぐさま壊れ、原子どうしがばらばらになる。水酸化アルミニウムは分解の過程で多量の熱を吸収するので、その下にあるものを何であれ熱から守ってくれる。この物質がよく難燃剤に添加されているのはそのためだ（熱は水酸化アルミニウムの層を通りぬけられない）。たぶんお察しのとおり、熱を強力に吸収してくれるこの化合物が私も大好きだ。

ほかの分子は結合を壊すのにさらに多量のエネルギーを必要とする。たとえば、酸素の

ような分子が紫外線のような高エネルギーと反応すると、分子内の結合は解離する（つまり離れる）。紫外線のエネルギーは非常に強力なので、分子はたちまち壊れてばらばらになる。私たちの吸いこむ気体の酸素——二原子酸素と呼ばれる$O_2$——にこれが起きると、酸素原子のあいだの二重結合が壊れ、2個の一原子酸素（O）が放出される。図で表すと上のようになる。

このような酸素の分解は、入ってくるエネルギーを分子が吸収しなければ起こらない。エネルギーは二重結合を壊し、2個の酸素原子を以前より高エネルギーの状態に無理やり変える。この反応が成層圏で生じると、2個の酸素原子は状況に不満を募らせて、すぐさま再び二重結合をつくろうと

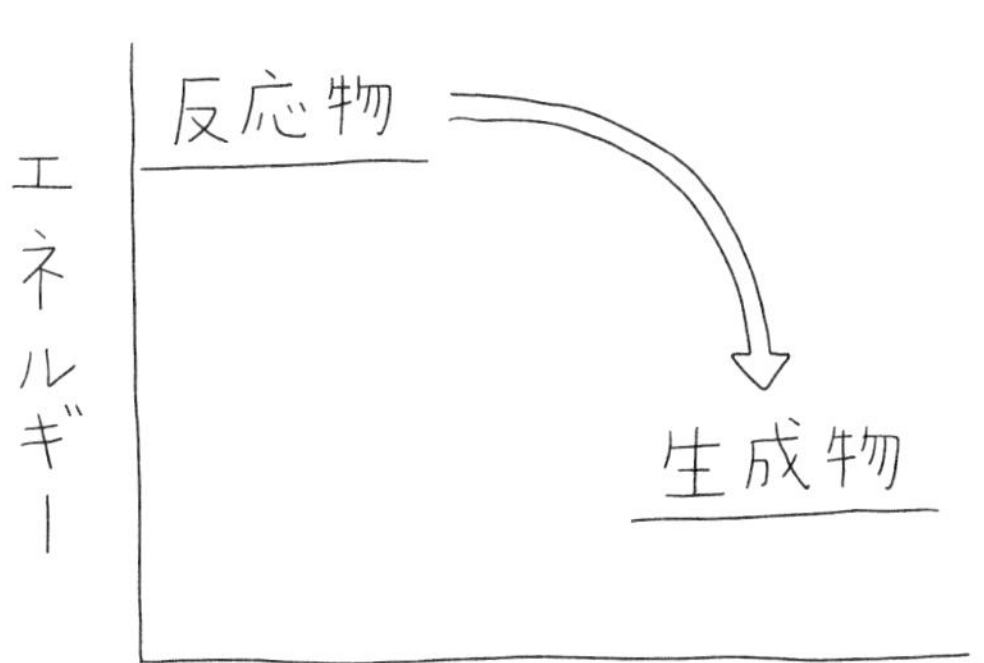


総エネルギー＝壊れる結合−生まれる結合
総エネルギー＝500kJ−750kJ
総エネルギー＝−250kJ

する。一原子酸素の一部は第3の酸素原子までつかまえて、オゾン（$O_3$）になる場合もある。隣の原子ともう一度結合するためなら、酸素原子は基本的に何でもする。

では、そのプロセスはどのような仕組みで進むのだろうか。結合をつくる背後にはどんな化学があるのだろう。

その問いに答えるために、あのデタラメの数字に戻ってみたい。先ほどの例でいくと、既存の結合を壊すのには500キロジュールのエネルギーが必要になる。でも今度は、新しい結合ができるときに750キロジュールのエネルギーが放出されるとしよう。すると、差し引きした総エネルギーはマイナス250キロジュールとなり、反応中に吸収するエネルギーより放出する

① $Ba + Cl_2 \rightarrow BaCl_2$

② $Ba + Cl_2 \rightarrow BaCl_2$ ＋エネルギー

③ $A + B \rightarrow A\text{-}B$ ＋エネルギー

エネルギーのほうが大きくなる。

新しい結合のほうがもともとの結合より強力な場合、その反応は**「発熱反応」**である。こういうふうに総エネルギーがマイナスになる化学反応のすてきなところは、ひとりでに反応の起きることが多い点だ。

たとえば、固体の金属であるバリウムと塩素ガスが発熱反応を起こす場合、2種類の物質が合体して新しい結合をつくる。具体的には、金属バリウムが塩素ガスとイオン結合を形成し、塩化バリウムという新しいイオン性分子になる。これを化学反応式で示すと①のようになる。

この反応式では伝わりにくいかもしれないが、バリウムと塩素がイオン結合をつくると反応前よりエネルギーの低い状態になる。これは本当なので、信用してほしい。この結合がつくられるとき、生成物より反応物のほうがエネルギーの高い状態で始まるので、エネルギーが放出される。

②のような化学反応式にしてもいい。

もっと一般化した表現にするなら③だ。

## 生成＝新たに結合をつくること

2個の原子のあいだに結合がつくられると、それぞれの原子内部のエネルギーは低下する。自然はいつでもエネルギーのできるだけ低い位置に落ちつこうとする。長い一日が終わったときに懸垂(けんすい)をさせられたら私たちだってへとへとになるように、原子も化学反応によってエネルギーの高い状態になるのを好まない。エネルギーの小さくなるほうが化学では良いことであり、それは結果的に誕生する分子が反応前の原子よりはるかに安定するからである。

覚えておいてほしいのは、化学でいう安定とは、**分子がほかの分子と反応する可能性が**

**低い**ということ。さらに大事なのは、分子内の電子がそれぞれの原子核の陽子に向かって引きつけられていることだ。電子と陽子の引力が強いと、価電子が一段と「守られた」状態になるために、ほかの分子と反応しにくくなる。

反応が終わったときに、エネルギーの変化が差し引きマイナスになる場合はこういうことが起きている。原子がすぐさま難なく再配置されて、エネルギーレベルの一番低い状態に移り、結果的に生成物が反応物より安定する。これが生成反応〔英語で「フォーメーション・リアクション（formation reaction）」〕で起きていることであり、分解反応とは正反対である。フォーメーションと聞いて、分子がビヨンセとダンサーたちのような隊形を組んだところを想像したとしたら、それは正しい。2個の原子ないし分子が結びついて新しい結合をつくったら、それが生成反応であり、ビヨンセとダンサーたちが一体になってステップを踏むようなものである。

さっきAとBを使って示した発熱反応は、典型的な生成反応のひとつである。反応物Aと反応物Bが相互作用して、A－Bという生成物をつくる。この反応が起きるためにはAとBのあいだに結合が形成される必要があり、そのためにはAとBが引きつけあわないといけない。生成反応は2個の原子のあいだにも、2個の分子のあいだにも、場合によっては1個の原子と1個の分子のあいだにだって生じる。

AとBのあいだに生まれる結合は、イオン結合の場合もあれば共有結合の場合もある。

$$2Fe + \frac{3}{2}O_2 \Rightarrow Fe_2O_3 + \text{エネルギー}$$

誕生する分子がもともとの反応物より安定しているので、こういう反応は好ましい。というより、反応物より安定していなければ、そもそも結合などつくられない。人間でも、理想的なカップルは別々にいるより一緒にいたほうがいいとされるのに似ている。それぞれが互いの最も良いところを引きだすために、どちらも相手と結びついているほうが幸せを感じるのだ。生成反応の場合も原子は結合しているほうがいい。

一番わかりやすいのが鉄と酸素の反応である。固体の鉄が過剰な酸素にさらされると錆びる。この反応では、鉄と酸素が生成反応を起こして酸化鉄をつくる。式で書くと上のとおり。

これは発熱反応なので、鉄や酸素の単体

よりも酸化鉄のほうがはるかに安定する。鉄が錆びやすいのはそこに理由のひとつがある。自分だけでぶらぶらしているより、酸素と結びつくほうが鉄にとってはずっと望ましいのだ。

## 強く引かれる相手に出会ったなら

分解反応と生成反応は化学における基本的な反応であり、比較的単純な反応といえる。分解反応ならエネルギーを加えて結合を壊し、生成反応なら新しい結合ができるときにエネルギーが放出される。あいにく、ほとんどの化学反応はそれほど単純ではない。普通は複数の結合が破壊され、複数の結合が形成される。ということは、原子が再配置されて生成物として新しい結合をつくるには、反応物の結合のうち必要なものだけを壊せるエネルギーを与えないといけない。

具体的に考えるために、A－Bという分子とC－Dという分子があるとしよう。AとCは陽イオン（＋）、BとDは陰イオン（－）であり、式①のような反応をする。

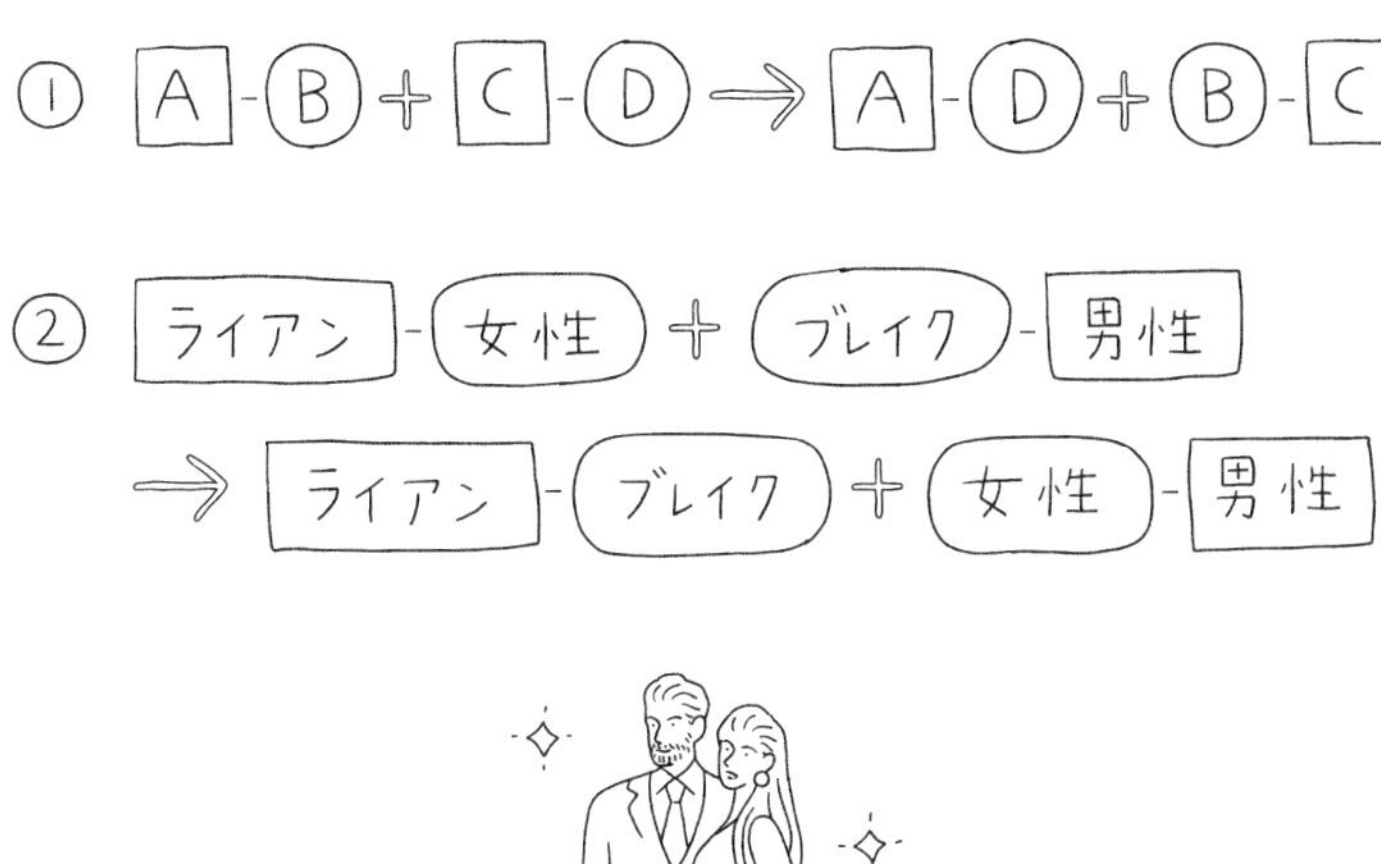
① A - B + C - D → A - D + B - C
② ライアン - 女性 + ブレイク - 男性
→ ライアン - ブレイク + 女性 - 男性

この反応を進めるにはフラスコに十分な熱を与え、A－BとC－Dのあいだの結合を両方とも壊す必要がある。壊れたら、すぐに原子の再配置が起きてAとD、BとCの結合が両方ともできる（AとCはどちらも正の電荷を帯びているので反発しあうことをお忘れなく。負電荷どうしのBとDについても同じことがいえる）。

とはいえ、AとDにしろ、BとCにしろ、どうしてもとのパートナーのところに戻らないで新しい分子をつくるんだろうか。答えは単純。AとDのあいだに働く引力のほうが、AとBの引力より強いからである。

ライアン・レイノルズとブレイク・ライヴリー〔アメリカの俳優でライアン・レイノルズの妻〕がどうやって出会ったか知ってる？　大丈夫、ただの脱線じゃないから。約束する。

ライアンとブレイクはダブルデートで知りあったんだけれど、そのときはそれぞれ別の相手と一緒だった。ライアンは別の女性と、ブレイクは別の男性と。でも、結局はどちらももともとの相手にそれほど引かれていなかったらしく、テーブルごしにひと目で互いと恋に落ちた。式にすると前ページの②になる。

この気まずいダブルデートにそっくりな状況を「**二重置換反応**」と呼ぶ。反応物側で2個の結合が壊れ、生成物側で2個の結合が新たに生まれる。新たな結合のほうが原子どうしの引力が大きいために、もともとの結合よりずっと強いものになる。それが証拠に、ライアンとブレイクは誰もがうらやむオシドリ夫婦だ。

ついでにいうと、ふたりが別れるようなことになったら相当にショックだな。だって、せっかく二重置換反応の具体例としておあつらえ向きなのに。とりあえずいまは固い絆で結ばれていて、本当に順風満帆な結婚生活を送っていると思うことにしよう。

ライアンとブレイクが二重置換反応なら、『セックス・アンド・ザ・シティ』（1998〜2004年に放送されたアメリカの連続テレビドラマ）のキャリーとビッグは燃焼反応だ。このふたりのようにくっついたり離れたりする関係は、反応性が高くて爆発を起こしやすい。また、多量の熱（とエネルギー）に包まれるのが普通である。わかりやすい例として、私の大好きな水素の燃焼反応を取りあげてみよう（前の章の終わりで何かをふっ飛ばすっていったでしょ？）。

## 水素はなぜ爆発しやすいか

この化学反応では、水素ガスと酸素ガスが反応して次ページの①のように水を生成する。でもこの化学反応式には大きな問題がある。反応物の側に酸素原子が2個あるのに、生成物の側には1個しかない。つまり、この章の前のほうで説明したように、この式はつり合いがとれていない。つり合いをとりたければここに係数を加えて、反応の前後で原子の数が変わらないようにする必要がある。その点を修正すると、式は②のようになる。

こうすれば、左側に水素原子が4個（2個の水素分子に水素原子がふたつずつ）あって、右側にも水素原子が4個（2個の水分子に水素原子がふたつずつ）ある。また、左側には酸素原子が2個（1個の酸素分子に酸素原子がふたつ）あり、右側にも酸素原子が2個（2個の水分子に酸素原子がひとつずつ）ある。

私が水素風船を燃やすたびに、水素ガスが引火してすさまじい音をたてる。その爆発音

① $H_2 + O_2 \Rightarrow H_2O$ + エネルギー

② $2H_2 + O_2 \Rightarrow 2H_2O$

は具体的に何の音かというと、水素原子と酸素原子が配置を変えて新たに水分子をつくった音だ。これはミクロのレベルで起きるために、実際に液体の水がしたたり落ちるのを感じることはいっさいない。

　ミクロの視点でいうと、2モルの水分子を生成するには2モルの水素分子と1モルの酸素分子が必要である（つまり、$1.204 \times 10^{24}$個の水素分子と$6.022 \times 10^{23}$個の酸素分子が反応して$1.204 \times 10^{24}$個の水分子をつくる）。この化学反応が起きるためには、水素‐水素と酸素‐酸素の結合がすべて壊れたうえで、水素と酸素のあいだに新しい結合がつくられないといけない。

　この点をわかりやすくするために、さっきの化学反応式を係数を使わずに表してみ

$$③\ H_2 + H_2 + O_2 \rightarrow H_2O + H_2O$$

$$④\ H\text{-}H + H\text{-}H + O{=}O \rightarrow H\text{-}O\text{-}H + H\text{-}O\text{-}H$$

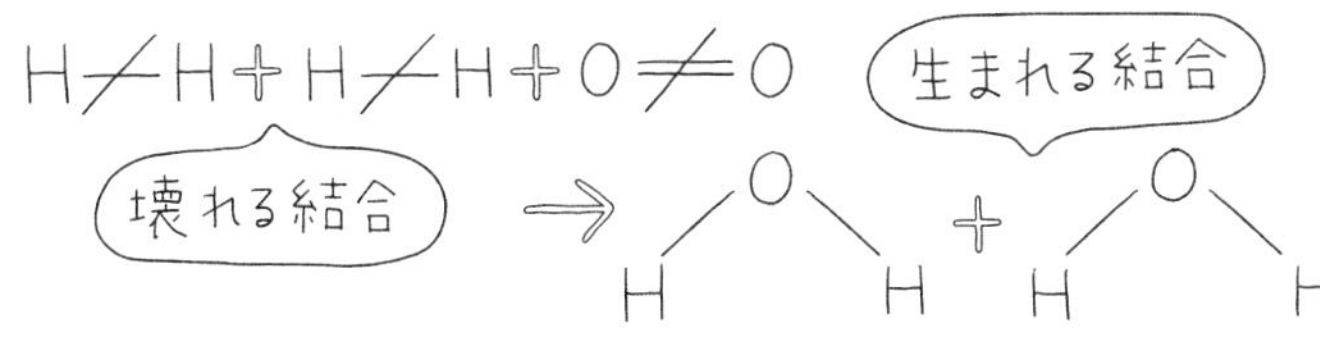


よう。ふつうはこういう書き方をしないものの、正確であることに変わりはない③。

これを見ればわかるように、３つの分子を分解しなければ新しい分子を2個つくることはできない。けれど、これではやっぱり分子内の結合がどうなっているのかがなかなかピンとこない。そこで、もっと私たちの役に立つかたちにさらに書きかえてみることにする④。

こういうふうにすると、反応にかかわるすべての原子がどう結合しているかが理解しやすくなる。結合エネルギー（結合をつくったり壊したりするのに必要なエネルギー）をまとめた表はいろいろな化学の本（教科書もそう）に載っているので、それを参照すれば、この反応が吸熱反応なのか発熱反

総エネルギー＝壊れる結合－生まれる結合

総エネルギー
＝[H-H＋H-H＋O=O]－[H-O-H＋H-O-H]

①
総エネルギー
＝[H-H＋H-H＋O=O]－[H-O＋H-O＋H-O＋H-O]

②
総エネルギー
＝[2(H-H)＋O=O]－[4(H-O)]

③
総エネルギー
＝[2(432)＋(495)]－[4(467)]

総エネルギー＝－509kJ

応なのかを予測することができる。H－H、O＝O、H－Oの結合エネルギーの平均は、それぞれ432キロジュール、495キロジュール、467キロジュールだ。それを私たちの方程式に当てはめれば、水素を燃焼させる際のエネルギー変化がプラスかマイナスかを割りだせる。

1個の水分子の中には、同じ水素－酸素の結合が2個含まれているので、151ページ④の「生まれる結合」を少し書きかえると右の①のようになる。

水素－水素結合が2個と、水素－酸素結合が4個あるので、この式を単純にすると②のようになる。

さっきあげた結合エネルギーの数字をこれに当てはめてみると、水素を燃やすことによるエネルギー変化がマイナスになるのがついにわかる(③)。

つまりこれは発熱反応であり、生成物より反応物のエネルギーのほうが大きい。

# 温めたり、冷やしたり

でも、それって要するにどういうことなんだろうか。この数字からまず読みとれるのは、この反応が放っておいてもひとりでに起きると予測できることだ。これはまああ「さもありなん」ではないだろうか。水素が爆発しやすい性質をもっていて、非常に燃焼しやすいことはたいていの人が知っている。

数字から学べるふたつ目のことは、この反応に熱が伴うことである。発熱反応はか、な、ら、ず、高温になる。反応からは熱というかたちでエネルギーが放出され、近づきすぎると実際に熱さが感じられるほどである。

なぜこれが重要かというと、**反応に伴うエネルギーの変化を確実に予測できれば、その化学反応を利用してすばらしいテクノロジーを生みだせる**からである。たとえば使い捨てカイロがそのひとつだ。少し前、11月半ばにカリフォルニア州のセコイア国立公園へ旅行に行ったとき、夫は使い捨てカイロを忘れずにもってきて大いに株を上げた。朝早く歩いたときの寒さったらなかったので、「化学のおかげで温かくなったポケット」がありがたくて仕方なかった。

使い捨てカイロを一度も使ったことのない人は、ティーバッグのような小さな袋に黒い粉が入っているのを思いうかべるといい。黒い粉は鉄粉で、それが空気中の酸素に触れて発熱反応を起こし、熱を数時間放出しつづけて私の手をホカホカにしてくれる。でもそれだけじゃなく、狭い部屋を暖房したり、移送中の熱帯魚の体温を保ったりするのにも同じ科学原理が使われているのがめちゃくちゃすごい。たったひとつの化学反応から、創意に富んだいくつもの用途が生みだされている。

それに対して、吸熱反応のほうは触れたら冷たい。たとえば、のどが痛かったときに、お母さんにいわれて塩水でうがいしたことはないだろうか。うちの母はいっつもそうだった。私は食卓塩を水に溶かして塩水をつくり、それを最低1分はかき混ぜたものである。それからのどの痛みをぜんぶ吹きとばす勢いで、その塩水でうがいをした。ただ、そのつど不思議だったのは、塩水が決まって冷たく感じられること。水に食卓塩を加えてかき混ぜるたびに水の温度は下がった。一度の例外もなく。試してみて、そうすればわかるから！

塩類を水に加えた場合、吸熱反応が起きることがほとんどだ。結果として生じる溶液はもともとの水より温度が低い。吸熱反応はすべてそうである。

瞬間冷却剤を使ったことがあれば、人生で一度はこの化学反応に感謝したことがあるんじゃないだろうか。瞬間冷却剤は2種類の小袋で構成されている。ひとつには硝酸アンモニウムのような塩類が、もうひとつにはただの水が入っている。硝酸アンモニウムがよく使用されるのは、水に溶けるときの吸熱反応でとりわけ温度が下がるからである。

サッカーの試合中に応急処置が必要になると、私のチームのトレーナーは瞬間冷却剤をつかんですぐにそれをたたいた。何年もたってから、握るだけでも冷却作用を開始できると知った。どちらのやり方の場合も内側のふたつの小袋を割り、2種類の物質を相互作用させる。塩は水と接すると瞬時に溶けて溶液を冷たくし、けがをした選手の痛みをすぐさまやわらげてくれる。

使い捨てカイロと瞬間冷却剤は屋外用救急箱に入っていることが多く、とても重宝されている。私たちは2種類の基本的な化学反応を利用して、こんなに強力で命を救える道具を生みだすことができた。それって本当にすばらしいことだと思う。

＊＊＊＊＊

**おめでとう！**　これでみんなは、私が６週間の化学入門講座で教えるような内容をほとんどぜんぶ学んだ。いまなら原子の構造がどうなっているかも、原子どうしでどのように結合をつくるかも、私に話して聞かせられるはず。イオン結合と共有結合の違いもわかるし、分子同士でどう結合が形成されるかも説明できるよね？　物理的な変化と化学的な変化を対比できるようにもなっている。そして、化学反応の最中に起きるエネルギーの変化についても、それから吸熱反応と発熱反応の違いについても、概要を理解できていることと思う。

次は本書の第Ⅱ部に移る番だ。先に進めるだけの化学の基礎が固まったので、今度はもっと面白いテーマに取りくむことができる。たとえば、朝食にひそむ科学の話や、シャンプーを使ったときに実際には何が起きているのか、といった話題だ。**化学は毎日あなたのまわりで起きている。**化学がどこに隠れていて、自分がそれをどれだけ頻繁に利用しているのか、知ったらきっと驚くと思う。というわけで、じゃあまずはエプロンをつかんでキッチンへゴー！

# 第 II 部

# 化学はここにも、そこにも、どこにでも

Chemistry Here, There, and Everywhere

# 第5章

## 目覚めたあとのお楽しみ
——朝食

The Best Part of Waking Up : Breakfast

# 朝、コーヒーを飲みたくなるのはなぜ？

化学の基本原理を身につけたところで、これからよくある——とはいえちょっぴり盛りだくさんすぎる——一日にみんなを案内したい。途中途中で背後にある科学を説明しつつ、現実世界での私の大好きな事例を紹介していく。第Ⅰ部に登場した用語の意味があやふやになってきた場合は、巻末の用語集をさっと参照すれば思いだす手がかりになるはずだ。

ということで、まずは一日の最初の最初から始めるとしよう。朝食である。

目覚めのコーヒーを飲むまでは機嫌が悪い、なんて人の話を聞いたことはないだろうか。あなた自身がそうかもしれない。もしくは、朝のエスプレッソのあとで上司が優しくなったっていう経験は？　コーヒーが気分に影響することにはしっかりした証拠があって、**それはおもに人がたやすくカフェイン分子に依存するようになるためだ**。だから、もっと欲しいと体が積極的に求めているときにはイライラを感じる。情けないなんて思わないでね、私もそうだから。毎日。毎朝。欠かさずに。

トリメチルキサンチン——一般にいうカフェイン——は無臭の白い粉末で、苦い風味をもっている。コーヒー豆や茶葉に自然に含まれているものなので、粉末の状態を目にすることはめったにない。摂取するとカフェインは（ニコチンやモルヒネと同様に）向精神薬のように作用し、脳の働きを乱して人の行動に影響を与える。向精神薬といってもいろいろで、気分を変化させるだけのものもあれば、強力なものになると意識レベルを低下させるおそれもある。カフェインの場合はどうかというと、あれこれ考えあわせても作用はいたって穏やかだ。私たちの中枢神経系（脳と脊髄）には最小限の影響しか及ぼさない。

じゃあ、その影響はどのようにして現れるのだろうか。カフェインが体に入ると何が起きる？　たった1個の分子のおかげであれほど「エネルギー」が湧いてくるのは、いったいどういう仕組みだろう。また、なぜ人の行動に影響するのだろうか。

カフェインは分子式が$C_8H_{10}N_4O_2$であり、プリンと呼ばれる骨格をもっている。何かというと、六員環1個と五員環1個がくっついた構造になっていて、どちらの環にも窒素原子が2個ずつ含まれている（「五員環」というのは、5個の原子が直線状ではなく環状に結合しているというだけの意味である。「六員環」も同じで、6個の原子が環状に結合している）。

この分子構造は非常に重要である。というのも、カフェイン分子はこういう構造になっているせいで、脳内のある種の受容体と結合してしまうからだ。この受容体は、体内で自然に産生されるアデノシンという分子と結合するのが仕事なのに、間違ってカフェインと結びついてしまうのである。これは人体にとって困った問題になる。なぜかというと、アデノシンはRNAという大きな分子をつくる材料になり、RNAは人間が生きるうえで欠くことができないからである〔アデノシンが脳の受容体と結合することとRNAの合成とに直接の関係はない〕。幸い、その受容体とカフェインが結びつくのは一時的なことなので、永久にアデノシンが結合できなくなるわけではない。

通常、アデノシンがその受容体と相互作用すると、私たちはうとうとと眠くなる〔覚醒をもたらすヒスタミンの放出が抑えられるため〕。このため、カフェインが居座ってアデノシンが受容体に結合できないと、眠気が起こらなくなる。つまり、カフェインが実際に「エネルギーを与えてくれる」わけではなく、**眠気を催させるほかの分子を邪魔している**だけなのである。

## ナイトクラブの用心棒が脳に現れたようなものだ。

人はカフェイン中毒になる場合がある。一日に1〜1・5グラムのカフェインを常習的に摂取し、アデノシン受容体を酷使するとこの状態が生じる。カフェイン中毒の人を見分けるのはいとも簡単。怒りっぽかったり落ちつきがなかったりすることが多く、頭痛も起こしやすい。一日のカフェイン摂取量が10グラム（つまり1万ミリグラム）を超えたら、立派な過剰摂取である。もっとも、24時間のあいだにそれだけのカフェインを体内に入れようと思ったら、尋常ではない意識的な努力が必要だ。具体的にはおよそコーヒー50杯分か、ダイエットコーク200缶超に相当する。

コーヒーやお茶は炭酸飲料よりはるかに強力なカフェイン源である。コーヒーを1杯飲む場合、100〜150ミリグラム程度のカフェインを摂取する見込みが大きいものの、豆の種類や淹れ方によっては170ミリグラムほどにもなる場合がある。あまり考えたことがないかもしれないけれど、コーヒー豆（とコーヒー自体）のつくり方はすごく面白い。たとえば、エスプレッソメーカーとパーコレーターは、比較的浅煎りの豆からカフェインを大量に引きだすのに適していて、ドリップ式は比較的深煎りの豆からカフェインを大量に抽出するのに向いている。とはいえ全体で見ると、浅煎りでも深煎りでも、コーヒー1杯に含まれるカフェイン分子の相対的な数は変わらないことが多い（エスプレッソを除く）。

## 化学的に正しいコーヒーの淹れ方

なぜそうなるのかを理解するため、焙煎のプロセスに目を向けてみよう。コーヒー豆を加熱すると、はじめのうち豆は吸熱プロセスを通してエネルギーを吸収する。ところが温度が175度に達すると、それがにわかに発熱プロセスに変わる。つまり、豆があまりに多量の熱を吸収したために、今度は焙煎機の空気の中に熱を放出しかえすのである。こうなったら、焙煎機の設定を調節して焙煎のしすぎを避けないといけない（さもないと焦げた味のコーヒーになるおそれがある）。焙煎士によっては、吸熱反応と発熱反応を何度か切りかえて独特な風味をつくりだすケースもある。

焙煎していくと、コーヒー豆は緑色から黄色へ、さらには濃淡さまざまな茶色へと変化する。豆の色の濃さのことを「ロースト（焙煎度）」といい、ダークロースト（深煎り）の豆ほどライトロースト（浅煎り）の豆より色が濃い（そりゃそうだろうっていわないで）。豆の色の違いは、焙煎されたときの温度の違いによる。比較的薄い色の豆は200度くらいに熱せられたのに対し、比較的濃い色の豆は225～245度に達している。

ところが、ちょうどライトローストが始まる段階で、豆は1度めの「クラック」（「ハゼ」とも）を起こす。これは196度で起き、豆のハゼた音が実際に聞こえる。この過程で豆は熱を吸収し、もとの2倍の大きさにまでふくらむ。でも、高温のせいで水分子が豆から抜けて蒸発するため、質量自体は15パーセント減少する。

最初のクラックのあと、コーヒー豆は非常に乾燥しているために熱を吸収しにくくなる。その代わり、熱エネルギーのすべては豆表面の糖をカラメル化させることに使われるようになる。カラメル化の過程では、スクロース（ショ糖）分子内の結合が熱で壊れて、もっとずっと小さな(そして香り高い)分子がいくつもできる。一番ライトなロースト(シナモンローストやニューイングランドローストなど)は、最初のクラックが起きたらすぐに焙煎機から取りだされる。

焙煎を進めると第2のクラックが起きるのだけれど、温度はこちらの方がはるかに高い。224度になるとコーヒー豆は構造を保てなくなり、豆自体がつぶれはじめる。こうなると、たいていは豆のハゼる音が再び聞こえる。普通、ダークローストというのは、この2度目のクラックを起こすまで熱せられた豆を指す(フレンチローストやイタリアンローストなど)。一般に、**色の濃い豆ほど高温にさらされて豆の糖がカラメル化されているのに対し、色の薄い豆はカラメル化の度合いが小さい**。焙煎法の違いによって信じがたいほどさまざまな風味が現れるが、体内での反応の仕方がそれで変わるわけではない。味が違ってくるだけだ。

非の打ちどころなく焙煎されたコーヒー豆を買ったら、残りの化学は家でできる。お手頃価格のコーヒーグラインダーであっても、豆をいろいろな大きさに挽(ひ)くことができる。この豆のサイズこそが、目覚めのコーヒーの味を左右することになる。**細かく挽いて小さなかけらにすると表面積が大きくなり、カフェイン(やその他の風味)が楽に抽出できる。**反面、カフェインが抽出されすぎてコーヒーが苦くなりやすい。

逆に、コーヒー豆を粗挽きにする手もある。この場合、豆の内部は細挽きの場合ほどお湯に触れることがない。こうやって淹れたコーヒーは**酸味の出ることが多く、少し塩味が感じられる場合もある。**いずれにしても、正しい挽き方と適切な淹れ方を上手に組みあわせれば世界一のコーヒーを味わえる。

一番素朴（で一番手軽）な淹れ方は、粗挽きの豆に高温のお湯を加えることだ。数分かけて豆にお湯を浸透させたら、その上澄みを別の容器に注ぐ。このプロセスは煎出（せんしゅつ）と呼ばれ、豆の中のいろいろな分子をお湯に溶かしだしている。現在用いられているコーヒーの淹れ方は、何らかのかたちでこの煎出を利用したものがほとんどだ。そのおかげで、ローストした豆をガリガリ噛むのではなく、温かいコーヒーを飲むことができている。この方法は愛情込めてカウボーイコーヒーと呼ばれ、フィルターで漉（こ）す作業をしないので表面に豆が浮きやすい。このせいで、一般に好まれるやり方とはいいがたい〔実際のカウボーイコーヒーは容器を火にかけて煮出すことが多い〕。

ところで、私が「熱湯」という言葉を避けているのに気づいただろうか。まずまずの1杯を淹れたいなら、お湯は沸騰させないほうがいい。**理想の温度は96度くらいで、沸点（100度）の少し手前だ。**96度になると、芳香を提供する分子がお湯に溶けはじめる。あいにく、これより温度が4度高くなると、苦み分子まで溶けだしてしまう。だからこそ、コーヒーオタクやバリスタはお湯の温度にこだわる。わが家では電気ケトルまで使って、お湯の温度を自由に選べるようにしている。

　しっかりした味のコーヒーが好きな人は、フレンチプレスのような淹れ方がいいかもしれない。カウボーイコーヒーと同じで、フレンチプレスの場合も挽いた豆に高温のお湯を含ませるが、豆はカウボーイコーヒーほど粗くはしない（粗挽きは粗挽きだが超粗挽きにはしない）。数分たったら、ポットの底までプランジャーを押す。そうすると豆はぜんぶ底に押しつけられ、その上の液体はきれいに澄んで、味もすばらしくおいしくなる。カウボーイコーヒーより豆を細かく挽くので、コーヒー液に溶けだす分子の数が多く、より力強い風味を楽しめる。

　もうひとつの方法は、挽いた豆の上からお湯を注ぎ、良い香りの分子をお湯に吸収させてマグカップにドリップさせる（つまりしたたり落ちさせる）というものだ。このやり方はドリップ式というぴったりな名前をもらっていて、手でお湯を注いでもいいし、パーコレーターのようなハイテクマシンを使ってもいい。お湯ではなく冷水を使ってドリップさせることもあるけれど、香り高い芳香分子（コーヒー特有の匂いをもたらす分子）は水には溶けない。こういう水出しコーヒーはダッチアイスコーヒーと呼ばれ、皮肉にも日本で好まれていて（「ダッチ」は「オランダの」の意）、つくるのには2時間くらいかかる。

　広く使われているやり方のひとつがエスプレッソ式だ。もともとはイタリア発祥だったが、いまではほぼすべてのコーヒーショップで定番のひとつとなっている。エスプレッソ式では、沸点に近いお湯を加圧して細挽きの豆に通す。豆の粒子が小さいので表面積が（カウボーイ式やフレンチプレス式より）ずっと大きく、お湯に溶ける分子の数も格段に多い。このため、抽出されたコーヒー液はどろどろとしていて、カフェインがたっぷり入っている。たっぷりどころか、エスプレッソ溶液にはトリメチルキサンチン（つまりカフェイン）分子があまりに多量に含まれているので（１２０〜１７０ミリグラム）、何も知らずに飲んだ客にカフェインを過剰摂取させないために小さなカップで供される。

## ジュースとミルクの化学的正体

アメリカ人の44パーセントが朝はコーヒーと決めている。うちの夫もそうで、手でお湯を注いだり（ドリップ式）、エアロプレスというコーヒーメーカー（エスプレッソ式）を使ったりしている。私個人はコーヒーの味自体が大好きなわけじゃない。なので、残りのアメリカ人が朝食に何を飲んでいるのかが気になって調べてみた。すると、２番目に人気の飲み物は水で（16パーセント）、次がジュースだった（14パーセント）。

体にいいジュースといったらクランベリージュースとトマトジュースが双璧なのだけど、たいていのアメリカ人はおなじみのオレンジジュースを朝食に飲んでいる。混じりけのいっさいないフルーツジュースであれば、抗酸化物質とビタミン類に富み、低糖質なものがほとんどだ。ところが、製造の過程で成分の組成が大幅に変わってしまうことがある。

オレンジジュースを例にとってみよう。自分でオレンジを搾ってジュースをつくる場合、その液体にはクエン酸とビタミンCと、数種の天然の糖類が混じりあっているはずである。これらの分子はすべてオレンジ果汁（ほぼ水）の中に溶けていて、要は生のオレンジから果汁が抜けでてグラスに移動しただけである。

これに対し、どこかのメーカーがあなたのためにジュースをつくってくれるとなると、保存料（細菌の増殖を防ぐため）から各種ビタミン・ミネラル（ビタミンDやカルシウムなど）までもが添加されるケースが多い。オレンジ果汁にはもともとビタミンCが豊富なのだが、メーカーはそこにビタミンDも加えて骨の健康な成長を促そうというわけである。

そのうえ、普通は低温殺菌と呼ばれる工程が施される。これはビタミンやミネラルを添加する以上に重要といっていいだろう。低温殺菌をするときには、**オレンジ果汁にもともと含まれている危険な酵素を高温で分解する。**この種の分子（ペクチンエステラーゼなど）は高温下では生きていけない。だから果汁を92度で約40秒間加熱してから、安全に包装して各地の食料品店に出荷している。

低温殺菌はほとんどのフルーツジュースの製造にごく普通に用いられている。とはいえ、果物（や野菜）の種類によって、殺菌する温度や時間の長さはかなり違う。私の大好きなジュース（アップル）の場合、たとえば71度で6秒か、82度で0・3秒くらいが多い。リンゴはもともと酸度がかなり高いので、大腸菌やクリプトスポリジウム・パルバム〔消化管に寄生する原虫。致死性のクリプトスポリジウム症をひき起こす場合がある〕の増殖を阻むにはその程度の瞬間低温殺菌で十分である。それからオレンジジュースと同じようにすぐさま包装されて、近所の食料品店にやって来る。

でも、コーヒーでも水でもジュースでもないという人はどうしているのだろうか。朝の飲み物として、ほかにはどんなものが多いのだろう。最近の研究によると、アメリカ人の11パーセントは（私のように）炭酸飲料を、15パーセントは牛乳やお茶を飲んでいる。

たぶんみんなも知っていると思うけど、牛乳はほとんどが水で、そこにいくらかの脂肪とタンパク質とミネラルが含まれている。脂肪は固体なのに対し、水は液体。このように牛乳は、異なる状態が組みあわされた独特の形態をもっており、エマルジョンやコロイドとして販売されている。**エマルジョンとは、液体の小滴が別の液体の中に混在している状態**のことだ。一方の**コロイドは、微細な固体が別の液体の中に混ざっている状態**をいう。

どちらの場合も、脂肪とタンパク質が牛乳の水分の中に分散していて、牛乳に濃さとコクを与えている。

エマルジョンの好例が均質牛乳（ホモ牛乳とも）である。脂肪は細かく砕かれて均質化されているので、水分の中で分散しやすい。脂肪は液体の小さな油滴として牛乳の中に散らばっている。

一方、全乳はコロイドとみなされている。それは、水分中に分散した固体脂肪の比率が高いからである。こちらの脂肪粒子は均質牛乳より大きいため、乳化させる（つまりエマルジョンにする）ことができない。もっとも、顕微鏡のレベルで大きいというだけで、裸眼で確認するのはやはりとんでもなく難しい。

なんだかぜんぜんイメージが湧かないなあ……とお嘆きのあなた。**キッチンに走って、フレンチドレッシングを探してみてほしい**。冷蔵庫から取りだしたときには、水の層の上に油の層が載っているはずである。**じゃあ、それを振ってみて**。マクロのレベルで見た完璧なコロイドのサンプルが目の前に現れる。水の層と油の層が混ざりあってエマルジョンをつくるが（液体中の液体）、コショウやら何やらは液体の中に分散してコロイドをつくっている（液体中の固体）。

# 完璧なオムレツをつくるには

あなたの牛乳がエマルジョンであれコロイドであれ、朝に少し時間があるならささっと一品つくるのはいかが？　化学たっぷりの朝食ができる。ややこしくするのはなんなので、卵、肉、野菜の３つの材料でオムレツを焼いてみよう。

最初にフライパンを温めるときには、表面をムラなく同じ温度にするのが肝心だ。そうすると、**フライパンを構成する原子が熱エネルギーをたっぷり吸収するので、オムレツに均一に火が通りやすくなる。**

ガス台を使う場合はフライパンの真下で燃焼反応が起きていて、そこから熱が放出されている。電磁調理器（いわゆるＩＨ）の場合には、電力と磁力をたくみに組みあわせることで熱エネルギーを生みだしている。ほとんどの電磁調理器では表面のすぐ下に銅線のコイルが設置されていて、そこに電流を通す。こういう調理器に鉄製のフライパンを載せると、銅線がフライパンに電流を誘導する。少し難しくいうと、強磁性材料でできた鍋やフライパンなら何でもうまくいく。そうでないと、どれだけ電力を上げても鍋やフライパンは絶対に温まらない。適切な調理器具を使えば、誘導された電流が抵抗加熱という現象を誘発する。この現象は、鉄原子のひしめく中を電子が無理やり進もうとするときに起きる。

抵抗加熱を具体的にイメージするために、こんな光景を思いうかべてほしい。アメフトの選手がひとり、片方のエンドゾーンからもう一方のエンドゾーンまで、つまりフィールドの端から端まで走ろうとしている。あいにく、フィールド上には敵が何百人とひしめいているので、あらゆる手を尽くしてそのディフェンスを残らず突破しないといけない。気の毒なその選手がようやくフィールドの反対端までたどり着いたときには、激しい運動のせいで体から熱を放っている。電磁調理の最中にはまったく同じことが電子に起きている。**フライパンの中で鉄原子のあいだを懸命に通りぬけようとするせいで、熱というかたちでエネルギーを放出する**のである。

フライパンがいい感じに温まるまで2〜3分かかるので、待つあいだに卵の準備をしておこう。卵を2〜3個かき混ぜて、均質な卵液をつくるのである。このとき私はいつも泡立て器を使う。ほかの道具よりも、卵膜内の分子への当たりがきつくないからだ。意外に思うかもしれないが、このほうが卵膜に「優しい」とされている。だからフォークやスプーンより泡立て器を使用する。卵の白身と黄身を入れているふたつの袋を泡立て器がそっと壊し、卵膜内のタンパク質分子をすべて混ぜあわせる。卵の白身と黄身は、泡立て器の曲線部分とのあいだに分子間力を生みだすことで、タンパク質分子を傷つけることなく一体になれる。

化学の言葉でいうとタンパク質はポリペプチドの一種であり、2個以上のアミノ酸がつながってできた大きな分子である。これまでに500種類を超えるアミノ酸が知られていて、そのうち20種類が私たちの遺伝暗号に記されている。ただし、必須とされるアミノ酸はそのうちの9種類だけである。必須アミノ酸は体内で合成できないため、食事で補わないといけない。

アミノ酸はたいていの食物に含まれているが、とりわけ肉の中に多い。分子のレベルで眺めてみると、アミノ酸はかならず特定の**官能基**を4つもっていて、それぞれが中心の炭素原子1個と結合している。官能基というのは、分子の反応性に影響を与える原子または小さい原子団のことだ。言葉を換えると、科学者が官能基という言葉をもちだすのは、分子の小さな一部分に注目してほしいときである。これはまた、分子のほかの部分は（少なくともいまの例では）重要ではないことを意味してもいる。

さっそくアミノ酸に含まれる4つの官能基に目を向けてみよう。最初のひとつはいたって単純。ただの水素原子（H）1個だ。それからアミン（$NH_2$）とカルボン酸（COOH）もある。500種類あまりあるアミノ酸のどれを調べてみても、この3つの官能基はかならず見つかる。

そして4つ目の官能基こそが、そのアミノ酸が何物かを決めている。たとえば、4つ目の官能基がもう1個の水素原子だとしたら、それはグリシンだとわかる。あるいは、鎖状に長くつながった炭化水素とアミンが4つ目の官能基だとしたら、そのアミノ酸はリジンである。

アミノ酸はどんな種類であれ、アミノ酸どうしで結合してタンパク質をつくる。1個のアミノ酸のアミンの部分が、隣のアミノ酸のカルボン酸の部分と反応すると、炭素－窒素結合（炭素原子と窒素原子の共有結合）を通してアミノ酸2個のジペプチドになる。卵に含まれるようなタンパク質は非常に大型の分子なので、この反応が何度も何度もくり返されている。

卵のタンパク質は熱と相互作用すると、折りたたまれた状態からほぐれた状態になる。たとえるなら、胎児姿勢で丸くなっていた人が体を開いて大の字になるようなものだ。こうなると、卵のタンパク質は長さが2倍になる。熱にさらされる原子の数がこういうふうに増えていくと、液体の卵が固体の卵に変わる。

白身が63度前後で固まりはじめるのに対し、黄身が液体から固体へと状態変化するのはだいたい70度である。ところが、泡立て器でこの2組のタンパク質群が攪拌（かくはん）されていると、分子間に働く力によって卵液が安定する。このため、73度くらいまで加熱されないと、食べられる程度に固まってくれない。

温度は卵の最終的な食感や見た目も左右する。低めの温度だと目玉焼きのような白っぽい卵になるのに対し、温度が高いとスクランブルエッグに近い見た目になる。幸い、これくらいの温度に加熱すれば、もともと卵の中にひそんでいた細菌もやっつけられる。

## 肉と野菜の化学

とはいえ、どんなタンパク質にも同じことがいえるわけではないので、オムレツに肉を加える場合はあらかじめ加熱しておかないといけない。平均的な動物性タンパク質はおよそ75パーセントが水分で25パーセントがタンパク質なのだが、バラツキは大きい。どんな動物も、筋肉の中にはそれぞれに固有のタンパク質群をもっている。そのため、タンパク質含有量も動物の種類によって異なる。ある種の牛肉は30～40パーセント近くがタンパク質だし、ある種の魚肉はそれがもっと少なくて20パーセントにすぎない。どういう種類の肉であっても、ひとつ共通点がある。タンパク質の一種である酵素がかならず含まれていることだ。

酵素は天然の触媒ともいうべき分子で、反応の道筋を変える作用をもっている。触媒があると、反応が裏通りではなく幹線道路で起きるようになるので、反応物どうしの相互作用するスピードがアップすることが多い。動物が生きているあいだ、筋肉がうまく機能するうえで酵素は欠くことのできない存在である。けれど、加熱していない肉や野菜の中でこうした酵素が反応すると、最終的に食品を腐敗させてしまう。幸い、食品を低温で保存しておけばこの活動を止められる。低温の冷蔵庫に食品をしまうのはこのためだ。

とはいえ、低温の環境から食品を外に出すとたちまち酵素が反応を始め、食品が腐敗への道を歩みだす。だから、料理を始める準備が整うまで生肉は冷蔵庫に入れておこう。それから熱々のフライパンに肉を投入して、肉の温度をすばやく上げる。中途半端は危険なので、できるだけ避けたほうがいい。

なぜだろうか。答えは熱に対する酵素の反応の仕方にある。卵のタンパク質の場合と同じように、フライパンの熱は酵素の振動を促してほぐれさせる。酵素の表面積が増える分、食品に与えるダメージも大きくなり、私たちが酵素の活動を停止させない限りそれが続く。

一番いい方法は、**短時間で肉を加熱して酵素を確実に全滅させる**ことである。動物性タンパク質には種類によって固有の酵素が含まれているので、最低限必要な加熱温度はそれぞれ異なる。たとえば、ほとんどの牛肉は内部温度が63度に達したら安全に食べることができ、そのあと最低でも3分はそのままの状態を保つのがいい。その両方の条件をちゃんとクリアしていれば、牛肉中の酵素（と細菌もぜんぶ）は破壊され、人間が摂取しても問題ないとアメリカ農務省が保証している。

それにひきかえ、鶏肉は内部温度が74度にならないとすべての酵素の活動が停止しない。**いっときますけど、生の鶏肉はシャレになりませんからね。**生の鶏肉からは、サルモネラ菌とカンピロバクター菌が両方見つかることだってある。でも、適切な予防策を講じれば大丈夫。たとえば、サルモネラ菌は55度で90分か、60度で12分加熱すれば死滅する。なので、内部を確実に74度まで熱しておけばまず間違いはない。その温度ではどうしたってサルモネラ菌は生きていけない。

うちの夫はレストランで育ったようなものなので、家の中で生肉（とくに生の鶏肉）をどこに置くかについてはものすごくうるさい。わが家では生肉用のまな板と、野菜用のまな板を分けている。生肉はガスコンロの右側から動かさず、野菜は左側だ。はっきりいって、最初は少し妙な気がした。でもいまは、野菜が右側に行ったり生肉が左側に来たりすることがないとわかっているので、それが大きな安心感につながっている。

生肉と違って、野菜は前もって加熱せずにオムレツに入れても問題ない。その朝の気分で何でもいいから刻み、フライパンに放りこめばいい。私のお気に入りはホウレンソウ、ピーマン、ハラペーニョ、タマネギの組みあわせだ。キノコを加えるのも好きなんだけれど、厳密にいうとあれは真菌なので野菜ではない。

牛肉からは、生命の基本的な構成要素であるアミノ酸がたっぷりと摂れる。一方、なぜ野菜が人体にとって重要かといえば、人間が生きるうえで不可欠なさまざまな微量栄養素を与えてくれるからである。具体的にはビタミンとミネラルだ。

はじめにビタミンから見ていこう。**ビタミンは大きな分子で、脂溶性と水溶性に分けられる**。これはとても重要な区分であり、発見当初はすべてのビタミンがそのどちらかに分類された。発見時期の古いビタミンは、脂溶性のものがA、水溶性のものがBと名づけられた。両方とも炭素原子、水素原子、そして酸素原子を含むことが多く、それらが分子内のどういう位置にあるかで脂溶性か水溶性かが決まる。おもに炭素原子と水素原子を含むビタミンは無極性分子なので、別の無極性分子（脂質）に溶ける。複数の酸素原子を含むビタミンは極性分子であることが多いため、極性分子（水）に溶ける。

かつてはビタミンA、D、E、Kをまとめて A群と呼んでいた。どれも脂溶性のビタミンであり、それぞれホウレンソウ、キノコ、ブロッコリー、ケールに多く含まれている。

昔はビタミンF~Iもあったのだけれど、その一部はビタミンでも何でもなく、普通の分子だったことが明らかになっている。また、別々のビタミンだと思われていたものが、じつはビタミンBの一種だったと判明したケースもある。たとえば過去にはビタミンG（リボフラビンのことで現在は$B_2$）やビタミンH（ビオチンのことで現在は$B_7$）などがあった。最初の分類は間違っていたにせよ、どちらも人間が生きるうえで欠かせないと気づいた点で科学者は正しかった。

私たちがホウレンソウやブロッコリー（などの野菜）を食べると、ある種のビタミンは**体内の脂質に溶け、何らかの生物学的機能を果たすまで出番を待っている**。水溶性ビタミンの場合は**脂溶性ビタミンとは異なり、尿として体外に排出される。**具合が悪くなったときに、ビタミンCを大量に飲んでも大丈夫なのはこのためだ。

でもだからこそ、水溶性のビタミンCは頻繁に摂取する必要がある。生の野菜や果物が手に入らない人にとって、これは深刻な問題だ。とりわけ大変なのは、潜水艦や船で長期間働かなければならない人たちである。英国海軍は19世紀のはじめ、水兵の飲むラム酒にレモンやライムの果汁を加えると壊血病の予防になることを学んだ。当初は理由の見当がつかず、ただ原因と結果を観察しただけだった。しかしその後、ライムなどの柑橘類（かんきつるい）がビタミンC（アスコルビン酸）をたっぷり与えてくれるおかげで厄介な病気にならずに済んでいるとわかった。アメリカの俗語でイギリス人を「ライミー」と呼ぶのは、皮肉にもこのせいである。

船上暮らしをしていない人がビタミンC欠乏症になったら、何の言い訳もできない。それをいうならどのビタミン欠乏症も同じだ。野菜や果物を食事に組みこむのは難しいことではないし、選択肢を広げなくても必要なビタミンを全種類摂取することはできる。

## ミネラルはイオンだ！

もっとも、野菜はビタミンのためだけに食べるものではない。日々必要な各種ミネラルも野菜から摂れる。ミネラルはビタミンと比べてサイズがはるかに小さい。それもそのはず、**ミネラルとは電荷を帯びた原子（つまりイオン）にほかならない**からである。ただ、どれも水に溶ける。私たちの体が求めるミネラルにはたくさんの種類があって、大きく3つのカテゴリーに分類できる。多量ミネラル、少量ミネラル、微量ミネラルだ。

多量ミネラルは人間が生きるうえで不可欠な物質である。私たちは毎日、次の原子のイオンを1～2グラム摂取しないといけない――カルシウム、塩素、マグネシウム、リン、カリウム、ナトリウム、そして硫黄。いろいろな野菜をとり混ぜて、バランスのとれた食生活を心がけていれば、たいていは自然にそれだけの量を体に取りこめる。たとえば、ブロッコリーはカルシウムが豊富だし、レタスとトマトにはカリウムが、アボカドにはマグネシウムが含まれている。

食事をすると、消化の過程で野菜からミネラルが抽出され、全身に運ばれて、人体にとって必要な基本的機能を果たす。カルシウムイオンなら骨や歯をつくるのはもちろん、筋肉を収縮させるのも仕事のうちだ。カルシウムのとりわけ重要な役割のひとつは、神経が脳へ信号を伝えるのを助けることである。別の言い方をすると、カルシウムを含む食品を摂取しなかったら、体は腕や脚と適切にコミュニケーションをとることができない。

私たちの体は少量ミネラルも必要としているものの、量はずっと少なくていい（だから「少量」）。少量ミネラルにはさまざまな種類があり、よく知られているのは鉄、銅、亜鉛の3つである。鉄（動物性タンパク質に含まれる）はヘモグロビンをつくるのに欠くことができず、このヘモグロビンが血流中で酸素を運ぶ。銅（キノコ、葉物野菜、大部分のナッツに含まれる）は赤血球の形成にひと役買い、亜鉛（卵、タンパク質、豆類に含まれる）は遺伝物質であるDNAの合成に使われる。

少量ミネラルがどれだけ必要かは体の大きさで変わる。たとえば、アメリカ農務省の定める一日の推奨摂取量によると、幼児では亜鉛が5ミリグラムなのに対し、乳児ではわずか3ミリグラムだ。これは大人にも当てはまり、小柄な成人女性ならたったの8ミリグラム。大柄の成人男性ならそれプラス3ミリグラムで、合計11ミリグラムとなる。

最後のカテゴリーは微量ミネラルで、必要量はわずか数マイクログラムでいい。微量ミネラルは種類が多すぎるので、とりわけ気の利いた仕事をしているものに絞って紹介しよう。たとえばホウ素（レーズンに含まれる）は、エストロゲン値（女性ホルモン）とテストステロン値（男性ホルモン）の調節を助けたり、骨の健康を保つ役に立ったりしている。コバルト（牛乳に含まれる）はビタミン$B_{12}$の吸収を促し、赤血球の形成にもかかわっている。クロム（ブロッコリーに含まれる）は脂肪と糖を分解し、マンガン（牡蠣（かき）に含まれる）は酵素の化学反応を活性化する。

もうひとつ注目してほしい微量ミネラルがヨウ素だ。食事を通して十分な量のヨウ素を摂取していないと、甲状腺機能低下症になるおそれがある。1990年に「子どものための世界サミット」が開催されたとき、子どものための活動をしている人たちと科学者が集まって、特定の地域におけるヨウ素欠乏症をどうすれば減らせるかを話しあった。当時、予防可能な子どもの障害の原因として、一番に位置づけられていたのがヨウ素の欠乏だった。子どもにヨウ素が不足すると、身体や知能の発達に支障をきたす。そういう無用な障害に終止符を打つために、彼らはじつに賢い計画を思いついた。通常の食卓塩（塩化ナトリウムNaCl）の塩素イオンを一部ヨウ素イオンに置きかえるのである（これでヨウ化ナトリウムNaIになる）。

この変更は大いに功を奏した。アメリカだけでもいくつかの地域で、全体としての知能指数が大幅に向上したことが複数の長期研究で確かめられている。それだけじゃない。その地域の成人の平均収入も11パーセント上昇した。**これってすごくない？** 甲状腺の中の分子の濃度が知的能力全般を左右し、しかもそれが最終的にはキャリアパスや収入にまで響いてくるだなんて。それに、これほど深刻で世界的な健康問題への答えが、ただの塩だったというのも面白い。

ヨウ素は甲状腺機能低下症だけでなく、その反対の状態、つまり甲状腺機能亢進症の治療にも使われる。この病気は、脳下垂体が甲状腺刺激ホルモン（TSH）をつくりすぎると起きる。

脳下垂体から分泌されたTSHは、甲状腺内で生産される別の2種類のホルモンの作用を変化させる。この2種類のホルモンは、人体のほぼすべての細胞で代謝を活性化する働きをしている。まずTSHは脳下垂体を離れ、血流に乗って下っていって甲状腺に到着する。これは短い旅だ。なんたって甲状腺は首のつけ根近くにあるし、脳下垂体は鼻の後ろあたりにある。

甲状腺にたどり着くと、TSHははじめにチロキシンというホルモンの分泌を、次にトリヨードチロニンというホルモンの分泌を促す。ホルモンなので、体の別の場所に働きかけて重要な反応（つまり代謝など）を起こさせている。どちらも非常に興味深くて複雑な分子であり、それぞれの構造の中にチロシン（アミノ酸の一種）と複数のヨウ素原子を含んでいる。人間の生存にとって欠かせないホルモンであることはいうまでもない。

チロキシンとトリヨードチロニンの濃度が上がると甲状腺機能亢進症になり、不眠、震え、不安、下痢、眼球突出など、いくつもの症状に見舞われる。ありとあらゆるシステムが正常に働かなくなるといっていい。チロキシン値とトリヨードチロニン値が高すぎる場合、合併症として甲状腺クリーゼという状態に陥ることがある。この状態になると、高熱（40度超）、激しい動悸、高血圧といった症状が現れる。これが心臓発作や肝不全につながるケースもあり、どちらにしても命にかかわりかねない。甲状腺クリーゼはめったにないとはいえ、甲状腺機能亢進症を治療せずに放置すると起こるおそれがある。

ありがたいことに解決策はあって、ここでわれらが微量ミネラル、ヨウ素の出番となる。甲状腺機能亢進症の治療法として最もよく用いられるのは、薬剤として放射性ヨウ素－

131を投与することだ。甲状腺細胞は、もともとヨウ素を含む分子と選択的に結合するようになっているため、放射性ヨウ素とも盛んに結合をつくる。やがて、**放射性ヨウ素は取りついた細胞を破壊し、それによって甲状腺内の甲状腺ホルモンの濃度を変化させる。**つまり、甲状腺ホルモンと結びつく甲状腺細胞の数が以前より減ることになるわけだ。これがゆくゆくは甲状腺クリーゼを防ぐことにつながる。

大学1年向けの授業で教えるためにヨウ素について調べてからというもの、私は少しばかりヨウ素に夢中になった。たった1種類の微量ミネラルが、私たちの体にこれだけさまざまなかたちで劇的な影響を及ぼすとは、なんてすごいんだろうという思いが頭を離れなくなったのだ。（甲状腺ホルモンからくる）ヨウ素が多すぎれば甲状腺クリーゼをひき起こすおそれがあり、それは放射性ヨウ素でないと治せない。ヨウ素が少なすぎれば脳の発達を損なう。バランスをとるのは難しく、だからこそ食を賢く選択することが大事になる。

ということで、カフェインから卵の調理まで、それから野菜と果物を正しく選ぶことまでと、私たちはすでに一日のすばらしいスタートを切った。次の章では、朝食をとったあとに何が起きるかを考えてみようと思う。口に入れた食物を体がどのように消化してエネルギーに変換し、それをジムでどう利用できるようにするのかを見ていきたい。

断っておきますけど、私はフィットネスインストラクターをしていたことがあるので、運動に関してはどうしても力が入ってしまうところがある。**そうだ、ちょっと待ってて。エアロビ用のマイクを取ってくる。**あれがあると、内なるジェーン・フォンダが目を覚ますから〔ジェーン・フォンダはアメリカの俳優。1980年代に発表したワークアウトのビデオが大ヒットし、空前のエアロビクスブームをまき起こした〕。

# 第6章

## 燃焼を感じる——運動

Feel the Burn : Working Out

# アドレナリンジャンキーですけど何か？

**私はアドレナリン中毒だ。**

騒々しかったりスピードが速かったり、ちょっと危なかったりする物事が大好きである。だからって、8時の化学の講義の前にスカイダイビングをしてくるわけにもいかないので、普段はただ早朝に運動することで快感を得ている。

もとはといえばおじいちゃんが悪い。祖父は昔、「ブームになる前から」(とは本人の弁)毎朝ジョギングをしていた。それに父も、私が物心ついたときから毎朝欠かさずトレーニングをしていた——休暇で家族旅行に出かけたときまで。何を隠そう、両親の家の地下室は、ガレージセールで手に入れたトレーニング器具であふれ返っている。人が見たら、家族で秘密のスポーツクラブでも経営していると思うに違いない。

そしていま、できるだけ運動から離れようと努めてきたにもかかわらず、結局は私も1日おきで朝にトレーニングするようになった。もっと年をとったら何日かに1回になるだろうと父はいい、それは確かにそうかもしれないけど、体を動かすのはやっぱり楽しい。

大学院生のとき、研究室の外で何か楽しいことができないかと探しはじめ、どういうわけかフィットネスインストラクターになった。数年のあいだ、ステップ台を使ったプログラムを教えたり、早朝のブートキャンプを指導したりした。でも一番気に入っていたのはターボキック（振りつけ付きのキックボクシング）のクラスである。

フィットネスインストラクターとしての契約期間が終わりに差しかかった頃、ナイキ・トレーニングクラブのインストラクターの仕事を得た。当時の私にとって、これは本当にありがたかった。なにしろぜんぜんお金がなかったし、春と秋の新学期ごとにダッフルバッグいっぱいのウェア一式がもらえたんだから。その代わり、支給されたウェアをかならず着なくてはならず（選択の余地なし）、何度か商品セミナーにも参加しないといけなかった。同僚たちはセミナーに気乗り薄だったけれど、私はナイキのトレーニング用品にどんな科学が詰めこまれているかを聞けるのが面白くて仕方なかった。

セミナーで教えられることの中には、わりと当たり前に思えるものもあった。たとえば、ランニングシューズはクロストレーニングシューズよりクッション性の高いソールになっている、といった情報である。ランナーは地面から高く離れるので、ランニングシューズには横方向の動きが想定されていない。だからランニングシューズは、ランナーの関節にかかる負荷をできるだけ軽減することのみを目的につくられている。それに対してクロストレーニングシューズは、地面に近いところで運動するときの横方向の安定性を得られるようにできている。

ナイキ独自のドライフィット（Dri-FIT）素材についての分析が始まったとき、私の耳はピンと立った。これは吸放湿性をもった衣類用の素材であり、運動中のアスリートの体温が上がりすぎないようにしている。生地の中にはこの吸放湿性がやたらと悪いものがある。綿もそのひとつで、「綿は死を招く」なんて言葉を聞いたことがあるとしたらそれが理由だ。でも、なぜそんな違いが生まれるのだろう。

普通、人間の体は汗をかくことで自らの温度を下げている。まず毛穴から水分子が押しだされ、それが玉状の水滴となって皮膚の表面に付着する。次にすごく重要なことが起きる。水分子が蒸発するのだ。水が液体から気体へと変化するときには、一番近い熱源（つまり体）から熱を奪う。それが最終的に全身の体温を低下させることにつながる。

ナイキはこれを踏まえ、その水滴をアスリートの皮膚から離れさせるために、混紡ポリエステル素材を使うことに決めた。生地の中の特殊な繊維に吸収されると、水分子は生地の中を滑っていく。この過程で水分子がいっそう体温にさらされやすくなり、通常より短時間で蒸発が起きるようになる。こうして**水分子が生地に吸収されればされるほど体から熱が奪われ、より速いペースで体温が下がる。**

それにひきかえ、綿の生地は正反対の結果をもたらす。糸がきっちりと織りあわされているために、水分子がなかなか空気中に蒸発できない。皮膚と生地のあいだに水分子が物理的に閉じこめられてしまい、ずっと長いあいだ液体としてとどまるしかなくなる。

いまはもうナイキがトレーニングウェアをくれないので、自分で購入するときにはポリエステルやナイロンや、スパンデックス〔ポリウレタン系の合成繊維〕製のものを選んでいる。どの生地の繊維も通気性が良く、繊維に適度な隙間があいているので体から水分子が蒸発しやすい。

朝のトレーニングに何を着るかは気分で決めることが多い。虫の居所の悪いときはインクアンドバーン〔カリフォルニア発のスポーツウェアブランド〕のロボット柄レギンスをはくけれど、ご機嫌なときはアマゾンで買ったド派手ピンクのレギンスにしたりもする。どういう気分だとしても、吸放湿素材のウェアに着替えたら水筒をつかんでキッチンに寄る。

## 食べたものがエネルギーに変わるまで

どんな食品にも、何が入っていようとカロリーがある。でも、ここでは栄養表示に記されているカロリーの話をするつもりはない。あれは大文字の「カロリー（Cal）」であって、栄養に関するエネルギーの単位だ。それに対し、小文字のカロリー（cal）は科学におけるエネルギー単位である。大文字の１カロリーは小文字の１０００カロリーに等しく、つまり1Cal＝1000cal＝1kcalとなる。栄養表示にどうしてキロカロリーを使うかというと、ピーナッツバター・プレッツェル8個で１４０キロカロリーというほうが、14万カロリーというより簡単だからである。

とはいえ、そもそもこの数字はどういう意味なんだろうか。考え方はいくつかあるが、私にとっての１４０キロカロリーとは、8個のプレッツェルを体が14万カロリーのエネルギーに換えられるということである。これだけのエネルギーがあれば1時間くらいはストレッチができるし、なんならトレッドミルに乗って一番ゆっくりのペースでウォーキングもできる。

体を1時間ゆっくり動かすだけのエネルギーが8個のプレッツェルから得られるのに対し、16個のプレッツェルなら軽く自転車に乗るくらいのエネルギーにはなる。なかなかすごいでしょう？　しかも、そうしようと思わなくてもできちゃうんだから。

食物をエネルギーに変換するプロセスは、長くてずいぶん手間がかかる。このプロセス全体を**「酸化的リン酸化」**と呼ぶ。これは酸素が存在する環境で起き、ざっくり3つのステップに分けられる。

第1のステップは意外でも何でもなく、まずは食物を消化しないといけない。胃と大腸の酵素が食物内の分子を攻撃し、はるかに小さい単位に分解する。食物分子がけっこう大きいと、消化にはかなりの時間がかかる。

大きい分子が残らず小さな分子に分解されたら、「解糖」が始まる。これが第2のステップだ。解糖の過程ではグルコース（ブドウ糖）がふたつに分かれて、もっと小さいピルビン酸という分子が2個生じる。このピルビン酸が、二酸化炭素（呼気として吐きだされる）と別の2個の分子に変換される。この新たに生まれる2個の分子には、アセチル基（$H_3CCO$）という官能基が含まれている。新しい分子は両方とも補酵素Aと結合してアセチルCoAがつくられ、さらにオキサロ酢酸という分子に姿を変える。

第3のステップでは、このアセチルCoAがクエン酸回路に入って、二酸化炭素に変換される（これまた呼気として吐きだされる）。この過程でNADH分子が生まれ、この分子がひとつのプロセスを始動させて最終的にATPが生成される。

**でね、これなんですよ、みなさん、何のために消化するかの答えは。つまり、このATPをつくりだすためなんです。**

ATPはアデノシン三リン酸の略称で、生体内でもとりわけ重要な分子のひとつだ。なぜって、細胞にエネルギーを与えてくれるものはATPだからである。このエネルギーのおかげで神経は脳に信号を送ることができ、筋肉だって収縮できる。あまりに大事なので、ATPは「エネルギー通貨」と呼ばれている。ただ、お気づきかもしれないけれど、ATPは胃や大腸にとどまっているわけではない。ではどこに行くのだろう。

**エネルギーは小さな包みとして全身の細胞内に蓄えられている。**こうしておけば、私たちが必要とする瞬間に、必要とする場所でエネルギーを解きはなつことができる。たとえば、バスに乗り遅れないために走らなくちゃいけないときや、テーブルの上で食器が倒れてとっさに手を伸ばすときなど、日々の活動の中ですばやく動けるように体がエネルギーを放出する。しかも、その直後に電池切れになってしまうようなこともない。

1日のあいだに瞬時の動作をどれだけできるかは、体内に蓄えられたATPの量に比例する。体内のどこにあるどんな細胞であっても、いついかなる瞬間にもATP分子が10億個くらい見つかると考えていい。**体内のどんな細胞にも10億個。**で、2分が経過する。するとその間(かん)に、それだけのATP分子はぜんぶ使いはたされて、しかも再生されている。

ちょっとそこのところを考えてみて。10億個のエネルギー分子がいままさに体内のあらゆる細胞内で動きまわっている。でも2分のあいだに、それはすべて別の分子（ADP［アデノシン二リン酸］やAMP［アデノシン一リン酸］など）に変換され、それからまたATPに戻っているのだ。そして再びADPやAMPになり、またもやATPに戻る。このプロセスが止まるのは細胞が死ぬときだけであり、細胞の死が訪れる理由はいくらでもある。

というわけで、ここでプレッツェルの例に戻ると、先ほども説明したように8個のプレッツェルで14万カロリー（140キロカロリー）になる。でも、それとATPはどう関係しているのだろうか。じつをいうと、8個のプレッツェルを食べたとすると、体はそれを分解してATP分子を19モルくらいつくり、それを燃やすことで14万カロリーのエネルギーが解きはなたれるのである（ATP1モル＝7・3キロカロリー）。

## 体内の脂肪を効率よく燃やす方法

さっきも触れたように、140キロカロリーでは私は散歩に行くのがやっと。実際、30代半ばの活動的な女性であれば、1日におよそ2200キロカロリーの摂取が望ましいとされている。そのうち、ただ私を生かしておくだけのためにどれくらいが費やされているか知っている？

当ててみて。

いま１３００キロカロリーって言った？　つまり全体の60パーセント弱？　だとしたら正解。地球という惑星で生きつづけていくのに、私は毎日１３００キロカロリーを必要としている。これは心臓を拍動させ、肺に空気を出し入れさせ、脳に考えさせ、深部体温を37度に保つのに必要な１日当たりのエネルギー量である。これより少なければ、自然と体はどこにエネルギーをふり分けるかの優先順位をつける。私は強い疲労を感じるようになるが、それは少し眠れという体の合図である。内臓の働きを絶対止めないために、体が予備のエネルギーを使っているからだ。理論のうえでは、どれかの内臓が機能不全になるまでに予備エネルギーで３週間はもちこたえられる。

自分を生かしておくだけのために１３００キロカロリーが消えても、残り９００キロカロリーを朝の運動に回せる！　たとえば１時間の水泳（もしくは重労働の庭仕事）なら約５００キロカロリー、１時間のズンバ〔ダンス系のエクササイズ〕なら３３０キロカロリーがいる。

活動的な人であれば、摂取したカロリーの残り40パーセントをたいてい使いきっている。ところが、座りがちな生活をしている人の場合は、１日が終わったときに消費しきれなかったカロリーが余る。こういうカロリーは緊急時に備えて脂肪として貯蔵される。もしかしたら明日は2200キロカロリーをフルには摂れないかもしれないから、そうなったときのために体が余分なエネルギーを溜めておこうとするのである。毎日毎日2200キロカロリー分(かそれ以上)の食事をしていたら、体はこの脂肪貯蔵タンクに手をつけなくてもエネルギーが得られる。当然ながらいずれ肥満につながるおそれがある。

一方、朝からジムにくり出したら具体的に何が起きるだろうか。**体はまず炭水化物やタンパク質を探すのではなく、脂肪内に蓄えられたエネルギーに手を伸ばす。**なぜかというと、1グラムの脂肪からは9キロカロリーのエネルギーが放出されるのに対し、炭水化物やタンパク質では1グラムから4キロカロリーにしかならないからだ。体にとってはとにかく脂肪のほうが優れた燃料源である。

とはいえ、その違いはどこからくるのだろう。脂肪は実際には、脂肪細胞と呼ばれるものの中に貯蔵されている。この細胞の役割はただひとつ。脂肪をしまっておくことだ。解糖の過程を通してグルコースがピルビン酸になるように、脂質(脂肪のこと)も脂肪分解の過程を通して3種類の脂肪酸と1種類のグリセリン分子に変わる。脂質が分解されたら、3種類の脂肪酸は脂肪細胞から血流中へと移動する。脂肪酸はそこでアルブミンというタンパク質と結合して筋肉へ運ばれ、筋肉に到着したら、毛細血管を通ってじかに筋肉の中に入る。

運動をすると、筋線維を包む薄膜の外側にこのタンパク質が現れ、結合している脂肪酸がＡＴＰに変換される。グルコース分子がＡＴＰに変わるのと同じだ。どちらのプロセスでも、脂肪酸分子やグルコース分子内の共有結合を壊してＡＴＰを生産することになり、そのためには熱が必要になる。このプロセス全体を好気的代謝という。

「好気的(エアロビック)」とは「酸素を必要とする」という意味であり、ジムのエアロビクスのクラスをエアロビクスと呼ぶのはこのためだ。つまり、**脂肪を燃やすプロセスは酸素の存在する状況で起きる**ということである。激しい運動をすると息が荒くなるよね？　あれは、運動を最後まで続けるためにＡＴＰを燃やしてエネルギーをつくりだそうと、体が懸命に酸素を吸いこんでいるからである。

そのことを念頭に置けばたぶんそれほど意外ではないと思うが、体を激しく動かせば動かすほど吸いこむ酸素の量は増え、燃やす脂肪／炭水化物の量も増える。たとえば酸素の消費量が最大摂取量の25～60パーセントのとき、酸素は血流内の脂肪を燃焼させるのに用いられる。つまり、食べた食物からの脂肪ということだ。一方、それが60～70パーセントに上昇すると、血中の脂肪ではなく筋肉中の脂肪が使われはじめる。70パーセントを超えると体は一種のパニックを起こして、燃料源に炭水化物を使用するようになる。

高校で生物学を習ったとき、私にはこの部分がどうも腑に落ちなかった。どうして酸素消費量が70パーセントを超えると燃料が脂肪から炭水化物に切りかわるのだろうか。脂肪が使いつくされてしまうからではない。体の表面には――もちろんお尻にも――まだ明らかに脂肪はついているのに、なんで体は脂肪が底をついたみたいにふるまうのだろう。

じつはこれには脂肪のありかがからんでいる。強度の高い運動をしているとき、筋肉はあまり血液を受けとらない。だから、エネルギーをつくるための脂肪酸が不足する。それどころか、体は脂肪組織から血液を遠ざける。ということは、脂肪酸が相変わらず毛細血管中に放出されていても、そこで止まってしまい、細胞膜を通って筋細胞の中に入りこむことがない。だから激しいトレーニングの最中にはエネルギー源として利用できないのである。

脂肪酸がぜんぶ裏庭に置かれたままになっているようなものだ。窓からは見えるので、そこにあるのはわかっているのに、裏口の戸があかない限りは手を出せない。だからそれまでのあいだ、パントリーに走って予備のエネルギー源を確保する。**それが炭水化物、というわけである。**いずれまた脂肪を燃やすことに移行するまで、体は低エネルギー源を使ってできる限りのことをやる。

良質な運動をすると何がすごいかといえば、終わったあとでも脂肪を燃焼させつづけることだ。これを運動後過剰酸素消費（EPOC）といい、HIIT（高強度インターバルトレーニング）のクラスはEPOCが高いことで知られている。なぜかというと、クロスフィットやナイキトレーニングクラブなどのクラスでは、運動中に多数の筋肉組織を破壊する。だから傷ついた筋細胞を残らず修復するために、体は運動後も働いてその作業にいそしむしかない。筋細胞を運動前の状態に戻すには、傷ついた細胞の修復だけでなく筋肉内のグリコーゲン〔グルコースが多数つながった、エネルギー源となる物質〕も回復しないといけないからである。

ここでひと言断っておくと、私はだんぜんHIITびいきだ。昔、フィットネスのクラスを教えていたし、いまも毎週インターバルトレーニングのクラスに通っている。ほかの持久力トレーニング（走ったりエアロバイクを漕いだり）よりHIITが好きなのは、膝十字靱帯の手術を4回受けているからである。いまはもう、走ったりするような衝撃の大きい運動はいっさいできないし、長時間バイクトレーニングをするのは飽きてしまう。とはいえ、心臓やコレステロール値を改善させることに関しては、ランニングにもバイクにもすばらしい効果がある。その最中に多量の脂肪酸を燃やしてくれるし、トレーニング後も脂肪の燃焼を促してくれる。ただし、HIITのクラスには遠く及ばない。

種類は何であれ、どんなトレーニングプログラムもだんだんつらくなくなることに気づいたことがあるだろうか。これは自分の筋肉が鍛えられてきたしるしである。別の言い方をするなら、正しく動くにはどうすればいいかを自分が筋肉に教えはじめたということだ。座りがちな生活の人も、すごく活動的な人も、血中に脂肪酸が放出されることに変わりはない。違うのは、**訓練された筋肉のほうが、その脂肪酸を取りこんでエネルギーに変換することが楽にできる**ということ。なぜかといえば、強靱なアスリートは単位量当たりの筋肉に含まれるミトコンドリア数が多く、ＡＴＰはまさにそのミトコンドリアの中で燃やされるからである。ミトコンドリアが多いほど、燃料として消費される脂肪の量は増える。

ここで重大な疑問をひとつ。体重って、具体的にどうやって減るんだろうか。燃やされた体重はどこへ行く？　ここまでのところを注意深く読んでいれば、ＡＴＰが生産されるたびに二酸化炭素が放出されることに気づいたはず。つまり、運動の最中に燃やした脂肪やタンパク質や炭水化物は、呼気となって体の外に排出されているのである。

**信じられる？　口から脂肪を吐きだしているだなんて**。でも、そうやって体重を減らしているのは事実だ。トイレに行ったときや汗をかいたときに減るんじゃなくて、運動中（と運動後）に口から出ていく分子として体を離れていく。

# アドレナリン、ドーパミン、コルチゾール

運動すると体が強くなって心臓が健康になるのは確かだけれど、私にとって運動の一番すてきなところは――この章の冒頭でも触れたように――**激しく動くことでアドレナリンが駆けめぐる**ことだ。アドレナリン（エピネフリンとも呼ばれる）はアミノ酸から生成されるホルモンの一種で、分子式は$C_9H_{13}NO_3$である。この分子の中には六員環が1個と、分子全体で3つのアルコール基（OH）が含まれていて、これが体内での独特な物理特性を生んでいる。人間の場合、アドレナリンは腎臓のすぐ上にある副腎から分泌される。

アドレナリンのどこがうまくできているかというと、**血流中に放出されて体の組織と相互作用する際に、相手の器官が何かによって異なる影響を及ぼす**点だ。たとえば、一般にアドレナリンは呼吸数を増加させて血管を広げる。ところが、体の部位によっては血管収縮と筋肉収縮をひき起こす場合がある。

この特性を利用して、アドレナリンは救命医療にも使用されている。たとえば、誰かが急に激しいアレルギー反応（アナフィラキシーショック）を起こしたとき、アドレナリンの自

動注入器（商標名エピペン）を使って患者の太ももにすみやかにアドレナリンを注射する。注入されたアドレナリン溶液は筋肉に入り、すぐさま血流中に吸収される。アドレナリンが血管を収縮させる（そして血圧を上昇させる）とともに肺を開かせ、気の毒な患者が再び呼吸できるようにする。

アドレナリンが駆けめぐる効果はジムでもごく自然に得られ、激しく体を動かしたあとではアドレナリンが分泌される。ただ、そのときはアドレナリンだけでなくドーパミンという物質も放出される。何らかの目標（1時間きつい運動をするなど）が達成されたときに、ドーパミン分子は体へのごほうびとして働く。

ドーパミン分子の構造はアドレナリンによく似ているが、アルコール基（OH）を2個しかもたないところが違う。水溶性なので体内をすいすいと移動して、ドーパミン受容体に結合する。**この結合が起きると、私たちは圧倒的な多幸感に包まれる。**ある種の（私のような）人間にとって、この感覚はどうにもやみつきになるものだ。多幸感があまりに強烈なので、それをまた味わいたいという動機につき動かされて行動するようになりやすい。

アスリートがジムでそれまで以上に厳しいトレーニングをしたり、ダンサーがスタジオでの練習にさらに長い時間をかけたりするのもこのせいだ。ごほうびが来るとわかっているだけで、ドーパミン放出の引き金が引かれる場合もある。このため、アドレナリン中毒の人が本当にアドレナリンを求めているとは科学的にはいいがたい。むしろ、身体や社会の安全をかえりみずに大きな危険を冒しがちな人がいるのは、体がドーパミンという報酬を欲しがっているからだと科学者は考えている。本当はこういう人を「ドーパミン中毒」と呼んだほうがいいのである。

ともあれ、アドレナリンは非常に強力な分子なので、人間に超人的な力を与えることがある。いわゆる火事場の馬鹿力というやつだ。２０１９年、オハイオ州に住む16歳のアメフト選手は、隣の家から助けを求める声を聞いた。隣家のお父さんが重さ１トンを超える車の下敷きになっているのを見てとると、すぐさま行動を起こし、力をふり絞って車をもち上げた。隙間があいて、男性は無事に抜けだせた。すべてはアドレナリンがほとばしったおかげである。

アドレナリンを含むパフォーマンス向上薬を使用するアスリートがいるのも、理由はこれと変わらない。アドレナリンがスタミナと持久力を高め、さらに身体的な力を増強してくれるからである。反応時間を短くするのにも向いているので、競技の種類によっては対戦相手よりかなり優位に立てる。

もっとも、アドレナリンだけが体内で見つかることはめったにない。体はコルチゾールという別のホルモンもつくる。**コルチゾール分子は血圧と血糖値をともに上昇させるだけ**

**でなく、脂肪をエネルギーに換えやすくする。**筋肉はコルチゾールの存在を感じると、すばやく力強い動作を行えるよう自らを準備する。たとえばバーピー〔立った体勢からしゃがんで手をつき、腕立て伏せのような姿勢をしてから戻ってまた立ちあがるトレーニング〕やスクワットジャンプ〔スクワットでしゃがんだ体勢から上方にジャンプして着地するトレーニング〕などがそうだ。

コルチゾールはステロイドホルモンの一種であり、炭素環が4個つながった典型的なステロイド構造をもっている。分子の片方の端にはケトン基（C＝O）が、また反対端にはいくつかのアルコール基（OH）が結合している。分子全体にほぼ均等な間隔をあけて酸素原子が配置されているので、コルチゾールにはあまり極性がない。このため、隣りあった分子とは分散力で引きつけあうことのほうが多い。

このホルモンは体内でいろいろな働きをもっている。どこに存在するかに応じて、その部位がどのように働くかに影響を与えることができるのだ。たとえば血糖値を上げたり、代謝機能を調節したりもする。アドレナリンなどのアミノ酸由来のホルモンと違って、ステロイドホルモンは無極性分子なので脂溶性である（水には溶けない）。

コルチゾールは「糖新生」のプロセスでも重要な役割を果たしている。糖新生とは、糖以外の物質からグルコース分子をつくりだすプロセスをいう。さっきも説明したように、グルコースは体にとってすばらしいエネルギー源だ。体が糖「不足」になった場合、糖新生を通して脂肪やタンパク質を無理やりグルコースに化学変換できる。

このように、アドレナリンとコルチゾールはストレス要因にさらされたときに放出される二大ホルモンとなっている。早朝にキックボクシングのクラスを受けているのであれ、悪い奴らから逃げているのであれ関係ない。体の生理機能は同じ反応を示す。

ただ、思いだしてほしいのだけれど、さっきも触れたようにアドレナリンは水溶性でコルチゾールは脂溶性だ。これはふたつの分子の極性の違いからきている。アドレナリンは極性分子であって、川の流れのように血流に乗って目当ての臓器に向かえる。一方のコルチゾールは無極性分子なので、タンパク質の船に運んでもらわないと脂肪細胞にたどり着けず、そこでようやく効果を発揮できる。

授業でこの2種類のホルモンの話をすると、スポーツをしている学生は決まってごもっともな質問をする。「ランナーズハイもアドレナリンとコルチゾールのせいですか?」。これに対して私はいかにも科学者らしく、奥歯に物が挟まったような答え方をする。「そうね、ただし……」。というのも、人体というのは状況しだいで変化する要素が多いからだ。たとえば、クロスカントリーのレース中でもアメフトの試合中でも、何らかのストレスを受けているときには、程度の差はあれ体は確かにアドレナリンとコルチゾールを分泌する。でもそれと同時に、エンドルフィンも放出している。

## ランナーズハイを生む物質

エンドルフィンがはじめて単離されたのは1960年代である。生化学者のチョー・ハオ・リー（李卓皓）が、ラクダ500頭の乾燥させた脳下垂体を調べていたときのこと。リーは脂肪を代謝する分子を探していたのだが、見当たらないようだった。その代わりに、正体不明のポリペプチドを発見した。これがのちにβ（ベータ）－エンドルフィンとして知られることになる。しかし、当時のリーにはそれを何かに使う当てもなかったため、慎重に梱包して安全な場所にしまった。

15年ほどたった頃、生化学者のハンス・コスターリッツと神経科学者のジョン・ヒューズによる研究のことをリーは耳にした。ふたりはエンケファリンというペンタペプチド（5個のアミノ酸がつながった分子）を発見していた〔その分子がモルヒネに似た性質をもつこともつきとめられた〕。これを知ったリーは、しまっておいたβ－エンドルフィンを引っぱりだし、そこにもエンケファリンが交じっているかどうかを確認してみた。

はたして実際に含まれていたので、それを鎮痛剤として試験し、オキシコドン〔オピオイド系の鎮痛剤〕

やヘロインと比べて効果のほどがどれだけあるかを調べることにした。すると、脳にじかに注入すると、注入箇所に応じて通常のモルヒネの18〜33倍強力な鎮痛作用を示した。リーは嬉しさに舞いあがる。あいにく、エンケファリンはモルヒネより格段に中毒性が高いとわかり、リーはこれを医薬品化するのを断念した。

その後、エンケファリンをはじめとする内因性神経ペプチドは、まとめて「エンドルフィン」と総称されるようになった。現代の用語法では、鎮痛性をもっていて多幸感をひき起こす分子であればエンドルフィンの一種と呼ばれる。

一般に、人体は3種類のエンドルフィンを自然に生成している。α（アルファ）-エンドルフィン、β-エンドルフィン、γ（ガンマ）-エンドルフィンである。α-エンドルフィンは、16個のアミノ酸が鎖状につながった構造をもつ。γ-エンドルフィンはα-の構造とほぼ同じで、ただ最後にロイシンというアミノ酸がひとつ余分につけ足されている。

β-エンドルフィン分子はそれよりずっと大きく、31個のアミノ酸がつながってできている。これもまた最初の16個のアミノ酸の並び方はα-やγ-とまったく同じだ。残り15個のアミノ酸はロイシン、フェニルアラニン、リジン、グルタミン酸などなどで構成されている。けれど、ほかの2種類のエンドルフィンと違って、β-は人体にいろいろな影響を与えることが明らかになっている。たとえば、人が痛みや飢えを感じているとき、β-

がストレスを低減するのにひと役買っていることがわかっている。また、脳の報酬システムや、ある種の性行動を始動させる働きももつ。

１９８０年代、いわゆるランナーズハイにβ－エンドルフィンが関係していることが研究でつきとめられた。**激しい運動をすると、体はすぐさまβ‐エンドルフィンを放出して痛みの緩和を助ける。**通常、激しいトレーニングで私たちが痛みを経験するとき、痛覚受容器がサブスタンスＰという分子を使って脊髄経由で脳へ信号を送る。ところが、このとき体はβ－エンドルフィンも送りだして、痛みの緩和に役立てる。まるで戦場に衛生兵を派遣するみたいに。エンドルフィンは脊髄のオピオイド受容体と結合し、その受容体にサブスタンスＰが取りつけないようにする。この化学反応が起きるからこそ、痛みが最小限ですむ。

短距離ダッシュを何本かやってから限界までウェイトを上げるなどして、ものすごくきついトレーニングをこなしたあとには、脳内のオピオイド受容体に結合したエンドルフィンの濃度が高くなりやすい。運動をやめた直後に訪れるあのすばらしい多幸感は、この脳の化学によって与えられている。

人生でもそうはないようなとりわけ強いストレスにさらされると、このエンドルフィンの放出によって人は感情をほとばしらせることがある。アメリカの体操選手アリー・レイズマンが２０１２年のオリンピックで、床の演技を終えたときがそうだった。最後の動作を決めたあと、レイズマンは涙にくれた。自分がアメリカ人女性としてはじめて床で金メダルを獲ったことに、十分な手ごたえを感じていたからである。

２０１２年の私だったら、オピオイド受容体に結合したエンドルフィン濃度が高いからああいう反応になったと説明していただろう。ところが２０１５年にドイツの研究チームが、エンドルフィンが血液脳関門というバリアを通過できないことに気づいた。エンドルフィンが不安を軽減して痛みを最小限にしているのは確かでも、激しい運動のあとに感じる「ハイ」をもたらすことはできない。この結果に好奇心をかき立てられてチームがさらに実験を重ねたところ、アナンダミドという分子が血中から難なく脳に入り、気分を高揚させる引き金となることがわかった。

なるほど。で、アナンダミドって？

アナンダミドは脂肪酸の一種で、カンナビノイド受容体と結合する。これは、大麻の主成分（テトラヒドロカンナビノール、略称ＴＨＣ）が結合するのと同じ受容体である。アナンダミド（anandamide）とはうまく名づけたもので、前半の「ananda（アーナンダ）」とはサンスクリット語で至福・歓喜を意味する言葉だ。私たちが快楽を感じるのはこの物質が原因なので、アナンダミドは「至福物質」とも呼ばれる。面白いのは、近年になってマリファナの

研究が進んだおかげでようやくこの分子が発見されたこと。ＴＨＣが人間の体内でどう作用するかを詳しく知ろうとした結果、カンナビノイド受容体に関するすべてが解明されたのである。

オピオイド（アヘン様物質）がオピオイド受容体に結合するように、ＴＨＣはカンナビノイド受容体と相互作用する。ただ、ひとつだけ大きな違いがある。オピオイドとオピオイド受容体の結合が尋常じゃなく強いのに対し、ＴＨＣとカンナビノイド受容体の結合はわりあい弱い。結合が短時間で壊れるために、受容体はＴＨＣに対する依存性を高めることがない。大麻の場合、オキシコンチン〔オピオイド系鎮痛剤の商品名〕やヘロインの依存性と比べ物にならないのはここに理由がある。

でも、それが運動とどう関係するのか、って？　それはね、**ランナーズハイがあまり長続きしないのは、アナンダミドとカンナビノイド受容体の結合の弱いことが一因になっている**から。単純に結合の強度が足りないのである。だからいずれ結合は壊れて、高揚感も薄れていく。ランナーズハイが消えたあとに何が訪れるか。読者のみんなも気づいたことがあるかもしれない——痛みだ。

# 鎮痛薬が効くのはなぜか

私は膝十字靭帯の手術を4度受けているので、運動後に一番よくあるのは膝の痛みである。すでにトレーニングの内容からジャンプの動きをぜんぶ排除しているのに、それでもときどき膝が痛む。そういうときはためらわずに市販の鎮痛剤を手に取る。

とはいうものの、いったい鎮痛剤って具体的に何なんだろう。鎮痛剤の分子は体内でどんな働きをするんだろうか。

アスピリンは19世紀末に商品化されて以来、メディアから「驚異の薬」と呼ばれてきた。だが、じつはこれを最初に報告したのはヒポクラテスで、紀元前4世紀にさかのぼる。当時は熱を下げるために、ヤナギの樹皮をお湯で煮出して飲んでいた。そこから時計を進めて1763年、イングランドの牧師エドワード・ストーンが、ヤナギの樹皮に関する新しい研究結果を書簡に記して王立協会に送った。書簡には、ヤナギの樹皮を乾燥させて粉末にし、それを50人に与えたことが報告されている。50人はよくある不調の治療や、一風変わった外用水薬としてその粉末を使用した。

使用した全員が口をそろえて訴えたのは、次のふたつの欠点だった。（1）味が良くない。（2）胃の調子が悪くなる。それでも頭痛や炎症からくる痛みが和らぐので、みんな喜んで樹皮の摂取を続けた。関節炎の症状が改善したケースもあった。

それから100年あまりのち、フェリックス・ホフマンという化学者が、ヤナギの樹皮の有効成分サリチル酸（$C_7H_6O_3$）に代わる化学物質を探しはじめた。自分の父親がサリチル酸薬を飲んでひどい吐き気に見舞われていたので、それをどうにかできないかと思ってのことである。会社の上司であるアルトゥル・アイヒェングリュンの支援のもと、ホフマンはサリチル酸分子を改造し、それを近いいとこに変えるためのうまい方法を見つけだした。そのいとこがアセチルサリチル酸（$C_9H_8O_4$）であり、のちにアスピリンと呼ばれることになる。

アイヒェングリュンとホフマンはこの新薬を臨床試験に進めようとしたが、あいにく大きな困難が立ちはだかった。サリチル酸は心臓を弱らせることが知られていたためである。ホフマンは違う仕事を与えられ、アセチルサリチル酸で得た知見をもとに別の薬を合成した。それがジアセチルモルヒネ、つまりいまではよく知られたヘロインである。なんとも驚いたことに、ジアセチルモルヒネを試してみよと人に勧めるのには何の苦労もいらなかった。

けれど上司であるアイヒェングリュンは、そう簡単にアセチルサリチル酸をあきらめるつもりはなかった。そこで、その新しい鎮痛剤（いまでいうアスピリン）をこっそり医師のもとにもち込み、私的に臨床試験を始めてもらった。結果はたちまちもたらされた。強烈な胃の不快感なしに解熱・鎮痛効果のある薬がついに手に入ったと、患者は（そして担当医も）狂喜乱舞したのである。噂はまたたくまに広がり、ほどなくしてバイエル社のアスピリンは店頭で購入できるようになった。

アスピリン（アセチルサリチル酸）のどこがそんなにすばらしかったのだろうか、また、どうしてそれがヤナギの樹皮（サリチル酸）より優れているように思えたのだろう。当時の化学者はまず、サリチル酸のアルコール基（OH）1個をエステル基（$OCOCH_3$）で置きかえて、アセチルサリチル酸にした。そうすると味が良くなり、胃の不具合も緩和されることに気づいたからである。さらに、新薬の活性作用がアセチル酸と同等であることも確認した。でもそれって変では？　分子が大きくなったら、純粋にサイズのせいで目指す場所へ到達しにくくなってよさそうなものである。

その後まもなくつきとめられたのは、アイヒェングリュンとホフマンの見つけたものが実際には新しい薬ではなかったということだった。アスピリン（アセチルサリチル酸）のほうが飲みやすいにしても、胃に入って分解されるとサリチル酸に戻るのである。要するに、胃と口に対するヤナギ樹皮の副作用をアスピリンは軽減しただけだった。

**アスピリンは炎症や腫れからくる痛みを和らげてくれるので、スポーツ外傷のあとに服用するのに向いている。**サリチル酸は体内に入ると、ある重要な化学反応をブロックする。そのおかげで、酵素（シクロオキシゲナーゼ）は2種類の分子（プロスタグランジンまたはトロンボキサン）をもうつくれなくなる。プロスタグランジンは血管を拡張させ、外傷の箇所に白血球を送る。つまり、ひどい転び方をしたときにアスピリンを飲めば、足首を腫れさせる酵素の働きを止めてくれるわけだ。

このプロセスは非ステロイド性抗炎症薬（ＮＳＡＩＤｓ）のメカニズムとも共通点が多い。たとえばイブプロフェンはＮＳＡＩＤｓの一種であり、炎症・痛み・発熱の治療によく用いられる。アスピリンに比べたらずっとずっと新しい薬で、発見されたのは１９６０年代だ。このイブプロフェンも、シクロオキシゲナーゼの働きを妨げることがわかっている。イブプロフェンの分子式は$C_{13}H_{18}O_2$であり、中央の六員環の両端から炭化水素の鎖が１本ずつ伸びた構造をもつ。みんなもたぶん知っているように、イブプロフェンは解熱効果がとても高く、腎臓結石の痛みを和らげてもくれる。

アセトアミノフェンはさらに安価に手に入る薬で、タイレノールという商品名で知られている（化学者はパラセタモールという別名で呼ぶのが普通）。この分子には風邪の症状のいくつかを緩和する作用がある。分子式は$C_8H_9NO_2$で、六員環を1個もっている。

アセトアミノフェンがどういう科学的メカニズムで働いているのかについては、まだ完全には解明されていない。アスピリンやイブプロフェン（およびその他のＮＳＡＩＤｓ）と違って、アセトアミノフェンはシクロオキシゲナーゼ酵素をブロックしているのではないらしい。どうやらまったく異なる経路で作用していると見られている。やはりシクロオキシゲナーゼが関与していると考えられてはいるものの、具体的にどうかかわっているのか、研究者も１００パーセントの確信をもてずにいる。

ひとつ確実にいえるのは、シクロオキシゲナーゼの働きを妨げるのではないために、アセトアミノフェンは抗炎症薬ほどの効果を発揮しないことである。ただ、脳内でシクロオキシゲナーゼを阻害している可能性はあり、だから鎮痛や解熱目的で使用できるのではないかとの説が生まれてきている。

人体にどんな影響を及ぼすかは分子の種類によってそれぞれ異なる。**怪我の種類が変わると、どの鎮痛剤が効くかも違ってくる**のはそのためだ。私は個人的に、ＮＳＡＩＤｓのアリーブという商品（一般名ナプロキセン）をひいきにしている。私は医者ではないので、鎮痛剤を1種類だけ勧めるような真似をするつもりはない。ただ、副作用（臓器へのダメージなど）には注意するようにという点だけは伝えておきたい。たとえば、アリーブを過剰摂取すると腎不全につながるおそれがあるので、私は十分に気をつけようと思っている。

とはいえ、膝がどれだけ痛くても、私が運動をやめることは絶対にない（そうだといいな）。かわいいトレーニングウェアを着て、ランナーズハイで一日を始めるのが大好きなのである。それに、運動しているからこそ、甘い物の誘惑に負けても言い訳が立つわけだし（いけないのはわかってるんだけどね）。

だからほとんど毎朝、心地よく体を動かして眠気を吹きとばし、その日一日バリバリ取りくむための準備をする。けれど、人前に出ていくからには、まず何分か（もしくは1時間か）かけて体をきれいにしないといけない。次の章では、バスルームで起きる科学を詳しく見ていく。シャンプーから始まって、ヘアドライヤーや、仕事に自信を与えてくれる真っ赤な口紅まで、そこにはひとつの共通点がある。そう、ご明察、それは化学！

# 第7章

# 美しい自分になる——出かける準備

Be·YOU·tiful : Getting Dressed

# 毛髪の化学

激しく体を動かしたあと、私はたいていバスルームに向かい、出かける準備に取りかかる。ずいぶん長いあいだ、私は一日のこの部分がどうしても好きになれなかった。大学院生の頃はいつだって時間がなかったので、まだ濡れた髪を無造作にポニーテールにまとめたら、Tシャツをさっとかぶって玄関から飛びだしたものである。いまでは朝全体のルーティンができているし、いろいろそろった化粧品がバスルームで場所をとりすぎるほどとっている。当然ながら、**ヘアケアからメイクから香水まで、すべては化学**だ。そして正しく組みあわせれば、奇跡といいたくなるような結果を化学は生んでくれる。

信じようが信じまいが、気持ちよく穏やかにシャワーを浴びているだけでもそこには驚くべき科学がひそんでいる。シャワーのお湯が体に降りそそぐと、水分子はまだ床に落ちもしないうちから、髪や皮膚の表面で隣りの水分子と水素結合をつくる。水素結合の接着性があまりに強いために、水分子が表皮から引きはなされて水滴ができる場合もある。そうなると水分子は、ほかの分子よりも水分子どうしに引きつけられる。ほかの分子とはたとえば、皮膚表面の塩分などだ。

シャンプーとコンディショナーの科学はもっと面白い。商品のほとんどには、あなたが聞いたことのない（そしてボトル裏面の表示にも見当たらない）分子が配合されている。たとえば第四級アンモニウム化合物に陽イオン界面活性剤。言葉の響きは恐ろしいものの、印象ほど複雑ではない。ウソじゃない、約束する。しかも、これらの分子と髪の毛との相互作用はほかでは代わりの利かないものだ。でも、この一風変わった化合物の世界に足を踏みいれる前に、まずは基本を押さえておこう。

毛髪の主成分はタンパク質のα‐ケラチンである。爪の成長やスキンケアとのからみで、あるいは動物の角や羽に関する話の中で、みんなもケラチンという言葉を聞いたことがあるかもしれない。行きつけの美容室で、くせ毛や巻き毛を一時的にまっすぐにするケラチントリートメントが提供されていることもあるだろう。シャンプーやコンディショナーにケラチンが添加されている場合もある。

ケラチンは毛髪の中であれボトルの中であれ、多数のアミノ酸が鎖状につながった構造をもつ（これをポリペプチドという）。どのアミノ酸がどういう順番で配列されているかにはバラツキがあるものの、全体として見るとかならずシステイン分子が1個含まれている。システインは比較的小さなアミノ酸で、ときに酵素のような働きをして生化学反応を活性化させる。いったいどうやって？　2本のポリペプチド鎖（もしくは2本のケラチン鎖）が互いに巻きついてコイルドコイル（本当にそういう名前なの！）を形成すると、ケラチンAのシステイン分子中の硫黄原子が、ケラチンBのシステイン分子中の硫黄原子と共有結合をつくる。この反応により、まったく新しいシスチンという分子が誕生する。システインとシスチンで名前はそっくりだけど、シスチンは2個のシステイン分子が合体してできたものなのでサイズは大きい。

覚えておいてほしいポイントは、このプロセスが何度も何度もくり返されて、はしごのような（DNAのような）構造をつくること。はしごの「段」に相当するものは、システイン分子どうしの硫黄－硫黄結合だ。この化学反応はものすごく重要である。というのも、結果として誕生するシスチン分子（はしごの各段）こそ、すべての化学が起きる場所だからである。

髪を洗ったり乾かしたり、くせ毛をまっすぐにしたりするたび、私たちはシスチン分子の邪魔をしている。シャワーを浴びるときは髪から洗うのが普通なので、まずそのプロセスを見ていこう。シャンプーは頭部の皮脂や油分をとり除く。これは相当に強力な洗浄だが、頭皮に炎症や痛みを与えずに洗うことができる。さまざまな研究を通して選ばれてきた化学物質は、毛髪内の厄介な分子と結合しながらも髪自体には優しい。しかも排水溝から無理なく安全に流れていってくれる。

どのブランドの商品にも独自の配合で分子が組みあわされていて、それらが一緒に働くことで脂質や細菌や、無用の副産物を毛髪から除去している。どんな分子が使用されているかというと、どろどろの液体の場合もあれば（粘度のめちゃくちゃ高い溶剤のグリコールなど）、クエン酸（レモンに含まれる）や塩類（塩化アンモニウムなど）だったりもする。でも、たぶんみんなはそんな分子よりも、パラベンやサルフェート（硫酸塩）や、シリコーンについて聞く機会が多いんじゃないかな。確かにシャンプーやコンディショナーとの関連では、そういう分子がたびたびニュースの見出しを飾る。

## パラベンの役割

手始めにパラベン類から見ていきたい。この分子は細菌を防ぐ防腐剤として、さまざまな化粧品に添加されている。とりわけ広く使用されているのがメチルパラベン、エチルパラベン、プロピルパラベン、ブチルパラベンで、どれもパラオキシ安息香酸という物質から得られる。化学の用語で、メチル（methyl）の「meth」は1を、エチル（ethyl）の「eth」は2を、プロピル（propyl）の「prop」は3を、ブチル（butyl）の「but」は4をそれぞれ表す。これらの接頭辞はパラベン分子内の炭素原子の数を示している。

メチルパラベンは抗菌・防腐剤として広く用いられ、シャンプーだけでなくいろいろな食品にも添加されている（抗菌とは真菌と細菌の内部の結合を破壊するという意味であり、抗菌性の物質が存在すると、そのどちらもが増殖や生存に支障をきたす）。ヨーロッパには食品添加物を表示するE番号という制度があって、メチルパラベンはE218としてすぐに識別できるようになっている。エチルパラベン（E214）とプロピルパラベン（E216）もシャンプーやコンディショナーに使われているものの、抗菌目的でそれらよりはるかに好まれているのはブチルパラベンだ。

ブチルパラベンの構造を見ると、炭素原子4個からなる鎖があって、それが分子中央の酸素原子につながっている。この炭化水素の鎖が長いために、同じパラベン類の仲間とは物理特性が異なっている。ブチルパラベンは2万を超える化粧品に使用されているだけでなく、意外なことに一般的な医薬品（イブプロフェンなど）にもよく配合されている。

パラベン類は**シャンプーやコンディショナー内で菌が増殖するのを見事に防いでくれる**反面、残念ながら人体への悪影響がいくつか指摘されてきた。2004年には、乳がん患者の女性20人中18人の腫瘍からパラベンが検出されたという研究報告がなされている。この本を書いている時点で、それ以上の情報をもつ研究は発表されていない。これは、パラベンが間違いなく乳がんのリスクを高めているという意味なのだろうか。いや、そうとはいいきれない。ただ、大勢の女性が――この私も含め――パラベンの入った化粧品をやっぱり避けようとしている。それを受けて企業のほうも、パラベンフリーの商品を幅広く製造するようになった。

パラベンフリーの商品をつくるにあたって、エアレス容器を利用している企業は多い。エアレス容器とはそのものズバリ、エア（空気）がレスな（ない）ボトルということである。つまり、容器内のシャンプーやコンディショナーの上の空間から、空気を抜いてから封をしてある。たぶん想像がつくと思うが、シャワーで使う商品にそういう技術を施すのはすごく難しい。でもこれは重要な一歩だ。酸素がなければ、細菌や真菌は増殖しにくくなるからである。

## シリコーンの役割

私が避けようとしている分子はもうひとつあって、それはシリコーンだ。こちらについてはがんのリスク云々じゃなく、ヘアケア産業で「ビルドアップ」（コーティングが蓄積すること）と呼ばれる現象の原因になるからである。私が中学生のとき、髪がベタついてぺちゃんこだったのはシャンプーのシリコーンのせいであって、いくら毎日洗ったからって絶対に解決しなかったのだが、あいにくそれに気づくのが遅すぎた。

よくシリコーンと呼ばれているのは正式にはポリシロキサンといい、大きなポリマー〔重合体とも呼ばれる高分子の有機化合物〕である。これはコーキングの材料としても使われているので、たぶんみんなのシャワールームやバスタブの中にもすでにひそんでいる。シリコーンは無極性分子なので耐水性があり、熱にも非常に強い。シャンプーに配合されたシリコーンは、**毛包をひとつひとつコーティングし、持ち前の性質を発揮して環境ダメージから一時的に髪を守る。**髪のまとまりも良くしてくれる。髪の一本一本が柔らかい「ゴムのような」質感であれば、髪どうしがもつれずにサラサラ動けるというわけである。

ところがさっきも触れたように、シリコーンのコーティングには大きな欠点がひとつある。少しずつ髪に蓄積してしまうのだ。**シリコーンは重たい物質なので、髪に密着して一本一本を重くする。**やがてほかのシリコーン分子と接着結合し、私の中学時代のようなベタっとした髪になるおそれがある。

よく槍玉にあげられる（少なくとも一部の人たちからは）もうひとつのシャンプー成分が、サルフェート（硫酸塩）と呼ばれる界面活性剤だ。ラウリル硫酸ナトリウム（ＳＬＳまたはＳＤＳとも）もその一種である。これは発泡力（および洗浄力）に優れているために、シャンプーの泡立ちを良くする目的で添加されることが多い。困ったことに、サルフェートは毛髪内の油分とあまりにうまく結合する。だから高濃度で用いると髪本来の油分を除去しすぎてしまい、髪の毛の乾燥を招く。ウェーブやカールのかかった髪の人が、サルフェートは何が何でも避けるべしと担当の美容師からいわれるのはそのためである。

けれども、そもそもシャンプーはこんなに複雑である必要はない。私の愛用しているシャンプーは、ほとんど水とグリセリンと、２、３の芳香分子だけでできている。グリセリンはシャンプーにとろみを与え、芳香分子はシャンプーをいい香りにする。芳香分子が髪を乾燥させるという研究結果もいくつかあるにはあるのだが、私は花の香りのシャンプーが好きなのであえてリスクを負うことにした。

それでもシャンプーというからには、油汚れと結合する何かが入っていないわけにはいかない。だからどんなにすばらしいシャンプーにもサルフェート（などの界面活性剤）が数滴は含まれている。そうでないと髪の毛から油分が落ちない。

## コンディショナーを使いこなす

いうまでもないが、シャンプーに乾燥作用があっても、あとでちゃんとコンディショナー（やディープコンディショナー）を使えば相殺できる。広告や宣伝のおかげで、コンディショナーは髪を柔らかく、もしくはしっとりさせるためのものであるかのような印象を私たちはもっている。大ウソというわけではないにしろ、その効果は本来の目的からたまたま派生した副産物にすぎない。本当の目的は、とくに**クシやブラシでとかしたときの毛髪の摩擦をできるだけ少なくする**ことだ。

でもどうやって？　ほとんどのコンディショナーにはプラスの電荷を帯びた界面活性剤が入っていて、これを陽イオン界面活性剤という。これは実験室で合成された界面活性剤であり、第四級アンモニウム化合物（略称クワット）を含む大きい分子だ。クワットはダイヤモンドのような形をしており、中心の窒素原子に4種類の炭化水素が結合した構造になっている。これは、第2章で取りあげた四面体形に完璧に当てはまる。

周期表で窒素の位置を見ればわかるように、この元素は3個の原子と結合するのが一番落ちつく。しかし状況によっては4個の原子と結合することがあり、その結果として分子全体がプラスの電荷を帯びる。クワットがまさにそうで、だから陽イオン界面活性剤と呼ばれる。

クワットが髪の表面に結合すると、毛髪の表面に強力な疎水性のコーティングをつくる。疎水性とは水を嫌うことであり、このコーティングのおかげで夢のような効果が3つ現れる。ひとつ目は、クシ通りが良くなること。毛髪どうしの摩擦が軽減されるためだ。なめらかなクワットでコーティングされると、髪の毛はもはや水と水素結合をつくらずにサラサラになる。ふたつ目の効果は、髪の毛が柔らかく太くなること。これはたったいま保護層でコーティングされたためである。そして3つ目は、毛髪とコーティングのあいだで静電相互作用が起きるおかげで、たちまち「悪魔の角」が少なくなることだ。

悪魔の角というのは、静電荷のことなど何も知らない頃に妹が使っていた言葉で、要は毛のハネやホツレのことである。毛髪の電荷を、コンディショナーの陽イオンがうち消してバランスを回復してくれる。

クワットを適切に用いると、傷んだ髪をよみがえらせることができる。仕組みはこうだ。環境からのダメージや、極端な化学処理などによって髪がめちゃくちゃになると、**毛先にマイナスの電荷がたまりやすい**。コンディショナーに配合されたクワットはプラスの電荷を帯びているので、最もダメージを受けた箇所に引きよせられ、マイナス電荷の毛先と強力な静電引力を及ぼしあう。傷んだ毛先は、イオンとイオンのこの美しい相互作用によって最終的に修復され、ほかの毛束から浮きあがりにくくなり、つややかでなめらかな髪になる。

こうしたあれこれの中でもとりわけすばらしいのは、陽イオン界面活性剤にはたくさんの種類があること。しかも研究室で合成しやすく、わりと安価につくることができる。残念なのは、陽イオンポリマーのことを陽イオン界面活性剤と呼ぶ企業があることだ。これは厳密にいうと正確ではなく、何より私たちの髪に陽イオンポリマーなんて絶対に使ってほしくない！

なぜか、って？　それは、陽イオンポリマー（陽イオンクワットをずっとずっと大きくしたようなもの）は電荷密度の大きいことが多く、要は比較的狭い範囲内に大きなプラスの電荷を生むことになる。電荷密度の大きい分子は、さっきも説明した商品のビルドアップを

（シリコーンと同じように）招く。陽イオンポリマーは毛髪に引きよせられすぎ、髪に密着して離れない。これがいわゆる過剰コンディショニングであり、髪に重いコーティングをされた（つまりベタっとした）感覚を生む。だから、陽イオンポリマーのほうは避けたほうがいい人がほとんどである。

参考までにいうと、普通のコンディショナーとディープコンディショナーの違いはたったひとつ。ディープコンディショナーのほうが効果が強力でとろみが強く、毛先に長時間とどまる点だ。このおかげで、分子は化学反応にもっと時間をかけることができ、使用後は髪が健康に、格段に柔らかく感じられるようになる。すばらしい効き目がある。

蝦蟇（がま）の油のたぐいじゃないよ、ちゃんとした科学だよ！

ディープコンディショナー（もしくは普通のコンディショナー）を髪になじませて数分おくあいだ、私は香りのいいシャワージェル（どろっとした液状のボディソープ）で体を洗うのが好きだ。ボディウォッシュ商品はシャンプーとよく似ているものの、界面活性剤と香り成分の配合濃度の高いものが多い。私が愛用しているのはおもに水と、SLS（＝ラウリル硫酸ナトリウム、発泡と洗浄のため）と、グリセロール（とろみをつけるため）と、たっぷりの芳香分子（私がお日様みたいないい匂いになるように）でできている。夫の愛用品も成分は似ているが、圧倒的に安いので、とろみも香りもぜんぜん少ない。

シャワーの際にシェービングクリームを使う人もいると思うけど、あれもたいていはグリセロールとSLS（サルフェート！）と水の組みあわせでできている。ただ大きな違いは、シェービングクリームが泡だということ（液体の中に気体が閉じこめられている）。スプレー缶の上についたボタンを押すと泡が出てくるのは、次のような仕組みによるものだ。缶の中では水－SLS－グリセロールの混合液の上部にガスが封入されていて、ボタンが押されるとそのガスの分子が缶の底へ押しこまれる。この勢いでふわふわの泡がチューブをのぼっていき、缶の外に出る。ストローに息を吹きこんで、飲み物をぶくぶく泡立てるのに似ている。こうして生まれた泡をシェービングに使う。

日焼け止めが日差しから肌を守ってくれるように、シェービングクリームもカミソリから肌を保護してくれる。泡状の物質が皮膚と刃のあいだに保護層をつくるので、あのつらいカミソリ負けも、みっともない赤いポツポツも最小限にとどめてくれる。ここでの科学は単純そのものですよ、みなさん。シェービングクリーム＝すべすべの脚。

# 髪を乾かすのに最適な温度

シャワーのあとに私が（タオルで体をふいてローションをつける以外に）最初にするのは、髪を熱から守るサーマルプロテクターをスプレーすることだ。これって、21世紀でトップクラスのすごい発明だと思う。「サーマル」とは熱（ヒート）のことなので、この手の商品はヒートプロテクターと呼ばれることも多い。乾かしてスタイリングするあいだ、髪は相当なストレスを受ける。だから薄く広がる物質で覆って髪を保護してやるのである。やけどしないようにオーブンミットをはめるのと同じだ。サーマルプロテクターはほとんどが大きな分子であり、髪に付着して、熱に対する高い耐性を発揮する。

髪にサーマルプロテクターをスプレーしたら、私はヘアドライヤーで髪を乾かすことが多い。髪は水分子に覆われて濡れており、$H_2O$分子は１００度までいかなくても自然に蒸発する。髪を自然乾燥させている人にとってはさほど意外な話ではないだろう。科学的に見ると、何かを自然乾燥させるのは、コップの水を放置して蒸発させるのとひとつも変わらない。

注目すべきは、濡れた髪が熱にさらされてどういう化学反応を起こすかが、熱源の温度しだいで変わってくる点だ。１１０度弱で髪の表面には物理的なダメージが及ぶ。これは、公衆トイレのハンドドライヤーに手を近づけすぎて、局所的にやけどするのに似ている。でも、普通はこの程度なら髪は回復する。

温度が上がって１７６度になると、髪は修復不能な熱のダメージ（または化学的ダメージ）を受ける。これほどの高温はケラチン鎖をたちまち分解し、その結果がどうなるかはユーチューブの#hairfail〔「髪の失敗」の意〕の動画を見てみるといい。気の毒な若者が熱器具で髪の毛を焦がしてしまった様子が映っている。原因は(１)サーマルプロテクターを使いわすれたか、(２)熱をじかに長く当てすぎたか、のどちらかである。

一般論をいうと（ただしあとで説明するように現実にはありえない）、髪を乾かすのに最適な温度はおよそ１３５度だ。この「理想」の温度であれば、蒸発のプロセスを加速させながらも、化学的なダメージを与えるまでにはいかない。

このことを知ったとき、だったらたいていのヘアドライヤーは１００〜１３５度程度の熱を送る設定になっているのだろうとすぐさま思った。でもしばらく考えて、そんな温度じゃ危険で仕方がないと気づいた。なんたって水は１００度で沸騰するし、蒸気だけでもたちの悪いやけどを負う場合がある。このあいだ、うちの夫が料理の最中に蒸気で指を２

本やけどしたときには、水ぶくれがあんまりひどくて、病院に連れていかなきゃだめかと思ったほどだ。

135度の蒸気が顔のすぐ近くにあったらどれだけの苦痛か、ちょっと考えてみてほしい。うぇー。せめて手のひらならたこがあって、うっかり熱に触れても守ってくれはするが、頭皮にそんなものはいっさいない。それどころか、頭皮は熱にすごく敏感なので、135度だなんてとてもじゃないけど耐えられない。

実際はどうかというと、**市販されているヘアドライヤーはだいたい最大で40〜50度くらい**である。ヒートガンと比べたらかなり弱い。ヒートガンは化学者が実験で使うもので、ヘアドライヤーと似た形ながら、熱の温度は593度に達する。たとえどんな状況になっても、髪を乾かすのにヒートガンなんか使っちゃだめ。私は大学院生だったときにキャンパスで豪雨に見舞われ、慌ててヒートガンで服を乾かそうとしたことがある。はじめのうちは温かい風が心地よかったが、気づけばシャツの合成繊維が溶けて皮膚にたれかかっていた。

ヘアドライヤーの熱がたいしたことないんだとしたら、どうやって髪から水を除去しているんだろうか。その疑問に答えるには、そもそも温度とは何かという話に切りこんでいかないといけない。科学者が**「温度」**という言葉を使うときには、**ひとつの系の運動エネ**

**ルギーの平均値**を指している。化学でいう運動エネルギーは分子の運動を表しており、分子の速度――どれくらい速く動いているか――と直接比例している。

適当に選んだお湯のサンプルを調べてみると、どの水分子も同じような速度で動いているのがわかる。しかし、厳密にまったく同一の速度になることはない。そこにはいろいろな要因がかかわっているものの、おもに衝突によるところが大きい。分子どうしの衝突や、分子と容器との衝突である。水分子は十分に速度を高めたら、気体に変化することができる。

この状況は子どもたちが体育館にいる様子と似ているかもしれない。自由時間を与えたら、ほとんどの子どもはやみくもに走りまわり、けがをしない程度に互いとぶつかりあったりする。全速力でダッシュする子。何をするでもなくただぶらぶらする子。じっと立っている子だっている。こういう状況で、子どもは全員走っているとか、全員歩いているとかいってしまったら不正確になる。それでも、子どもたちの動くスピードの平均値なら報告することができ、要はそれが体育館の「温度」だ。

でもそれがヘアドライアーとどう関係するのか、って？　じゃあ駆けまわっているほうの子どもに注目してみよう。この子たちはほかの子と比べて、見るからに速く動いているし、閉じられた空間を出て本当の意味で自由に走りたいとたぶん思っている。チャンスが訪れれば（体育館の扉が開くとか）、その子たちはみんな扉のほうへ向かう。駆けまわっている子たちがいち早く外に逃れでることができ、ほかの子たちも（スピードを上げれば）それに続ける。

濡れた髪の水分子もそれと同じだ。ヘアドライアーが少しばかり余分なエネルギーを加えてやることで、水分子は本格的に振動を始める。**水分子がエネルギーを十分に高めれば、髪の毛を離れて空中に飛びだす**ことができる。すべての水分子がこれをすれば、私たちには乾いた髪が残される。

でも、危険な高温に達しないのだとしたら、なぜヘアドライヤーの前にサーマルプロテクターをつけるのだろうか。じつはね、髪を乾かす分にはサーマルプロテクターなんてぜんぜんいらないの！　本当に保護が必要なのは、そのあとに使用する熱器具のとき。たとえば、くせ毛をまっすぐにしたり、逆にカールをつくったりするヘアアイロンは、ヘアドライヤーよりはるかに高温になる。だったらどうしてシャワーから出てすぐにサーマルプロテクターをスプレーするかというと、乾いた髪より濡れた髪のほうが液体がずっと均一に行きわたりやすいからである。

ヘアドライヤーと違って、スタイリング用の熱器具は髪に直接かなりの高熱を加える。気をつけないと、この熱のせいで無用の化学反応がひき起こされかねない。高品質のサーマルプロテクターは、より高い温度で髪をスタイリングする環境へと移る際に、少し時間を稼いでくれる。私が研究室で液体窒素を扱うときに、耐冷手袋をすることで超低温に耐えられるのと同じである（耐えられるといってもほんの数秒だけど！）。

熱器具を正しく使えば、ケラチン内の分子の配置を変えるだけの熱が得られながらも、何らかの化学変化が起きるほどの高温にはならない。別の言い方をすると、短時間だけ熱を加えることで分子間の相互作用に変化をもたらしはするが、分子内の結合は変えないということである。

ヘアアイロンで髪をまっすぐにしたりカールさせたりできるのは、シスチン分子どうしの水素結合（分子間力）が変化したためだ。たとえば、シスチンAの水素原子はそれまでシスチンBの窒素原子に引きつけられていたのに、熱エネルギーが加わったせいで、シスチンCの窒素原子との引力のほうが強くなる、といったことである。こんなふうに分子が再配置されたところでどうってことないと思うかもしれないが、これは赤いレゴでつくった砦（とりで）をぜんぶ青いレゴに取りかえるようなもの。構成要素自体の構造も強度も同じだけれど、砦の物理的な外見は変化する。毛髪内に新たな結合ができることで、カールした髪はまっすぐに、まっすぐな髪は巻き毛になることができる。スタイリング器具を用いる方向と、加える熱が、分子を動かして新しい位置につかせる。

分子間に新しい結合をつくるには熱が必要である。でもスタイリングで一番難しいのは――少なくとも私にとって難しいのは――**髪が冷えるまで待つ**ことだ。この過程で髪がセットされ、新しい水素結合が新しい場所に落ちつく。**熱が完全に冷めないうちに髪をいじくると、せっかくの水素結合が壊れて髪本来の状態に戻ってしまう。**水素結合は一時的なものなので、シャワーを浴びることでもリセットされる。

髪に45分かけたあげく、風で台無しにされて歯ぎしりするのは癪（しゃく）なので、ヘアスプレーやムースのようなスタイリング剤を使う人が大勢いる。ヘアスプレーがエタノールベースの液体であることが多いのに対し、ムースは普通泡状だ。そこが大きな違いだとはいえ、それ以外ではこのふたつはよく似ている。どちらも（普通は）ポリマーの薄膜をつくるので、髪の毛どうしがくっつく。こんなことをいうと気持ち悪がられるかもしれないけど、髪の毛のあいだに小さなクモの巣が張ったと思えばいい。毛髪どうしが近づくと互いのクモの巣にとらえられ、まっすぐにしろカールにしろ、整えたヘアスタイルをそのままに保ってくれるのである。

強度の違うヘアスプレーが売られているが、あれは主成分となるポリマーのサイズと直接比例している。お察しのとおり、ポリマーのサイズが大きいほどキープ力が強い。それは、ポリマーの中に多数の原子が含まれているために、隣の原子と薄膜をつくりやすいからである。もっとも、分子が大きくなれば液滴も大きくなる必要があり、そうなるとふたつの理由から髪には好ましくない。（1）乾きづらくなるし、（2）髪がごわごわしたり、場合によってはべたついたりもする。

格安商品は髪とよく結合してスタイルのキープ力が高いものの、あの厄介なビルドアップにつながりやすい。大まかにいうと、小さめのポリマーのほうが髪につけても自然に感じられ、キープ力はさほどじゃない代わりにビルドアップを起こすことがない。だから小型のポリマーはヘアスプレーに使われるのが普通で、ほどよいホールド感を出してくれる。たいていのヘアスプレーは、エタノールと水の混合液を使って髪に成分を届けている。水が使用されているのは、溶液内にポリマーをとどめておくためだ。そうでなかったら、ねっとりしたゴムのような物質を髪につけないといけない（うぇー！）。エタノールが含まれているのは、それ自体の蒸気圧が高いために、髪につけたあとのヘアスプレーの蒸発率を高くしてくれるからである。

新しく水素結合ができても、水で濡れたら結合が壊れてしまうことを思いだしてほしい。だから科学者は髪にポリマーを届ける方法を工夫した。さまざまなスタイリング剤にはポリマー：水：エタノールがそれぞれ独自の比率で配合されており、それがその商品ならではのスタイリング力を生んでいる。私の髪はものすごく細い。だから、カーリングアイロンの前にまずふんわりスタイル用のヘアスプレーで水素結合の形成を促し、アイロンのあとにスタイルがしっかりセットできる硬めのスプレーを使う。

## 化粧下地はなぜ大切なのか

シャワーを浴びて、髪の毛をドライヤーで乾かし、ヘアスタイルも決まったら、出かけるしたくの中でもとりわけ心弾む部分に移る。メイクだ。まずは化粧下地を塗るのだが、このステップは絶対に飛ばさないほうがいい。優れた下地は両面テープのような働きをし、**皮膚とメイクの両方とのあいだに分子間力をつくる。だからメイクが定着する。**下地が乾くまで1～2分時間を置くのは、次の層を施す最中にうっかり下地の分子をこすり取ってしまわないためである。次の層とはもちろんファンデーションだ。

ファンデーションは肌のタイプに応じていろいろな種類がある。リキッド、パウダー、ティンテッド、ホイップ（ほかにもいっぱい）。私が見つけたティンテッドモイスチャライザーは、色ムラが出ないうえに肌に潤いを与えてくれるので気に入っている。皮膚が乾燥するとかゆくなって不快だし、うろこ状になったりひび割れたりするおそれもある。遺伝子のくじで当たりを引いた人なら皮膚の保水力がもっと高いのだろうけれど、私にはモイスチャライザーがどうしても手放せない。

でも、そもそもモイスチャライザーって何だろうか。言葉の定義だけでいえば、肌の外観を向上させるとうたう商品はモイスチャライザーを名乗っていい。現実には、肌の状態を根本から修復しないまでも、乾燥肌を改善したり光老化(日光を浴びることで皮膚が早く老化すること)と闘ったりする商品が優れたモイスチャライザーと呼ばれる。

乾燥肌の原因は大きく分けて次の4つだというのが、おおかたの皮膚科学者の見解だ。ひとつ目は、皮膚の最も外側にある角質層に水分が不足していること。角質層は細菌の侵入を防ぐ第一の防衛線としての機能をもつ。この仕事は、皮膚細胞に適切な水分が保たれているときが一番うまくいく。皮膚細胞に水分がたっぷり含まれていれば、見た目が「ふっくらして」日光を均等に反射する。おかげでモデルさんのような完璧な肌になるというわけだ。ところが、細胞が水分を失うとしなびてしまい、皮膚の質感が悪くなる。

乾燥肌につながるふたつ目の要因は、表皮の再生速度が速いことである。つまり、皮膚細胞が簡単に短時間で置きかわってしまうのである。再生のペースが速すぎると、皮膚細胞が水分含有量のバランスを崩しやすい。3つ目として、脂質合成がうまくいかないと乾燥肌につながるというデータもある。表皮表面の脂質は、トリグリセリド、ジグリセリド、遊離脂肪酸の３つで全体の65パーセントを、そして残り35パーセントがコレステロールというのが理想だ（重量比）。どういうかたちであれこの比率から外れると、皮脂の生成に支障をきたす。ややこしく聞こえるけれど、要は油分が少ない＝顔が乾燥、ということである。

乾燥肌を招く４つ目の要因は一番わかりやすい。切ったりこすったりして皮膚を傷つけると、細胞が壊れて皮膚のバリア機能が低下する。注意しないと感染症につながりかねないのはもちろんだが、細胞が回復するまでのあいだ皮膚が乾燥してかゆくもなりやすい。以上の４つの問題のどれかひとつにでも当てはまる人は、モイスチャライザーに手を伸ばさざるをえなくなる。

かつてミシガン州で暮らし、冬はつねに乾燥肌と闘っていた人間として、私は無香料のボディ用ジャーゲンズ・ウルトラヒーリングローションに全幅の信頼を置いている。これに配合されているペトロラタム――いわゆるワセリン――は、数種の炭化水素を混ぜてつくったゼリー状の物質だ。ペトロラタムは無極性分子であり、**皮膚の表面に層をつくって、近寄ってくる極性分子をことごとくはね返す**。このため、極性である水分子が体から逃げだそうとした場合も、はね返されて皮膚に戻る。おかげで皮膚は潤って、手ざわりが良くなる。

でも自分にはどのモイスチャライザーが合っているのか、って？　率直にいって、それは好みの問題だ。たとえば私は顔にべたつき感の残るファンデーションが耐えられないのだけれど、そういうクリームタイプじゃないとだめだという友人もいる。要は、質の高い商品を日常的に使用しさえすれば、肌の見た目に違いが感じられるようになる。ちゃんとしたモイスチャライザーであればどんなものであれ、皮膚に保護層をつくって細胞が水分を失わないようにしてくれる。

肌が最適な状態で潤っていれば、光老化とも闘える。細胞が十分に水分を与えられているとき、しわが伸びるおかげで肌のハリと弾力に違いが現れる。もっと重要なのは、皮膚表面の伝導性や伸展性を測定すると、この変化を実際に数値化できることだ。

生物学の先生から、接着テープを使って皮膚細胞を調べてみるようにいわれたことはない？　意外にも、テープで皮膚細胞をちょっとはがしてみるだけで、表皮の再生速度についていろいろなことがわかる。テープが簡単にはがせれば、それはいわゆる普通肌である。テープが横にずれるようなら脂性肌。細胞が山ほど（これ、誇張じゃないから）取れるようなら、モイスチャライザーを変えてみたほうがいいかもしれない。私が自分の体でこのテープテストをやってみると、脚は乾燥肌で、おでこは脂性肌の区分になる（だからペトロラタ

ムを顔には塗らないようにしている）。

## 古代エジプト人の赤いリップ

それが終わったら、楽しいステップに進む。チークカラー、ブロンザー（日焼けしたような肌色に見せるためのクリームやパウダー）、アイシャドーはどれも、ファンデーションと似た働きをする。これらは化粧下地（や場合によってはファンデーション）とのあいだに分子間力を形成して、顔に密着する。チークやブロンザーにさまざまな色があるのは、気の利いた分子のおかげだ。たとえば**赤ならカルミン、黄色ならタートラジン、ブラウンなら酸化鉄**などである。

古代エジプト人も（虫をつぶして採った）カルミンを使い、唇に美しい赤味を与えていた。ありがたいことに、昨今の口紅は虫ではなく染料を用いてつくられていて、ほかにもオキシ塩化ビスマス（パール感を出す）や二酸化チタン（赤の染料の色を薄めて濃淡さまざまなピンクにする）などが添加されている。

ほとんどの人は気づいていないものの、口紅をつけるプロセスには科学が詰まっている。

手始めに、あのおなじみの形に目を向けてみよう。筒状のふたを取ると、円筒形で硬いロウ（蠟）状の物体が現れ、てっぺんが斜めにカットされている。たいていのメーカーはカルナウバロウ（ヤシの一種から採るロウ）を使って、口紅の形を保つための強度を与えている。それがないと、口紅を唇に押しあてたとたんにつぶれて平たいパンケーキになってしまう。

　また、ペトロラタム（またはオリーブオイル）を添加することで、口紅の染料が唇に移りやすくもしている。それも大きな理由となって、口紅は普通は軟らかくてなめらかだ。その感触はシリコーン油からきている面もある。シリコーン油は、唇の上で染料を定着させるために配合されている。これがペトロラタムと名コンビを結成し、望みどおり口紅の色が朝から晩まで超持続してくれる。

　マスカラはまつ毛に使用するものだけれど、口紅の一変種といえなくもない点が面白い。口紅と同様、マスカラを生みだしたのも古代エジプト人だし、やはり二酸化チタンで（きつすぎない色合いにするために）色を薄めていて、カルナウバロウでまつ毛にしっかりした形を与えている。耐水性をもたせるために、ドデカン（炭化水素の一種）のような無極性の大きな分子を配合して、極性の水分子をはね返してもいる。この炭化水素がなければ、マスカラは水に溶けて顔の上を流れてしまう。

　マスカラと口紅の一番大きな違いは、マスカラにはナイロンやレーヨンが含まれている場合もあることだ。ナイロンというのは非常に大きなポリマーであり、マスカラを長く伸ばす目的で使用されている。**ポリマーには天然と合成の2種類がある。**天然ポリマーとは自然界で見つかるもののことで、綿などがそれに当たる（体内のＤＮＡも天然ポリマーである）。合成ポリマーはたとえばナイロン、レーヨン、ポリエステルなどを指し、研究室で人工的につくられる。

合成ポリマーは合成樹脂と呼ばれることもあり、小さな単位がいろいろなパターンでくり返しつながった構造をもつ。ペーパークリップをつなげて鎖状にするような感じだ。個々のペーパークリップはそれぞれの特徴をもった別個の存在でありながら、端の小さな１か所で隣りと接続されている。ひとつひとつの分子は、分子内も分子間も共有結合でつながっている。

このペーパークリップの分子鎖は高分子の（ただし細い）繊維をつくり、それらが重なる。この重なりには独自の強力な分散力が分子間に働いている。重なりの大きさと数がある程度にまで達すると、ポリマーの集合体ができる。適切な分子を適切な順序でつなげれば、たとえばナイロンのように丈夫で伸縮性のあるポリマーができる。しかし、パンティストッキング（あれもナイロン製）に穴をあけてしまったことがあればわかるように、ポリマーはかなり弱くもある。どれくらいの強度になるかは分子の結合と、その結合を壊さずにおく分子間力にかかっている。

ポリアミドはナイロンの合成に用いられるポリマーであり、いくつもの分子が独特の方法で結合されている。これをアミド結合といい、結合の仕方は非常に厳密だ。具体的には、分子Aの片端にある炭素原子と、分子Bの反対端にある窒素原子とが結合する。分子Aと分子Bとはいっても実際には同じ種類の分子なので、この超強力な炭素－窒素の共有結合がくり返されて分子が線状につながっている。

## 別の名前のポリアミド

アメリカの化学者、ステファニー・クオレクの話を聞いたことがあるだろうか。2014年に亡くなったが、生前は40年あまりにわたり有機化学者としてデュポン社で働いていた。1964年、レーシングタイヤのスチールに代わる新しい分子を探しているとき、クオレクは研究室で偶然に奇妙な溶液をつくりだした。

それは半分液体、半分固体の物質だった。強く興味をそそられたクオレクは、同僚に頼んでその物質をスピナレットに通してもらった。スピナレットとは小さい穴の無数にあいた紡糸ノズルのことであり、紡糸液をそこから押しだして繊維をつくる。実験がうまくいけば、グラスウールによく似た長い針状の繊維が生まれるはずだった。ラッキーなことに、まさしくそのとおりのことが起きた。クオレクは大喜びし、この新分子の強靭さを試験してみることにする。得られた結果にクオレクは目を丸くした。（重量比で）スチールの5倍もの強度をもっていたのである。

さらに何度か実験を重ねたところ、この新物質は加熱するとさらに強度を増すことがわかった。研究室で働いたことのない人のためにいうと、これはスーパーマンが火の中に入っていったら、あら不思議、超人ハルクに変身した、というようなものである。何らかの理由で炎の熱が分子を再配置させ、結果的にその物質にスーパーヒーロー的な力が与えられたのだ。

クオレクの発見した材料はケブラーと呼ばれ、今日（こんにち）ではさまざまな用途に使用されている。防弾チョッキや光ファイバーケーブルもそうだし、宇宙飛行士が火星に着ていく予定の宇宙服もそうだ。この巨大分子は正式名をポリパラフェニレンテレフタルアミドといい、合成繊維の一種である。

人類が知る中で、ケブラーは材料として最も頑丈な部類に入る。原子がぎっしり詰まっているうえに、隣りあった原子どうしがきわめて強力に結合している。このため、その結合を何物も――銃弾でさえも――断ちきることはできない。2016年にオーランド銃乱射事件が起きたとき、通報を受けて駆けつけた警官のひとりはケブラー製のヘルメットをかぶっていて、おかげで銃弾が頭部に侵入せずに一命を取りとめた。2018年のマージョリー・ストーンマン・ダグラス高校銃乱射事件のときには、ジュニア予備役将校訓練課程の教室で生徒の一部がケブラーのシートを見つけ、その後ろに隠れて難を逃れた。

人命を救う繊維。それもこれも(並外れて強力な)分子間力のおかげである。

## ナイロン暴動

ポリアミドの弾性繊維が発明されたのは1930年代であり、たちまち衣類(化粧品ではなく)に用いるのにうってつけと認識された。たとえば、1939年にはじめてナイロン製のストッキングが発売されたとき、それは綿や羊毛などの天然繊維製ストッキングからの大きな大きな進歩だった。女性はたった1足のストッキングを求めて、長い列をつくったものである。いまでいえばブラックフライデーのときの行列のようなものだ。

ほかの生地と同じように、ナイロンは細長い繊維に成形されてから束ねられる。その繊維の束を複雑なループ状のパターンに編みあげて、ナイロン生地をつくる。ナイロン生地は伸縮性が非常に高いが、前の章で取りあげたポリエステルほど通気性は良くない。それは分子がぎっしり詰まっているからである。

さっきも触れたように、新しいナイロン製のストッキングが世間に登場したとき、当時の女性はこの画期的な生地に夢中になった。ところが第二次世界大戦中のデュポン社はストッキングの代わりに、ナイロンでアメリカ軍向けのパラシュートを製造することに軸足を移した。このせいでストッキングの供給が落ちこんで需要が高まり、なんと――これはほんとの話――ナイロン暴動が起きた。女性たちはナイロンストッキングが手に入らないことに腹を立て、ストッキングをめぐってつかみ合いになることもあった。隣家からストッキングを盗む者まで現れたくらいである。

戦後、メーカーは再びストッキングの生産を開始したが、今度はナイロンをほかの天然繊維や合成繊維（綿やポリエステルなど）と混ぜるようになった。混紡で生地を織るのは当時としてはまったく新しい発想であり、ふたをあけてみれば女性ファッション界で大人気を博すこととなった。新しいストッキングは軽くてしなやかで、しかも安価で見た目も魅力的である。もっとも分子という視点からは、違う種類のポリマーにすぎなかった。

現代では、**ありとあらゆるポリマーがごく普通に生地に使用されている**。アウトドア用の衣類（レインジャケットや耐水性のパンツなど）にはよくナイロンが混合されている。ポリマーの中でもとりわけ安価な部類なのがポリエチレンテレフタレート（ＰＥＴ）だ。これはポリマーとして世界で４番目に多く生産されていて、「ポリエステル」の通称でも知られている。ナイロンと同じくポリエステルも（その他の一般的な生地も）、さまざまなポリマー鎖と結合のメカニズムをベースにつくられている。

その気になったらまだまだ話していられる。だって、クローゼットに入っているアイテムには、どれをとっても化学がぎっしり詰まっているんだから。ベルベットにはアセテートが含まれているし、綿の主成分はセルロースだし、吸放湿性をもつ衣類の一部にはポリ乳酸というポリマーが使用されている。

アクセサリーだって立派な化学！　イヤリングもブレスレットも、それからネックレスも、金属の上に別の金属を重ねて溶かし、新しい形と質感を生みだしたものにすぎない。おっと、アクセサリーの話が出たところで、そろそろ大きなイヤリングと、お気に入りのちっちゃなビキニを取ってくる番。なぜって、これからビーチにくり出すんだから！

# 第

# 章

## われに太陽を――ビーチで

Give Me Sunshine : At the Beach

# ポリエチレンの発明

私の住むテキサス州オースティンからは4時間足らずで海に出られる。車の後部座席に犬を放りこみ、サンルーフをあけて、日差しの中をガルベストンかコーパスクリスティまでドライブを楽しめばいい。２０１９年の夏は、水辺に行けるかどうかがほとんど死活問題になった。その年の8月は気温37度以上の日が20日もあったのだ。猛烈な暑さだった。

その夏、夫と私はビーチで暮らしているようなものだったので、私は海辺でいろいろな化学が働いているのに目を留めるようになった。日焼け止めに入っているアボベンゾンから、水着の生地のポリマーまで、大好きな化学の具体例がどこに目をやっても見つかった。

たとえばクーラーボックス。

その夏の私たちが頼りきっていたのが高品質のクーラーボックスだった。灼けつく日差しの中でも奇跡のように熱を遮断して、食べ物と飲み物を冷たく保ってくれるものが絶対に必要だったのである。愛用のクーラーボックスはポリエチレン製だが、ポリスチレン製のものもある。

たぶんみんなクーラーボックスの科学なんて深く考えたことがないのでは？　でもこれがなかなかすごいのだ。とても便利なこの道具は特殊な分子構造を利用して、冷たい空気を文字どおり内側に閉じこめる。大きくて頑丈なクーラーボックスによく使われるポリエチレンにはふたつの形態がある。まずはこのポリエチレンというポリマーから見ていこう。名前からもうかがえるように、ポリエチレンはエチレン分子がたくさんつながってできていて〔「ポリ」は「多数の、多量の」という意味の接頭辞〕、現時点では最も広く使用されているプラスチックである。エチレンは$H_2C=CH_2$の構造をもつ炭化水素であり、非常に引火しやすい気体だ。無極性分子（電子が分子全体に均等に分布している）なので、隣の分子とは分散力でしか引きつけあわない。

ところが、**極度の高圧のもとではエチレン分子どうしが化学反応を起こし**（これを重合反応という）、**巨大なエチレン鎖を形成する**。こうなると炭素原子間の二重結合が壊れ、分子どうしは単結合でつなぎあわされることになる。その後、炭素原子は別の炭素原子と共有結合をつくり、次々につながって長い炭化水素鎖になる。

ここのところについて、第Ⅰ部で登場したライアン・レイノルズを使って詳しく説明してみたい。思いだしてほしいのだが、私とライアンが向かいあって両手を握ると二重結合ができる。けれど私が重合反応をしたいと思ったら、片方の手を離して、別のすてきな俳優さん（ジョー・マンガニエロとか）と新たに手をつながないといけない。もちろんライアンの側も同じなので、ブレイク・ライヴリーと新しい結合をつくる。

これがドミノ倒しのように続いていって、ついにはすべての炭素原子が4つの共有結合で囲まれる（周期表を見ればわかるように、炭素原子には「手」が4本ある）。こうしてできる**ポリエチレンは無極性で、ポリマー繊維どうしのあいだに分散力が働いている。**この相互作用は、エチレン分子のあいだに生まれる分子間力によく似ている。

この種の分子は並外れて大きく、分子量が1モル当たり1万〜10万グラムにもなる。ポリエチレンは巨大な無極性分子なので、水には溶けない。このため、クーラーボックスの材料にするにはうってつけのポリマーといえる。ポリエチレンが水に溶けないからこそ、ボックス一杯に氷を詰めて海にもっていける。

## 必要なのは強度？ 柔軟性？

ポリエチレンはサンドイッチバッグ〔ジッパー付きの透明な袋〕にも使われていて、サンドイッチが水でびしょびしょにならないようにしている。でも、クーラーボックスのポリエチレンとサンドイッチバッグのポリエチレンではどこが違うのだろうか。

たいていのクーラーボックスは、外側のプラスチックが高密度ポリエチレン（ＨＤＰＥ）でできている。一方、サンドイッチバッグは低密度ポリエチレン（ＬＤＰＥ）を材料にしている。まずはＬＤＰＥのほうから見ていって、違いを説明したい。ＬＤＰＥがはじめて使用されたのは１９３０年代であり、ＨＤＰＥより密度が低いという特徴をもつ（当たり前なのはわかってます）。ポリマー内ではどちらもまったく同じ原子が、まったく同じ共有結合でつながっているのだが、その結合のつくられるやり方が両者ではかなり違っている。

ＬＤＰＥでは、隣りあったエチレン分子どうしが共有結合でつながっている。さっきも説明したように、エチレン分子が互いどうしで反応を始めると、炭素原子間の二重結合が壊れて、近くの炭素原子とのあいだに新たな単結合が生まれる。このプロセスからは、分岐炭化水素鎖と呼ばれるものができる。つまり、炭素原子が整然と一列に並ぶのではなく、ランダムな炭素原子どうしのあいだに結合がつくられるために、構造全体にＴの字の枝分かれができるのだ。直線形であればきちんとしていていい感じで、昼食に向かう幼稚園児の列みたいなのに対し、分岐形はごちゃごちゃしていて、まるで休み時間の幼稚園児である。

ＬＤＰＥは分岐形であるために、ＨＤＰＥと比べて格段に弱い（伸縮性もずっと高い）。こういう形だとほかの分子とぴったり重なりあうのは難しいので、強力な分散力を生みだすことができない。その結果、所定の空間内での密度が低く、具体的には1立方センチメートル当たり0・917〜0・930グラムの範囲となる。

これがつまり何を意味するかがじつはすごく重要で、だからこそ私たちはこちらのタイプのポリマーを日常生活の中で頻繁に使用している。**LDPEは伸縮性と弾性を兼ね備えているため、サンドイッチバッグの材料にもってこい**だ（それからプラスチック製のビーチバッグにも――ただし、この種の製品がゴミを増やすことにみんなが気づき、結局は使い捨てにせずに再利用している）。LDPEポリマーは大きなサンドイッチを入れるにはまたとない袋になる。つぶれやすいパンをしっかり包みながら、水気を防いでくれるのだから。天然の素材と比べると違いが際立つ。たとえば紙だと柔軟性も伸縮性もないうえ、水気からも守ってくれない。

専門的にいうと、ポリエチレンは硬質ポリマーとはみなされていない。ということは、理論のうえではこの分子をいろいろな配置に成形できるということである。私たちがプラスチックの形を変えられるのは、ポリマーの中で分子がどう並んでいるかに関係している。たとえば、1枚のサンドイッチバッグの両端をつかんで引っぱったら、バッグ全体の形が変化する。バッグはすぐさま圧力に合わせて長さを広げつつ幅を縮め、いってみればダンベルのような形になる。強く引っぱりすぎれば、いずれ袋は切れる。

このプロセスは「くびれ」と呼ばれ、ポリマー内の分子が圧力に適応しようとするときにかならず発生する。サンドイッチバッグを引っぱる前は、分子が乱雑に配置されていた。鍋の中でゆでられているパスタに似ている。ところが、袋を引っぱるとたちまち分子はまっすぐ伸びる。まるで鍋をバシッとたたいたら、ぐにゃぐにゃのスパゲッティが瞬時に乾燥スパゲッティに変身するようなものだ。圧力がかかることで、曲がっていた分子がまっすぐになり、それらがすべてきちんと整列する。細長い形と、分子が整然と配置されることが組みあわさると、プラスチックは伸び、さっきも触れたようなダンベル中央部分のような形になる。

しかし、引っぱっていた手を離せば、袋はほぼもとどおりの形に戻る（指が当たっていた箇所には多少のダメージが残るかもしれないが、内側のポリマーは当初の配置に戻るはずである）。

一方、高密度のHDPE分子は直線形をしており、何百という炭素原子が強力な共有結合でつながっている。それがどういう仕組みなのかはこれから説明するとして（なかなかに破天荒ですよ）、とりあえず知っておいてほしいのは、HDPEはこの形のおかげで、分岐したLDPEポリマーよりはるかに強度が高いということ。ゆでる前のスパゲティと同じで、ぎっしりと積み重なることができるからである。こういう配置になっていると、ポリエチレンの分子間には強力な分散力が働く。そのため、大型クーラーボックスの材料に使われる高密度ポリマーは、密度が１立方センチメートル当たり０・９３０〜０・９７０グラムの範囲となっている。

ＨＤＰＥのほうがＬＤＰＥより強度が高いことは科学者にも予想がついたものの、ＨＤＰＥを合成するための優れた方法が当初はなかなか見つけられずにいた。ＬＤＰＥの発見から20年後、カール・ツィーグラーというドイツの化学者がエチレンを使って実験を始めた。すると反応を起こさせるたびに、かならず同じブテンという分子の変種が生成されることに気づいた。ブテン分子は原子間の結合が１か所だけ二重結合で、それ以外は単結合である。

ツィーグラーは思いがけない実験結果に大いに興味をそそられ、すぐさまもっと複雑な実験に着手した。やがてわかったのは、エチレンガスに微量のニッケルが混入していて、それがブテンの生成につながったことである。

ツィーグラーは胸を高鳴らせ、エチレンガスにありとあらゆる金属を（もちろん一度に１種類ずつだが）放りこんでみた。当てずっぽうといえなくもないが、とにかく結果は得られた。ジルコニウムとクロムを用いた場合もポリマーの混合物ができることにツィーグラーはすぐに気づく。しかし、望ましい直線形のポリエチレンをつくるにはチタンが一番であ

ることもわかった。

これは画期的な発見だった。というのも、2種類の分子間に共有結合を形成するのに、金属が使われたことはそれまでなかったからである。以前はただ分子を一緒に投入し、それらの濃度や圧力や温度を変えることで適切な反応を促すだけだった。ところが、ツィーグラーは図らずも新しい種類の触媒を発見した。これは、私の専門分野である無機化学にとって途方もなく大きな出来事だった。

ツィーグラーがこの研究成果を1952年の会議で発表したとき、イタリアの化学者ジュリオ・ナッタは自分ならこの「ツィーグラー触媒」を次の段階に押しあげられると確信した。さらに別の物質を加えればいい。これを**助触媒**という。それはまさに読んで字のごとしで、最初の金属の触媒作用をもう1種類の金属が助けるわけである。

結論をいえばナッタの考えは正しく、ふたりはたちまち「ツィーグラー・ナッタ触媒」を開発した〔日本では「チーグラー・ナッタ触媒」と表記されることが多い〕。やがてこれは総称となり、長いポリマー鎖を生みだして二重結合を単結合に変える2種類の助触媒はすべてこの名称で呼ばれることになる。この型破りな合成法はあまりに革新的だったために、新種のポリマー研究ブームに火をつけることとなった。ポリマーの製造法に革命をもたらしたことから、ツィーグラーとナッタは1963年のノーベル化学賞を受賞している。

ＨＤＰＥが手軽に短時間でつくりだせるようになった結果、ごく普通の家庭製品の材料にも頑丈なポリマーが盛んに用いられるようになった。いまではクーラーボックスだけでなく、ボート、ビーチチェア、水差し、日焼け止めの容器などにも使用されている。ＬＤＰＥと同じく、それこそビーチのいたるところにある。遊び場のすべり台にも、タッパーウェアのふたにも、ジュースボックスホルダーにもＨＤＰＥが見つかる。

ＨＤＰＥがクーラーボックスの材料として好まれるようになったのは、なんといってもその断熱性の高さによるものだ。熱の通る量を最小限に抑えてくれる。硬質フォームと組みあわせれば、日光はクーラーボックスの外壁をちょっとやそっとじゃ通りぬけられない。おかげで暑い空気はビーチにとどまり、冷たい空気がボックス内で飲み物を冷やしてくれる。

## 光分解という性質

そういえば、シックスパックリング〔缶飲料を6缶パックで販売するために缶どうしをつなぎとめるプラスチック製リング〕にポリマーが使われるようになったのは1960年代のことで、それまでは紙製か金属製だったって知ってた？　この変更はきっと歓迎されたと思う。紙のホルダーだったら、缶の結露ですぐにぐしゃぐしゃになってしまうわけだから。

ところが、1970年代の後半から80年代のはじめにかけて大々的な環境保護キャンペーンがくり広げられ、硬すぎるプラスチック製シックスパックリングを禁止する動きが起きた。当時、小型の野生動物がリングに挟まり、食物が摂取できなくなる事態が生じていたからである。メーカーは迅速に反応し、動物が無用に命を落とすのを避けるための対策を打った。求められたのは、6個の缶をまとめられるくらいには強い一方で、引きちぎれるくらいには弱い材質。LDPEはその役目にうってつけだった。

1993年にアメリカ環境保護庁（EPA）は、プラスチック製のリングにはすべて分解可能な材料を使うべしと定めた。つまり、人間の手を借りずとも自然に分解されないといけない。そのためには、プラスチックが**光分解**する性質を利用すればいい。光分解とは、**紫外線によってポリマー内の結合が壊れる**ことをいう（紫外線についてはもう少ししたら詳しく取りあげる）。プラスチックのサイズにもよるが、完全に光分解されるには、数年とはいわないものの数か月はかかる。けれど、プラスチックがゴミ埋立地に投げこまれて、ほかのゴミの下に埋まってしまったら日光は届かない。光分解のメカニズムが始動せず、プラスチックはそのままの状態を保つ。ＨＤＰＥのような高密度ポリマーは分子サイズが大きいことから、ひとりでに分解されるのは輪をかけて難しい。

## 発泡スチロールとペットボトル

これはエチレン系ポリマーすべてに当てはまり、ポリスチレンもそのひとつだ。ポリスチレンは大型の分子であり、発泡スチロール製のクーラーボックスの材料に使われている。ポリスチレンはスチレンという分子がつながってできていて、エチレンにすごくよく似ている。唯一の違いは、エチレンでは一番端が水素原子なのに対し（$H_2C{=}CHH$）、スチレンではそれが大きなベンゼン環（$C_6H_5$）に置きかわって$H_2C{=}CHC_6H_5$となっているところだ。ポリエチレンでは構造全体にわたっていくつも水素原子が存在したように、ポリスチレンでは六員環のベンゼン環（$C_6H_5$）が炭素原子から1個おきに突きだしている。とにかく巨大な分子なのである。

ポリスチレンは１８３９年にドイツの薬剤師エドゥアルト・ジーモンによってはじめて

合成された。ジーモンはソゴウコウノキという木の樹脂を抽出し、樹脂を煮詰めて油性の物質を得た。それを精製する過程で新しい分子が単離され、ジーモンはそれにスチロールという名をつけた。その分子はやがて粘度を増して、ゼリーのようなねばねばした物質になった。のちの1866年になってフランスの化学者マルセラン・ベルテロにより、その分子が長い炭化水素の鎖であって、一個おきにベンゼン環が結合していることが解明される。でも当時はまだポリマーというものが発見されていなかった。そのため、この物質が正式にポリスチレンという名前をもらうのは80年後のことである。

ポリスチレンは3つの異なる構造をとることができ、それぞれをアイソタクチック構造、シンジオタクチック構造、アタクチック構造と呼ぶ。3つともポリマーの立体規則性を表していて、平たくいえばベンゼン環がどの位置にあるかを示している。すべてのベンゼン環がポリマーの同じ側に並んでいれば、それはアイソタクチックであるという。化学の視点からは、それが右側か左側かはどうでもいい。注目するのは、すべてが同じ側に配置されているかどうかだけだ。ムカデの脚が片側だけに生えていることを気にするようなものである。アイソタクチックのポリマーは隣りのポリマーと密に重なりあうことができるので、3つの中で最も強度が高い。

このため、アイソタクチック構造の硬質ポリスチレン製クーラーボックスは一番質が高い。ポリエチレン製のクーラーボックスと同様、暑い空気は硬質ポリスチレンフォームを通りぬけることができず、冷たい炭酸飲料やフルーツサラダに到達できない。ただし、お手頃価格のクーラーボックスだと、ほかのふたつの構造が使用される場合がある。

ポリスチレンポリマーのベンゼン環が左右交互(左-右-左-右)に配置されている場合は、それをシンジオタクチック構造と呼ぶ。この構造は、バラの茎に葉が左右交互についているのに似ている。この形状だと、ポリマーはもはやゆでる前のスパゲッティのようにきちんと重なることができない。要は「葉」の部分が邪魔になるのである。

ベンゼン環の位置に規則性がなく、デタラメに配置されているように見える場合、その構造はアタクチックと呼ばれる。この構造は3つの中で最も強度が小さく、融点も一番低い。このため、アタクチック構造のポリマーは3つの中で一番柔軟性が高く、ゴムのような手ざわりをもつ。

ベンゼン環はかなり大きいので、ポリスチレンポリマーはたいていアタクチック構造をとる。つまり、ベンゼン環がポリマー全体に不規則に配置されているということだ。右側についているところもあれば、左側に結合しているところもあり、ベンゼン環が隣りあっている箇所もあれば、均等な間隔で並んでいる箇所もある。決まったパターンがない。

私たちが実際に日常生活で触れるのは、大きく分けてふたつの形態のポリスチレンである。ひとつは結晶性ポリスチレンであり、どの立体規則性かを問わず使い捨てのプラスチック製品によく用いられている。ビーチでピクニックをするときにもっていくような、プラスチック製のフォークやナイフがたとえばそうだ。さらに、サンドイッチバッグではなく食品ラップ（サランラップという商標名で呼ばれることが多い）で包むのが好きなら、クーラーボックスはポリスチレン製品でいっぱいになる。

食品ラップほど気の利いた発明はそうないといっていい。なんたって、テープのような接着剤をいっさい使わなくても容器を密閉できるのだから。ポリスチレンの分子間力はきわめて強いので、原子どうしが引きつけあってプラスチックがくっつきやすくなる。ラップがめくれあがるようであれば、容器の上でゆっくりと平らにならしてやればいい。そうすれば、ポリマー鎖間で分散力が働く時間の余裕を原子に与えることができる。

ポリスチレンのもうひとつの形態は発泡ポリスチレンだ。いわゆる発泡スチロールであり、カップからクーラーボックスまで、ビーチにある発泡スチロール製品はすべてこれである。地域によっては断熱材として道路の下に発泡ポリスチレンを敷き、アスファルトが凍結したりゆがんだりするのを防いでいる。

発泡ポリスチレンはふわふわしたポリマーである。大規模工場で製造されるのだが、その工程は本当に面白い。まずポリスチレンを分解して、キャビアのような小さいビーズにする。このビーズを空気と一緒に大きな金型に送りこみ、そこに蒸気を当ててビーズどうしをくっつける。つまり、ビーズを高温で熱したうえで、ぎゅっと押し固めて金型どおりの形にするわけである。

発泡ポリスチレンといってもポリスチレン部分は3〜5パーセントほどしかなく、それ以外はただの空気だ。だから発泡スチロール製品はほとんどが非常に軽い。断熱性にも優れているので、これを使えば食べ物や飲み物をちょうどいい温度に冷やしておくことができる。

しかし、結晶性ポリスチレンも発泡ポリスチレンも、炭酸飲料の圧力に耐えられるほどの強度はない。この仕事をさせるには、われらが友であるポリエチレンテレフタレート（ＰＥＴ）に頼る必要がある。ＰＥＴについては、前章でポリエステルとのからみで登場したのを思いだしてほしい。

注目すべきは、ポリエステルの一種であるこのＰＥＴというポリマーが、おもに水や炭酸飲料のボトルの材料に使われていることだ。ＰＥＴは透明なので、何を飲んでいるのかがよくわかって都合がいい。それだけでなく、炭酸飲料内の二酸化炭素が分子どうしで衝突して圧力が高まっていっても、それに耐えられるだけの強度をもつ。私みたいにビーチにフルーツをもっていくのが好きな人なら、クラムシェル容器〔ふた部分と本体部分が一辺でつながっていて、二枚貝のようにぱかっと開くタイプの容器」というかたちでおいしいベリーをPET分子で包んでいるかもしれない。

## 水着に着替えたら

軽食や飲み物を残らずクーラーボックスに詰めたら、さっと水着に着替えて車に飛び乗る。いうまでもないけれど、水着の生地のほとんどはポリエステルポリマー（またはナイロンポリマー）製で、そこにスパンデックスが10〜20パーセント混合されている。こうしてつくった水着は伸縮性と柔軟性が高く、めちゃくちゃ着心地がいい。

ポリエステルとナイロンについてすでに解説したことを踏まえれば、これは不思議でも何でもない。でもスパンデックス（ライクラという商標名やポリウレタンとしても知られる）については面白い話がある。このポリマーは１９５２年にポリエーテルとポリウレアを組みあわせることで誕生し、もともとは女性のガードル用ゴムに代わるものとして合成された。下着に使用すると着用感が抜群であることから、すぐに「expands〔「広がる、伸びる」の意〕」の文字を組みかえて「spandex（スパンデックス）」という名前をもらったのだった。

ポリエステル、ナイロン、スパンデックスの3種のポリマーは、いずれも無極性なので水着にうってつけである。私たちが海に飛びこむと、たちまち水分子が水着の繊維の隙間に押しよせる。これが綿や羊毛などの天然繊維だったら、すっかり水を含んでしまうところだ。でも、**水着が無極性の素材でつくられていれば、極性分子である水は無極性の繊維に弾かれる。**だからといって水分子の吸収を100パーセントくい止められるわけではないもの(防水性があるわけではないので)、吸収される水の量を最小限にとどめてくれる。

ためしに綿製の水着だったらどうなるかを考えてみて。綿というのは、おもにセルロースという天然ポリマーでできている。セルロースはグルコース（ブドウ糖）分子が長く鎖状につながった構造をもち、そこにアルコール官能基（OH）が多数結合している。このせいでセルロース分子は非常に極性が高く、海の水分子といくつも水素結合をつくる。この分子間力は、ヤギの胃袋でセルロースを消化する分には都合が良くても、水着の場合にはお尻の生地をたわませて恥ずかしい思いをさせるだけだ。あまりに多量の水が吸収されて綿繊維と結合するために、水分子の重みが繊維をずり下げて水着が脱げてしまうのである。

こんな赤面ものの状況はまっぴらごめんなので、私はナイロンとライクラ（スパンデックス）の混紡の水着を購入することが多い。リサイクルナイロン製が買えるのならそうする。衣類をリサイクルする工程は溶融押し出しと呼ばれ、高温・高圧のもとで古いポリアミドポリマーを分解する。とはいえ、実際に水着を買う際に私が一番気にするのは、どれだけフィットするかやどれだけずれないかだ。

それにひきかえ、うちの夫はボードショーツ〔短パンと海水パンツの用途を兼ね備えた水陸両用の男性用ショートパンツ〕にフィット感なんてかけらも求めていない。軽量で水を弾けばそれでいいので、たいていはポリエステルとスパンデックスの混紡をはいている。確かに水滴が本当に転がりおちる。ただし、女性用水着のような柔軟性には欠けるので、落ちないように縛るひもがついている。

海に着いたら、そこらじゅうでスパンデックスが目に入る。水着やウエットスーツだけでなく、自転車用のサイクルウェアやビーチバレーウェア、さらには水着の上から羽織る上着にも使われているケースが少なくない。お高めの帽子をよくよく見てみればわかるように、フィット感を高めるためにスパンデックスが織りこまれているものもある。

## 光は何でできている？

だけど、そもそもどうしてビーチで上着を羽織ったり、帽子をかぶったりするのだろうか。何から身を守ろうとしているんだろう。

答えは**光**だ。

ものすごく有害で、発がん性のある光がビーチにあふれているからである。

でも光って何？　だいいち、それって化学なの？

**もちろん！**　それに、どんなときでも、目に映るどれもこれもが光と相互作用している。部屋の隅にある赤い本は、光スペクトルの赤の領域で可視光線を放っている。あなたの紫色のシャツからは、紫の領域の光が出ている。照明や携帯電話のバッテリーからは、どちらも赤外線、つまり熱が放出されている（だから温かい）。部屋にブラックライトがあれば、もしくはカーテンが開いていれば、あなたは自分を紫外線にさらしている。このように、**いま真っ暗闇の中にいるのでない限り、あなたは光と相互作用している。**

科学者ははるかな昔から、光が何物かをつきとめようとしてきた。すべての物質が土、水、空気、火の四元素でできていると信じられていた頃、古代ギリシャの哲学者エンペドクレスはこう確信していた。私たちの眼球から火という元素が放たれるからこそ、環境が明るく照らされて物が見えるのだ、と。

この仮説には大きな欠陥がいくつもある。とりわけ問題なのは、目の玉から火の玉が出ているなら暗闇でも物が見えるはずなのに、実際にはそうではないという点である。ちなみに、エンペドクレスは四元素説を一番はじめに唱えた人物でもあった。いまでは誰もが知っているように、どちらの説も間違っていた。映画『X-MEN』のサイクロプスじゃあるまいし、**人間の目から破壊光線は出ない。**

17世紀になってようやく、光は波のようなふるまいをするということをフランスの哲学者ルネ・デカルトがいいだした。当時はすでに、音が波となって伝わることをレオナルド・ダ・ヴィンチが発見していたので、光も似たようなものだと推測するのはデカルトにとってまったく理にかなったことだった。このたったひとつの着想を機に、私たちが原子の構成要素（陽子や中性子、とりわけ電子を含む）をどうとらえるかは大きく変わり、それらが粒子であると同時に波としても存在できることが最終的に理解されるようになる。

この章で私が「波」といったときには、海の波のようなものを思いうかべてほしい。波というのは、**かならずエネルギーを放つ何物か（船やジェットスキーなど）から発生し、何の妨げもないまま進んでいって、やがて陸にぶち当たったり島に沿って曲がったりする。**音とのからみでいう波は音波であり、やはり障害物（壁など）に沿って曲がる。だから隣りの部屋にいてもキッチンタイマーの音が聞こえる。タイマーが視界に入っていなくても、あるいはタイマーと自分とのあいだに障害物があっても構わない。

デカルトの時代、光が波のようにふるまうという仮説は一理あるものとして受けとめられた。光が液体の中を進むとき、液体の種類に応じて速度が異なるのだが、波だととらえればその説明がつくからである。しかし、光が本当に波とまったく同じようにふるまうのだとしたら、光も障害物に沿って曲がるはずである。でも、レンガの壁の向こうで懐中電灯がついていても、私たちにはその光が見えない。確かに光は波のような一面をもつとはいえ、それが光のすべてではないことが科学者にはわかっていた。

そのわずか数年後、アイザック・ニュートンというイングランドの物理学者が、光の波動説の欠陥を説いてその説に疑念を突きつけたいと考えた。そこで、すでに亡くなっていたフランス人哲学者に注目し、その人の埋もれた著作を出版することにした。哲学者はピエール・ガッサンディといい、光のふるまいはむしろ粒子に近いと主張していた。つまり、質量をもった物質のようにふるまうということである。確かにそれが当てはまる面はあり、いま私たちが光子と呼ぶものの土台になりはしたが、この仮説もまた完全ではなかった。

光が粒子だとしたら、レンガの壁一枚でありとあらゆる光が食いとめられて漏れてこないはずである。質量をもつ物体であれば何だってそうなる。たとえば野球のボールの場合、壁を通りぬけるようにしてボールを投げることはできない。それと同じで、光が壁を通りぬけたり、壁に沿って曲がったりするはずはないと考えられる。これはほぼ正しいものの、だとすると光の屈折がなぜ起きるのかの説明がつかない。虹が発生するのも、ドアの縁に沿って光が曲がるのも、この屈折のせいである。光がごくごく小さな粒子でできていて、まっすぐ進むのだとしたら、そんな現象が起きるはずはない。

このあとにはものすごく長くてこんがらがった話が続くのだが、手短にまとめるために1920年代に飛ぶことにしよう。フランスの物理学者ルイ・ド・ブロイが、あらゆる物質は波の性質と粒子の性質をあわせもつという考えを提唱した。この仮説はのちに光にも適用され、こうして**「粒子と波動の二重性説」**が誕生した。

粒子と波動の二重性は、化学においてきわめて重要な基本原則のひとつだ。そういうふうに考えれば、粒子（陽子、中性子、電子など）が波のようにふるまう場合があることの説明がつくからである。波としてとらえると、原子や分子の中で電子がどこに位置するかを予測することができ、その情報があれば日光について私たちの知るべきことがぜんぶわかる。

第I部で原子軌道の話をしたのを覚えている？　s軌道、p軌道、d軌道、f軌道はすべて、ひとつの方程式（シュレーディンガー方程式）を解くことで得られ、その方程式は粒子と波動の二重性を土台にしている。さらにいうなら、シュレーディンガー方程式を解くと、その電子に関して数字（周期表の横列の番号）と文字（原子軌道）が得られる。つまりどういうことかというと、電子のもつエネルギーと、原子核に対する電子の位置が、史上はじめてまずまずの正確さでつきとめられるようになったということだ。それもこれもすべてはわれらが友、オーストリア出身でのちにアイルランドに亡命したエルヴィン・シュレーディンガーのおかげである。

## スペクトルを理解する

粒子と波動の二重性という画期的な理論は物質に当てはまるだけでなく、さっきも触れたように日光の性質を説明するのにも使えるようだった。

科学者が学んだのは、地球上（とビーチで）の光は太陽から**「電磁波」**としてやって来ることだった。電磁波とは、電磁場の中で空間を伝わる（もしくは放射される）すべての形態のエネルギーを指す総称である。空間を進むエネルギーは2種類の波（電気波と磁気波）が直交してできており、それで電磁波という名前がついた。

電磁波──つまり電気エネルギーと磁気エネルギーの移動──は化学においてきわめて重要な基本原理なので、このテーマをもう少し詳しく掘りさげておきたい。何らかの光が左から右へ進むとしたら、電気波と磁気波も左から右に移動する。

わかりやすくするために、ぴんと張ったロープに沿って電磁波が左から右へ進むと考えてみよう。電気波のほうはロープに対して水平にくねりながら左から右へ進む。当然ながら磁気波も左から右に進みはするのだが、波の向きが電気波と違う。水平ではなく、ロープに対して垂直にくねるのだ。つまり、ロープの上方から下方へ、また上方へというパターンをくり返す。この2種類の波が同時に起きることで、光は地球の大気中を進むことができる。分子なり何なりが電気波と磁気波のどちらかを邪魔したら、光は遮断されたり曲がったりする。

素粒子を扱う学問分野は量子力学と呼ばれ、下手をすると話があっというまにとんでもなくややこしくなってしまう。なので、みんなにはひとつのことだけをしっかり頭に入れておいてほしい。電磁エネルギー、つまり光にはいろいろな種類があるということだ。光は波長の短いものから長いものへとひとつのスペクトル（これを電磁スペクトルという）として整理されている。スペクトルの片方の端では波長が非常に長く、ビルのサイズくらいにもなる。これを私たちは電波と呼んでいる。波長がすごく長い分、エネルギーはとても低い。電波が人体を傷つけることはいっさいないので、だからＷｉ－Ｆｉ（ワイファイ）にもＢｌｕｅｔｏｏｔｈ（ブルートゥース）にも電波が安全に使用されている。

スペクトルの反対端に位置するのが**ガンマ線**であり、**波長がものすごく短くてエネル**

**ギーが大きい**。波長は原子核の直径に近く、途方もなく短い。この種の電磁波は非常に危険であるため、人体には有害で内臓に重大なダメージを及ぼす。逆にそれを利用して、ガンマ線のビームを慎重に一点に集中させることでがん細胞を破壊する治療法もある。

でも、ゴルディロックスと3匹の熊ではないけれど〔ゴルディロックスは『3匹の熊』という童話の主人公。話の中に、熱すぎず冷たすぎない粥（かゆ）を選ぶ場面があることから、「ちょうどいい範囲」を指すたとえに用いられる〕、電磁波にもちょうどいい中間ゾーンがある。波長が短すぎも長すぎもせず、エネルギーが高すぎも低すぎもしない。こうした電磁波はスペクトルの真ん中にあり、波長もエネルギー量も（電波やガンマ線に比べて）中程度である。

この中間の電磁波は、地表が太陽から日々受けとる3種類のエネルギーに対応している。**紫外線**、**可視光線**、**赤外線**だ。可視光線については先ほど触れたし、赤外線はコンロから生まれる熱である。なので、ここでは3つのうちで一番危険な紫外線に注目し、なぜビーチで日焼け止めを塗るのかを説明していきたい。

## 紫外線が危険な理由

地表が太陽から受けとるエネルギーのうち、最も高エネルギーなのが紫外線である。紫外線が発見されたのは1801年のことだった。その前年、ドイツに生まれてイギリスに渡った天文学者ウィリアム・ハーシェルが、赤外線の存在を正しくいい当てていた。可視光線より波長の長い領域でも、エネルギーが放出されている可能性を示したのである。これを受けてドイツの物理学者ヨハン・ヴィルヘルム・リッターは、可視光線より波長の短い領域にもやはり「見えない」エネルギーが存在するのではないかと考えるようになった。

リッターは紫色の光（人間が目で見ることのできる最も高エネルギーな光）と、のちに紫外線と呼ばれる領域を使って実験を始めた。すると、「見えない」紫外線によって、塩化銀溶液をしみ込ませた感光紙が黒くなるのに気づく。しかも、そのスピードは紫色の光の場合より圧倒的に速かった。紫外線が塩化銀溶液と相互作用して、色をほぼ瞬時に変えていたのである。当時として知られていた最も高エネルギーなのが紫色の光だったので、自分が図らずも興味深いものにめぐりあったことをリッターは悟った。

紫外線――当時は化学光と呼ばれた――の波長は分子１個程度の長さである。波長はごくごく短いものの、たくさんのエネルギーを運んでいるのできわめて強力だ。それが証拠に、１８７８年には紫外線が細菌を死滅させることが明らかになった。そのため、医療機器などさまざまな製品の殺菌に用いられるようになり、それはいまに至るまで続いている。２０２０年には、ＣＯＶＩＤ－19（新型コロナウイルス感染症）と闘うのにも紫外線が有効だとわかって、科学界は大きく安堵のため息を漏らしたのだった。

紫外線（ＵＶ）にはいくつかの種類がある（ＵＶＡ、ＵＶＢ、ＵＶＣ）。これらは波長が少し異なっていて、太陽はそのすべてを少量ずつ放っている。３つの中では**ＵＶＡ（紫外線Ａ波）**が最もエネルギーが弱く、波長は３１５～４００ナノメートルの範囲である。紫外線の中では一番波長が長いことから、長波長紫外線とも呼ばれる。私たちの日常世界で、ＵＶＡの用途として一番多いのはブラックライトだ。たいして明るくは見えないけれど、光のエネルギーは相当に高いので、絶対に直視してはいけない（それをいうなら太陽も同じ）。同じ理由から、ＵＶＡ光線が（日焼け用ベッドのように）多量に降りそそぐ中に裸で寝るのもやめたほうがいい（これについてはのちほど）。

波長のもう少し短くなった２８０～３１５ナノメートルの範囲は、**ＵＶＢ（紫外線Ｂ波）**と呼ばれる。ＵＶＢはＵＶＡよりエネルギーが高く、**さまざまな皮膚症状の治療に用いら**

**れている。**代表的なのが乾癬と白斑で、UVBをじかに照射することで改善が期待できる。症状がすっかり消えるわけでなくても、高エネルギーのUVBを浴びたあとで軽減するケースが多い。

トカゲやカメなどの爬虫類を飼っている人は、よくバスキングライトと呼ばれるUVBライトをケージに取りつけている。これは、かわいいペットが気持ちよく快適に過ごせるようにするためのものだ。爬虫類や両生類のような変温動物のケージにUVBライトがついていると、環境からのエネルギーを体で吸収できるので大きなメリットがある。小さい子たちがUVB電球の下で日光浴しているさまは、見ていてなんとも愛らしい。

ところがじつをいうと、人間にも多少の日光は必要である。誰の皮膚の中にもコレステロールが含まれていて、これは4つの環（六員環が3個と五員環が1個）がくっついた構造をしている。**コレステロールはUVBの高エネルギーと反応して、ビタミン$D_3$（分子名コレカルシフェロール）をつくる。**

人間が十分な日光を浴び（て最終的にビタミンDをつくら）ないとビタミンD欠乏症を発症するおそれがあり、そうなると体のカルシウム吸収力が低下して骨密度が下がる。ビタミンDが不足すると骨折しやすくなるので、だから一日数分でもいいから外へ出ることが大事になってくる。皮膚にとっては、コレステロールをUVBに破壊させて、それをビタミンDに変える時間が必要なのだ。

紫外線の中で最も高エネルギーなのが**ＵＶＣ（紫外線Ｃ波）**であり、波長は１００～２８０ナノメートルの範囲である。さっきも触れたように、紫外線が細菌を死滅させることが１８７８年に発見されたが、それはこの短い波長の高エネルギー線が原因だとのちにつきとめられた。

ＵＶＣはばい菌を殺すだけでなく、人体の細胞に重大な損傷を負わせる力ももっている。それが証拠に、皮膚がんの90パーセントあまりは紫外線によってひき起こされている。かつて「化学光」と呼ばれた紫外線はあまりに強力なため、皮膚に浸透して分子内部の結合を破壊する。これを結合解離という（まさに読んで字のごとく、結合が壊れて原子が解離する）。

体内の分子がこういった状況に見舞われると、解離して自由になったばかりの原子が新しい相手を探して動きまわり、厄介な結合をつくってしまう場合がある。その新しい結合が分子の間違った位置で、もしくは体内の間違った場所で形成されると、がん細胞が生まれてもおかしくない。

# 日焼け止めの選びかた

幸い、日焼け止めというとろっとしたローションを塗りさえすれば皮膚がんは予防できる。日焼け止めにはいろいろな化学物質が混合されていて、ＵＶＡとＵＶＢの両方を吸収してくれる。でも、一番危険なＵＶＣは？

その疑問に答えるには、私たちの大気が機能する仕組みや、大気中に含まれている大事な元素について少し説明しないといけない。私たちの吸いこむ酸素は、対流圏と呼ばれる空気の層の中に存在し、この対流圏が地球の大気の一番低い層にあたる。対流圏はおもに窒素でできていて、それから割合の大きい順に酸素、アルゴン、二酸化炭素、水蒸気と続く。どれも本書の第Ⅰ部で登場した気体だ。

対流圏の上にあるのが成層圏で、ちょうど雲の上あたりに位置している。飛行機が航行するのはこの成層圏であり、それは低いところを飛ぶと対流圏内の分子によって気流が乱れるためだ。成層圏くらいの高さになると分子の数が減るので、飛行機は気圧の変動による乱気流の心配を（それほどは）しなくていい。

　ここで注目してほしいのは、同じ成層圏の下のほうにオゾン層と呼ばれる層があって、きわめて重要な役割を果たしていることである。みんなも知っていると思うけれど、**オゾン層は非常に薄い保護層で、地球にとってのサングラスのような働き**をしている。その仕事ができるのはすべて２種類の分子のおかげ。酸素（$O_2$）とオゾン（$O_3$）だ。私たちの目に映ることはなくても、この２種類の気体は成層圏で光子やエネルギーと絶え間なく相互作用をくり返している。

　紫外線がオゾン層にぶち当たるといくつかのことが起きるのだが、どうなるかは入ってくる紫外線のエネルギーによって変わる。たとえば、高エネルギーのＵＶＣがオゾン層にぶつかった場合、仮にその波長が２４２ナノメートルより短いなら酸素分子の二重結合（Ｏ＝Ｏ）を破壊できる。それより波長が長かったら、二重結合を壊す力はない。入射してくる紫外線の波長が３２０ナノメートルより短ければ、酸素分子内の共有結合までは破壊できなくても、オゾン分子内の共有結合を壊せる。

　ビーチで寝そべる人たちにとって、こういうことはどんな意味をもつのだろうか。酸素とオゾンの層は、手を携えて有害なＵＶＢとＵＶＣから地球を守っている。ただし、そういう高エネルギーの紫外線については自らの分子結合を犠牲にして防いでいるのだが、それよりエネルギーの低い**ＵＶＡはオゾン層を通りぬけてしまう。**

でもどうしてそんなことになるのだろう。UVAはエネルギーが弱いわけだから、酸素とオゾンで簡単に防げるんじゃないんだろうか。あいにく、そううまくはいかない。酸素分子にしろオゾン分子にしろ、自らの共有結合を壊させることでしか私たちを守れない。にもかかわらず、酸素の場合は紫外線の波長が242ナノメートルより短くないとそうならず、オゾンの場合も波長が320ナノメートルより短くないとだめだ。それより少しでも波長が長ければ、犠牲になってくれる分子の結合を壊せない。このため、UVA（波長の範囲が315〜400ナノメートル）は分子たちの横を通りすぎて、ビーチで楽しむ人のもとに降りそそぐ。

3種類の紫外線の中ではUVAのエネルギーが最も弱い（そして波長が最も長い）とはいえ、人体にさまざまな悪影響を及ぼすのはまさにこのUVAだ。もっとも、もしも私たちが実際にUVBやUVCを浴びていたら、はるかに恐ろしいことになるだろう。どちらも人体に入りこみ、結合を壊して、分子レベルで大打撃を与える。オゾン層に2種類のスーパーヒーロー分子が存在するおかげで、そんな事態にならずに済んでいるだけである。

UVAから身を守りたければ、一日も欠かさず日焼け止めをつけることだ。**そんなの、わけないよね？**

実際には、いうほど簡単にできることではないので、日焼け止め効果を備えた化粧品を買うことを強くおすすめする。そうすれば、ほんの数分家の外に走りでたときにも、あるいは近所の人のおしゃべりにつかまってしまったときにも、皮膚は自動的に守られる。けれど、一日ビーチで過ごすのであれば、頭から爪先まで広域スペクトル対応の(つまりいろいろな「スペクトル」の紫外線に対応できる)日焼け止めをたっぷり塗らないといけない。

アメリカでは、おもに2種類の日焼け止めがよく使用されている。ひとつは、皮膚の表面に成分が載って物理的に日光をはね返すタイプ。このタイプには酸化亜鉛を使ったものが一番多い。白いこってりしたクリーム状で、1980年代のビーチ監視員の鼻が白かったのはこのせいだ。私の生まれ育った町では、そういうのをつけさせる親がもちろんうちの父だけだったので、すごく恥ずかしい思いをしたものである。

もう1種類の日焼け止めのほうが人気が高く、こちらは化学的なプロセスで効き目を発揮する。日焼け止めの中の分子が酸素やオゾンのような役目を果たして、紫外線を吸収するのである。この目的で用いられる分子(アボベンゾンなど)には、吸収できる波長の範囲がそれぞれ異なるので、日焼け止めは複数種類の有効成分を配合しているのが普通だ。アボベンゾンはUVAにはもってこいだけど、UVBを吸収する効果はそれほどでもない。それに対してメトキシケイヒ酸エチルヘキシルは、オゾン層をすり抜けてくるUVBを根こそぎ吸収してくれる。

私は温暖な地域に暮らしていて、夏には気温が37度を超すので、いつも紫外線防御効果（ＳＰＦ）が30のものを常備している。このＳＰＦ30とは何かというと、**皮膚と相互作用する有害な紫外線の量のうち、30分の1を除いてすべてブロックする**という意味である。ＳＰＦ10であればブロックされない割合が10分の1、ＳＰＦ50であれば50分の1となる。

ところが、この数値どおりの働きをさせるには、忘れずに日焼け止めを2時間おきに塗りなおすことが前提になる。さもないと、3時間、4時間とたったときに、肌が紫外線に１００パーセントさらされてしまう。そこにはいくつかの要因がある。水で落ちてしまうのがひとつ。それから、感光性の分子が、強力な紫外線エネルギーを吸収するといずれ分解してしまうせいもある。

紫外線をはね返すタイプにしろ、吸収するタイプにしろ、50超のＳＰＦにすることが本当に可能なのかについては見解が定まっていない。状況によって変動する部分があまりに多いために、そこまでの正確さは確保できないと考える化学者がほとんどである。とくに、このどろっとしたクリームを人がどれだけまじめにつけるのか、またどれくらいの頻度で塗りなおすのかによって、日焼け止めの効果は大きく変わってくる。50超のＳＰＦが可能だとする十分な根拠をまだ私は見たことがないので、個人的にはＳＰＦ30のままでいいと思っている。

人間が化学を利用して編みだしたものは何でもそうだが、日焼け止めについても副作用をもつものがある。たとえばメトキシケイヒ酸エチルヘキシルは、有害なＵＶＢから皮膚を守ってくれる優れ物の分子ではあるけれど、サンゴ礁にはすこぶる大きな被害を及ぼす。残念ながら、たいていの人はビーチにくり出す直前に日焼け止めをつけて、そのまますぐ海に入ってしまう。このため一部の地域（ハワイなど）では、メトキシケイヒ酸エチルヘキシルを少しでも含む日焼け止めを禁止している（禁止は２０２１年から発効）。

とはいえ、テキサスにいようとアラスカにいようと、**ほとんどの人は日焼け止めを毎日使用したほうがいいし、せめて外出前にＵＶインデックス（紫外線指数）をチェックするようにしたほうがいい**。

ＵＶインデックスというのはすごく興味深い存在だ。私たちは予測することにとりつかれているので、大気中に機器を設置して日光のさまざまな波長を調べている。集めたデータをもとに、その日の紫外線から予想される危険度を数値化する。数値は１から11まで（もっと高い場合も）であり、１〜２は紫外線量が少なく、８〜10を超えたら紫外線量がものすごく多い。３以上であれば、最低でもＳＰＦ15の日焼け止めを塗ることが推奨されている。

注意をもうひとつ。水や雪や砂のように、**表面が光を反射する場所ではＵＶインデック**

**スがほぼ倍になる。**人が自分の裏庭ではなくビーチで日光浴したがるのはそのためであり、水辺に近いと格段に速く日焼けするのもそれが理由だ。山でスキーをする場合も同じことがいえ、それは顔の大部分が隠れていようと関係ない。

ということで、驚きの真実が明らかになりましたね。ビーチへのお出かけを大成功に終わらせるには、何種類もの人工ポリマー（スパンデックス、断熱材としてのポリエチレン、とりわけポリスチレン）のお世話になるだけでなく、化学物質の溶液を体にたっぷり塗り、私たちの分子を電磁波に壊させないようにするのも必要だということ。日光浴大好きなみんな、化学に感謝、ね！

# 第

# 章

## パイはウソをつかない——キッチンで

Pie Kid You Not : In the Kitchen

# お菓子づくりは実験に通ず

私がキッチンにいるとしたら、その理由はただひとつ。お菓子を焼くためだ。

お菓子を焼く作業は、慌ただしくなくて整然としているところが大好きである。厳密だし、何より大事なのは**それが化学だということ**。考えてもみて。お菓子を焼くときには、すべての材料の分量を正確に量る。化学者が実験室でいろいろな物質を取りあつかうときと同じである。材料を混ぜあわせるときには、この上ないほどの慎重さが求められ、かき混ぜすぎてもすぎなくてもいけない。これもまた、化学反応を起こしているときに熱や圧力を加えすぎてはいけないのを思わせる。

似ているところはほかにもまだまだある。そこで本章では、キッチンで起きる化学を説明していこうと思う。パイを焼くのであれ、夕食用に5品の料理をつくるのであれ、そこには化学が働いている。

お菓子づくりは母から教わった。母の焼くパイは殺人的においしいのだ。だから私が子どもの頃は、バースデーケーキの代わりに毎年ルバーブパイを焼いてくれとよく頼んだものである。母のキッチンで、私はお菓子づくりに一番大切なことを学んだ。**正確さ**である。

お菓子づくりのレシピ本は数えきれないほどもっている。母と同じく私もパイが得意なので、パイ生地の本だけでも何種類かある。断トツに好きなのは、ローズ・レヴィ・ベランバウム著の『パイとペストリーのバイブル』だ。ベランバウムがものすごく几帳面なところと、レシピをきっちり守れば人生最高のパイをつくれるところがとても気に入っている。逆にレシピに従わず、たったひとつでも何かを変えたら――「フレッシュブルーベリーパイ」をつくるのにブルーベリーをラズベリーに変えただけでも――パイはしんなりしたできそこないになる。お菓子づくりでは誤差の許容範囲が狭く、その点も化学の実験と同じだ。

計量に手を抜きさえしなければうまくいくのだと、うちの母ならいうだろう。お菓子づくりの腕を上げるための近道は、いいキッチンスケール（はかり）を買うことだ。体積（カップや大さじなど）ではなく質量（グラム）を単位として使うのである。そうすれば準備も片づけも手早くできるし、重さを計るほうが正確でバラツキもなくなる。たとえば私の使うパイレシピのひとつには、ペストリー粉を1と3分の1カップ、プラス小さじ4杯なんて書いてあって、ややこしいことこの上ない。質量に直したらどれだけ？　答えは184グラム。簡にして要を得ている。はかりを使えば、計量スプーンに盛りすぎてしまうことも、計量カップの縁まで届いていないなんてこともない。どうすくい取ろうと、１８４グラムは１８４グラムである。

最近は、体積の表示しかない料理本は買わないようにしている。もはやそういうレシピは正確さが足りないとしか思えない。自分のレシピ本がどうなっているかをチェックしてみたければ、つくるものに応じて適切な小麦粉を使うような指示があるかにも注意するといい。たとえば、ペストリーを焼くならペストリー用の粉、パンならパン用の粉、ということである。やりすぎのように思うかもしれないけど、パンやケーキを焼くうえで小麦粉は一番大事な材料だ。それに、小麦粉の種類によって実際にかなりの違いが現れるのも事実である。これについてはのちほど取りあげよう。

この章を書きはじめる前、私はパントリーを覗いて、どういう種類の小麦粉をストックしてあるかを調べてみた。どうやら私は6種類の粉を常備しているようである。汎用、ペストリー用、パン用、ケーキ用、全粒粉、それからグルテンフリー。それぞれ密閉容器に入れて、ちゃんとラベルを貼ってある。なんたって化学者ですからね。

パンやお菓子を焼く人はたいてい粉にめっぽううるさい。こんな話がある。ある有名なイギリスのパティシエが、アメリカに足を踏みいれたとたんに運輸保安局の職員に止められた。預けてあったスーツケースの中から、何の表示もない大量の白い粉が見つかったたからである。その人は自分の主催するイベントで特別なデザートをつくらなくてはならず、間違った粉を使って失敗する危険を冒したくなかった。でも、あいにく運輸保安局は小麦粉だという言い分に納得せず、違法薬物の密輸だと思い……。私が旅行のときにかならず小麦粉にラベルを貼っているのは、これが怖いから！

とはいえ、パンやお菓子を焼く人はどうして粉にこだわるのだろうか。このレシピは汎用粉、そのデザートはペストリー粉かケーキ粉と、わざわざ使いわけるのはどうしてだろう。

答えはタンパク質。**すべてはタンパク質が鍵を握っている。**

## 小麦粉の選択を誤るな

小麦粉には、タンパク質の多い硬質小麦からつくられるもの（無漂白の汎用粉など）、タンパク質の比較的少ない軟質小麦からのもの（ペストリー粉など）がある。何を隠そう、小麦粉に含まれる分子の大部分はタンパク質である。

タンパク質はそこらじゅうにある。食品の中だけでなく、私たちの髪の毛や皮膚にも存在する。朝食についての第5章でも取りあげたように、タンパク質はポリペプチドであり、平たくいうと2個以上のアミノ酸がつながってできている。

どんな小麦粉にもかならず含まれているタンパク質が2種類ある。グルテニンとグリアジンだ。グルテニンとグリアジンが液体中で混ざりあうとグルテンができる。そう、あのグルテン。

セリアック病にかかっている人はグルテンを避けなければいけないのだが、それはグルテン自体にではなく、グリアジンに不耐性になるのが原因というのが興味深い。食生活という点からいうと、グリアジンよりグルテンを避けるほうが楽なので、だから「グルテンフリー」の食事を選ぶ人がいる。

そういう人には気の毒なのだけれど、お菓子やパンを焼く人にとってグルテンは最高の友だ（普通はイーストと組みあわされる）。グルテンはイーストと化学反応を起こして二酸化炭素の泡を発生させる。**グルテンの美しいペプチド鎖が伸びてその泡をつかまえるからこそ、生地は大きくふくらむ**。グルテンの何よりすばらしいところは、最終的には伸びるのをやめてその形を保つことである。だから、かならず生地が2倍の大きさにまでふくらんでから焼く。二酸化炭素が残らず放出されたら、それ以上は大きくならない。

グルテンの含有量は、原料となる小麦の種類によって違ってくる。含有量の最も多くなるのは硬質小麦（小麦の粒が軟質小麦より長くて硬いのでそう呼ばれる）の小麦粉であり（これを強力粉という）、イーストを使うレシピとの相性が抜群である。硬さがトップクラスなのがデュラム小麦で、粘り気がとても強い。伸縮性のある濃密な生地になるので、生パスタやピザ生地にするのにうってつけだ。パンプディングのほか、ココアパウダーのかかった菓子パンやちぎりパンなどに強力粉が使われるのも、理由はそこにある。

それにひきかえ、軟質小麦の粒は硬質小麦よりも短くて軟らかく、炭水化物がたっぷりである。タンパク質の含有量はわりあい低いので、硬質小麦ほどのグルテンはつくれない。そのため、伸縮性も弾性もそれほどではない。軟質小麦には、粒の色に応じて白小麦と赤小麦の2種類がある。軟質白小麦はペストリー粉にもってこいなのに対し、軟質赤小麦はケーキ粉に向いている。なので、私はいつもパイ生地には軟質白小麦――つまりペストリー粉――を使っている。

ペストリー粉とケーキ粉の大きな違いは、ケーキ粉には化学処理で漂白されたものが多い点だ。漂白には、単に見た目を白くするだけでなく、脂肪や糖への耐性を高める狙いもある。

お菓子づくりを始めたばかりの人がやってしまいがちな間違いは、粉の選択を誤るだけではない。よく見かけるのは、ベーキングパウダーが必要なのに重曹（ベーキングソーダ）を使ってしまうことだ。

重曹は正式名称を炭酸水素ナトリウム（$NaHCO_3$）という。これはアルカリ性の分子で、パンやお菓子を焼くのによく用いられる（重曹については次の章でさらに詳しく取りあげる。ネタバレ注意——重曹はキッチンの掃除にも使えるよ！）。

## 漂白すべきか、せざるべきか

お菓子やパンを焼く友人から一番よく訊かれるのは、「漂白小麦粉って何？」である。危険なの？　化学物質は本当に残留していない？　それともただのマーケティングのためのからくり？

じつをいうと、漂白小麦粉の起源は18世紀にさかのぼる。当時は小麦粉からブラン（小麦粒の外側の茶色っぽい部分）と胚芽（小麦粒についた白い胚）をとり除くのがすごく難しかった。そのため、製粉所で混じりけのない白い小麦粉（もしくは混じりけのない白い胚芽粉）が集められたときには、それを上流階級の客向けに取っておいた。やがて、白い小麦粉が富を連想させるようになり、なおのこと望ましいものとされていった。

いい加減な製粉所では小麦粉を白く見せるために、不純な小麦粉に石灰や骨のようなとんでもないものを混ぜるようになった。こうした工程は「白化」や「漂白」と呼ばれた。１７５０年代にはイギリス議会が、小麦粉に何か添加するのをすべて禁じる法律を制定しようとしたが、施行することはできなかった。

漂白はいまも行われているけれど、その工程には特定の化学物質のみが用いられている。代表的な小麦粉漂白剤は過酸化ベンゾイルで、色を白くしながらも、小麦粉の化学的性質を損なうことはない。無害な塩素系ガスが使われるケースもあるにはあるが、独特の後味が残る。

ところがここでおかしな話がひとつ。季節にもよるものの、加工から２〜４週間（夏で２週間、冬で４週間）で小麦粉は自然と白くなるのである。こうなった小麦粉は、寝かせる時間を置いたことで弾性を増し、格段にいい生地になってくれる。でもたいていの製粉業者は気が短いので、そこまで待てずに化学処理を好む。

私個人は決断に迷うことはない。買えるときにはかならず無漂白粉を買え、だ。

ベーキングパウダーにも重曹（炭酸水素ナトリウム）が含まれているほか、とても重要な成分である酸化剤（酒石酸など）が加えられている。ベーキングパウダーは生地を化学的にふくらませる働きをもち、お菓子なりパンなりの全体の体積を大きくする。パイ生地をつくる場合、ベーキングパウダーの中の酸化剤が重曹と反応し、二酸化炭素ガスを発生させる。このガスのおかげで生地は軽くなって空気をたくさん含んでくれる。それはパイの出来を左右するきわめて大事な要素だ。

ベーキングパウダーに含まれる酸化剤にはふたつの種類がある。ひとつは速効性の酸で、ボウルの中で重曹と反応してすぐさま二酸化炭素の泡を生じさせる。速効性の酸化剤としてよく用いられるのが、第一リン酸カルシウムと酒石酸水素カリウムである。

もうひとつは遅効性の酸化剤で、こちらはオーブンからの熱エネルギーが加わらないと二酸化炭素ガスを発生させない。酸性ピロリン酸ナトリウムや硫酸アルミニウムナトリウムのような分子は、オーブン内の温度が十分に高くなると重曹と反応する。

パイ生地を焼くとき、私はその両方を組みあわせたベーキングパウダーを使う。つまり、速効タイプと遅効タイプの両方の酸化剤が含まれている製品だ。私が愛用しているベーキングパウダーには、重曹（塩基）のほかに、第一リン酸カルシウム（速効性酸化剤）と硫酸アルミニウムナトリウム（遅効性酸化剤）がどちらも含まれている。パウダーが乾燥した状態を保てるように、コーンスターチもかなりの割合で配合されている。水分が混じると、酸と塩基（アルカリ性）が早すぎるタイミングで反応を始めてしまうからである。

## パイづくりにバターが最適な理由

パイ生地によく使われるもうひとつの材料がバターだ。化学の観点からすると、バターは「脂質」の一種である。脂質には多種多様な無極性分子が含まれるが、キッチンで使用される脂質はほとんどがトリグリセリドというサブカテゴリーに分類される。トリグリセリドは**固体のときには「脂肪」**と呼ばれ、**液体の状態では「油脂」**といわれる。たとえばバターは室温で固体なので、油脂ではなく脂肪とみなされる。オリーブオイルは室温で液体なので、油脂とみなされる。

トリグリセリド分子の内部で、炭素原子どうしの結合に1個でも二重結合があれば、それは**不飽和脂肪**と呼ばれる。分子内に単結合しかなければ、それは**飽和脂肪**である。

ココナッツオイルとバターは代表的な飽和（つまり単結合しかない）トリグリセリドだ。どちらの脂肪も室温では固体で、時間の経過とともに軟らかくなりやすい。オリーブオイルとキャノーラオイルはどちらもおもに一価不飽和油脂（一価とは二重結合が1個という意味）でできているが、オリーブオイルのほうが体にいい。さらにいうと、オリーブオイルはほかの伝統的な油の大半と比べて、一価不飽和油脂の占める割合が非常に大きい。

パイ生地に関しては、ほかのどんな脂質よりも古き良きバターを使うのが私は好きだ。でも料理をする場合なら、夫と私はオリーブオイル、アボカドオイル、キャノーラオイルを順ぐりに使用していて、それにはちゃんとした理由がある。キャノーラオイルはとても優れた油で、リノール酸を豊富に含んでいる。リノール酸は体内でほかの食物から生成することができない（ちなみに、必須脂肪酸とされているのはリノール酸とα-リノレン酸のふたつだけである。α-リノレン酸は一般にω（オメガ）-3脂肪酸とも呼ばれているので、みんなも聞いたことがあるかもしれない。α-リノレン酸はクルミや大豆に含まれている）。

あいにく、こうした体にいい油にはひとつ欠点がある。オリーブオイルのような**不飽和油脂の中の二重結合は空気中の酸素と反応しやすく**、そのせいで悪臭を放つおそれがある。油が「悪くなった」んじゃないかと思うような臭いがしたときは、たぶん酸化して二重結合を失ったしるしだ。なので、普段から大人数向けに料理をつくっているのでない限り、油のまとめ買いはしないほうがいい。

二重結合をもっているかいないかがわかれば、そのトリグリセリドの融点が予想できる。

融点とは、分子が固体から液体に変わる温度のことである。

二重結合をもたない分子は、そうでない分子より概して融点が高い。トリグリセリド内の二重結合の数が多ければ多いほど、融点は低くなるのが普通だ。だからほとんどの飽和トリグリセリドは固体（脂肪）であり、ほとんどの不飽和トリグリセリドは液体（油脂）である。

お菓子づくりではこの点を知っていないと、できあがったパイ生地のみっしり感やサクサク感が違ってくる。一番軽い生地に仕上がるのはバター（脂肪）を使ったときで、味も最高だと思う。ただし、バターでつくる生地は気まぐれでもある。とびきりおいしいパイ生地にするには、バターをほどよく冷やしておかないといけない。温まって軟らかくなったバターだと、生地がべたべたになって扱いにくく、薄く伸ばすのはまず無理だ。**のし棒と生地のあいだに山ほど分子間力が生まれてしまう**からである。

植物性ショートニングを好んで使う人もいる。気温が比較的高くても分子間結合をつくりにくいからだが、味には差が出ると私は思う。バターの場合より生地が少し重く、脂ぎった感じにもなりやすい。違いがどこからくるかといえば、ショートニングが１００パーセント脂肪なのに対し、バターは脂肪（80パーセント）と水（18パーセント）と牛乳（２パーセント）の混合物だからである。

さらには、パイ生地に油を使って人生をつまらなくしている人もいる。あなたがそうなら、いますぐやめて。オイルでつくった生地はどうしても乾燥してもろくなり、私がそれをやると決まってぼろぼろに崩れる。おまけに、油ベースのパイ生地は伸ばすのが至難の業で、どんなに上手な人が最高の道具を使ったとしてもなかなかうまくいかない。

## 油から火が出たら

油の話が出たところで、もうひとつ注意してもらいたいことがある。油脂や脂肪は水と混ざりあわないので、油に火がついたときには絶対に水で消そうとしてはいけない。

油火災は、油に含まれる不純物に火がついて起きる。同じ油を何度もくり返し使ったり、一度に大量の揚げ物をしたりすると起こりやすい。もし火が出たら、すぐに何かで覆えばいい。フライパンのふた（でも近くにあったベーキングシートでも）をつかんで、火にかぶせる。そうすれば酸素の供給をほぼ遮断できる。火がわりと小さければ、重曹や塩のような粉末を上からどさっと落とすのもいい。でもわが家の場合は、ものすごく大きいベーキングシートのところへまっすぐ向かう。

絶対に、間違ってもしてはいけないのは、水をかけることだ。なぜかというと、水は極性で油は無極性だからである。だからこの2種類の液体が混ざりあうことはない。混ざりあわなかったらどうなるかというと、水のほうがはるかに密度が高いために油の層の下にもぐり込み、高温のフライパンに触れる。こうなったら一大事である。水のほうがたいていの油より沸点がかなり低いので、瞬時に気化して液体から気体になる。すると、新たに生まれた気体の粒子はフライパンから逃れでようとする――しかもできるだけ早く。フライパンから出ていく際に、上にある油の層を押しのけ、火のついた油を四方八方にまき散らしてしまう。

油火災を起こさないようにするには、揚げ油をこまめに取りかえることと、調理する場所をきれいにしておくことが肝心だ。そうすれば、油がフライパンの外にはねたとしても、古布でさっとぬぐってしまえばいい。

# 砂糖がカラメルに変わるまで

おいしいパイをつくるうえで欠かせない最後のひとつが糖類だ。ここでいう糖類は粉末になったもののことで、パイに載せるベリーやフルーツなどの天然の甘味のことではない。糖類は炭水化物に分類され、どんな種類の糖類もかならず炭素と酸素と水で構成されている。水といっても、炭水化物の中に実際に水分子が含まれているわけではない。水素原子と酸素原子がつねに（水$H_2O$のように）2対1の割合を保っているという意味である。

私たちに日頃なじみのある糖類には、大きく分けてふたつの種類がある。単純炭水化物と複合炭水化物だ。まずは単純炭水化物から見ていこう。単純炭水化物は、炭水化物として存在できるうちで一番小さい部類の分子である。

単純炭水化物の中で代表的なのがグルコース（ブドウ糖）とフルクトース（果糖）であり、これらを**単糖類**と呼ぶ。どちらも分子式は同じ$C_6H_{12}O_6$で表されるものの、構造が異なる。ちょっとオシャレでしょう？　こういうふたつの分子を**「異性体」**といい、中に含まれる原子の種類も数もまったく同じなのに、つながり方だけが違う。たとえばグルコースには六員環が1個なのに対し、フルクトースは五員環が1個だ。

生物の授業で習った光合成を思いだしてほしい。植物は太陽エネルギーを利用して水と二酸化炭素を酸素に変換し、その過程でグルコースがつくられる。そういう理由もあって、単糖類の中ではグルコースが地球上で最も量が多い。トウモロコシやブドウの中をはじめ、私たちの血糖の中にもグルコースが見つかる。

一方のフルクトースは果物に含まれる単糖類で、サトウキビやビーツ、ハチミツのほか、もちろんリンゴやベリーなどの果実の中に存在する。

パイの中身(フィリング)(やコーヒー・紅茶)に使用されることが多いのは、スクロース(ショ糖ともいい、分子式は$C_{12}H_{22}O_{11}$)やグラニュー糖などの**二糖類**である。スクロースはフルクトース(果物に含まれる)ほど甘くはないけれど、グルコース(ほとんどの野菜に含まれる)よりは圧倒的に甘い。スクロースのうまくできているところは、じつはグルコース分子とフルクトース分子が合体してできた分子だという点である。だから二糖類と呼ばれ、文字どおり2種類の糖だ(お察しのとおり、単糖類は1種類の糖という意味)。

グルコース、フルクトース、スクロースはどれも単純炭水化物とみなされる。これらの分子は縮合反応〔2個以上の分子から水・アルコール・アンモニアなどの簡単な分子が脱離して新しい分子を生じること〕を通じて長くつながり、**多糖類**をつくることがある。代表的な多糖類がデンプンで、ジャガイモ、豆、米などに多く含まれるが、パイづくりでお目にかかることはあまりない。

糖類は熱にも反応し、それはパイをオーブンに入れてみればわかる。このプロセスはカラメル化と呼ばれ、色の変化を伴うとともに、信じがたいほど多種多様な匂いを生じさせるのが普通だ。カラメルをつくるとき、白い固体がゆっくりと変化して、黄色みがかった薄茶色のとろっとした液体になり、最後には濃い茶色の物質に変わる。そこに至るまではありとあらゆる芳香が空気中に放出される。

でもここで実際に何が起きているかというと、出発地点の白い固体、つまり混じりけのない砂糖が分解されている。砂糖（スクロース）が熱と相互作用すると、スクロースの結合が壊れてグルコースとフルクトースになる。黄色っぽい薄茶色の液体が確認できるのがこの段階だ。ミクロのレベルで見ると、**単糖類のつながった多糖類の鎖が分解されて、何百種類という分子がすぐさま生まれている。**甘い分子もあれば、苦いものもあり、なんともいい匂いを放つ分子もある。だからこそ、パイが焼きあがる頃になるとオーブンからの香りでわかる。

それと同時に、パイをオーブンに入れると、タンパク質分子（本章の前のほうで説明したペストリー粉の中のタンパク質など）も熱を浴びる。こうなると、変性と呼ばれるプロセスが始動し、小麦粉のタンパク質内部の結合が壊れはじめる。

どう壊れるかは、シナモンロールを思いうかべるとわかりやすい。オーブンが高温になると、シナモンロール(＝タンパク質)は振動を始める。シナモンロールの生地は渦巻き状にきつく巻かれていたのに、熱によってプラスアルファのエネルギーが与えられ、生地の形を保つ結合力が破壊される。その結果、ロールが開きはじめる。渦巻きがほどけて、もともとの長くて平たい生地に戻っていくかのように。こうした現象がミクロのレベルでパイ全体に起きる。つまり、**立体だったタンパク質がほぐれて、完全に平たい二次元のタンパク質になる**のである(朝食のオムレツのところで見た卵の話を思いだして)。これは重要だ。というのも、そうなると分子内の原子がすべてむきだしになるからである。

子どもの頃、食べる前にシナモンロールのロールをほどいてみたことはない？　ほどいて広げてみると、つくった人がどこにシナモンやバター(もしくは私の大好きな糖衣)をちりばめて巻いたかがよくわかる。パイの小麦粉の中のタンパク質分子が変性すると、まさしくそういう状態になる。原子のレベルで、長くておいしい線状に広がるわけだ。

タンパク質が完全に変性したあと、次にオーブンの中で起きるのは凝固と呼ばれるプロセスである。ざっくりいうと、(巻きのほどけた)シナモンロールのようなタンパク質どうしがぶつかり合う。オーブンの熱が分子を振動させるのを思いだしてほしい。なので、遊園地のバンパーカー〔バンパーどうしをぶつけ合って遊ぶ小さな電気自動車〕みたいに、いとも簡単に衝突する。

この衝突によって水素結合がつくられ、イオン間に相互作用が起きる。この結果、原子の長くつながった鎖ができ、個々の大きなタンパク質分子のあいだに空っぽのポケットが生まれる。私が思うに、このプロセスの一番すてきなところは、パイの中に残っていた水分子がそのポケットに飛びこむことだ。こうして水とタンパク質の鎖が組みあわさると、マクロのレベルでは「焼けたパイ」となって表れ、パイ生地ならではの歯ごたえとサクサク感をもたらす。

お菓子を焼いていても、こうした分子どうしの相互作用が具体的にいつ起きるかはいっさいわからない。すべてはミクロのレベルでくり広げられているため、オーブンを覗けば一目瞭然、というわけにはいかないのだ。変性の話も凝固の話も料理本にはまったく出てこない。ただ、オーブンを１８０度に熱して50分焼いてください、などと指示するだけである。ここがお菓子づくりのもどかしいところで、ともすると焼けすぎたり焼けなすぎたりしてしまう。

たとえば焼き菓子をつくったら（もしくは食べたら）、みっしり・パサパサしているくせに底の部分が水っぽかった、なんて経験はないだろうか（あるいは『ブリティッシュ・ベイクオフ』に出演するあなたイチオシの人の身に、そういう悲劇が起きるのを青ざめながら見守ったことは？）。**底が水っぽくなるのは、オーブンから取りだすのが遅れたから**であって、焼き型

に長く入れすぎていたためではない。

なぜ底が水っぽくなるかというと、パイの中のタンパク質が変性し、あのすてきなポケットができて、そこへ水が余分に入りすぎてしまうためだ。しかもすでにタンパク質は凝固を終えている。なのに、つくり手がほかのことに気を取られるとか、タイマーをセットし忘れるとかして、パイを何分か、もしくはたった何秒かでも長くオーブンに入れておいてしまった。そうすると、余計な分子間力が働くことになる。焼いているデザートが必要以上の熱を受けると、タンパク質分子間の距離が縮まって、ポケットに収まっていた水分子を押しだす。

お菓子から水分子が抜けでた場合、そこから先は2通りの筋書きが考えられる。ひとつはいわずと知れているが、水が蒸発してオーブンから出ていくこと。こうなるとしっとり感のないお菓子になるか、下手をすると焦げる。もうひとつは思いがけない結果であり、お菓子づくりをする大勢の人を悩ませている。もちろん私もそのひとりだ。

水は比較的密度の高い分子なので、すてきなポケット内にとどまっておらずに、焼き型の底に沈んでほかの水分子と水素結合をつくりやすい。ある程度の量の水分子が底に溜まると、お菓子の一番下に水っぽい層ができてしまい、『ブリティッシュ・ベイクオフ』の審査員ポール・ハリウッドに苦笑いされることになる。

ひとつ指摘しておきたいのは、底が水っぽくなるのに分子間力がまったくかかわっていない場合もあることだ。悪気なくレシピを変えたせいで、全体として水分量が多くなりすぎてしまうケースもある。たとえば、レシピにラズベリーを4カップと書いてあったら、いくら風味が好きだからってブラックベリー4カップに替えてはいけない。ラズベリーはもともとブラックベリーより水分がかなり少ないからである。水分量の少ないラズベリーの代わりに、みずみずしい生のブラックベリーを使ってしまうと、完璧なパイどころか、ぐちゃぐちゃと水っぽい代物ができあがる。

## 生のベリーvs.冷凍のベリー

レシピによって、冷凍のフルーツを使用させるものと、生のフルーツを使えと指示するものがあるが、どうしてなのかを考えたことがあるだろうか。それは、冷蔵庫のブルーベリーと冷凍庫のブルーベリーには大きな違いがあるからだ。具体的には、水分子間をつなぐ水素結合の長さである。液体状態での水素結合のほうが、固体状態での水素結合より狭い空間で形成できる。水はこの点がいたって風変わりだ。固体状態だと分子間の距離が離れるせいで、固体の氷が液体の水の上に浮く。ほかの物質はたいていそれと正反対で、固体は液体に沈む。

つまり、水が凍ると膨張する（ほとんどの固体は収縮する）。シャンパンのボトルを冷凍庫に入れてはいけないのはそのためだ。水分が凍り、膨張し、瓶からコルクを押しだして、冷凍庫内で大爆発を起こしてしまう。私は化学を専攻していたのにうっかりしてしまい、ビールにも同じことが起きるのを痛い思いをして学ばないといけなかった。なんとも決まりの悪い失敗だった。

それはさておき、この科学的事実が生ベリーと冷凍ベリーの味にどう影響するかを考えてみよう。生のブルーベリーの標準的な水分含有量は85パーセント程度であり、このおかげでプチっと弾けるみずみずしさが生まれる。冷凍のほうはそうはいかない。ブルーベリーを冷凍庫に入れると、ベリーの中の水分が凍る。その氷は膨張して細胞膜を押し、完全に破らないまでも傷つける場合がある。

ブルーベリーを冷凍庫から取りだすと、氷が解けて傷ついた細胞膜が残る。このせいでベリーは水分を内側に保持することができなくなり、最終的にはパイ全体の水分量（とパイの味）に影響を与える。別の言い方をするなら、冷凍ベリーを使えとレシピに書いてあったら、かならず冷凍ベリーを使うこと。さもないと、パイの底の部分が水っぽくなってしまう。

## 匂いと味わいの化学

レシピどおりにつくれば、非の打ちどころのないパイが焼きあがり、キッチンはすばらしくいい匂いに包まれる。匂いのもとになる分子は**芳香族化合物**と呼ばれ、オーブンからパイを取りだすとそれが山ほど放出される。

食べ物の匂いはその味とじかに相関していることがほとんどだ。「いい匂い」の食品は味もとてもいいのが普通で、匂いには記憶を呼びさます力もある。私の場合、母のレシピでパイを焼いたときの匂いをかぐと、懐かしさが込みあげてくる。なじみ深い匂いは記憶をよみがえらせ、その味をどう感じるかにも影響を及ぼす。

キッチンでは、嗅覚が第一の防衛線だ。嗅覚の一番大きな目的は、私たちの命を危うくしかねない（細菌のような）ものを避けることである。生まれつき嗅覚をもたない人もわずかながらいる。そういう人は食べ物の味を余すところなく感じることができないばかりか、腐ったり傷(いた)んだりした食べ物から身を守る本能が欠けている。私の知り合いに、実際に嗅覚のない人がいる。その人が大学生のときに母親がアパートに訪ねてきて、部屋に足を踏みいれたとたんに吐きそうになった。どうやら冷蔵庫の隅に悪くなった鶏肉が隠れていたようなのだが、知人はその匂いに気づくことができなかったのである。

けれど嗅覚をもつ人間にとっては、料理の匂いと味が良ければ、そのふたつの感覚が組みあわさって、いわゆる風味が生まれる。私たちが反応するのはその風味に対してであり、大好きな風味がどういうものかは人によって異なる。そうはいっても、宇宙に存在するすべての風味――インスタントのマカロニ・アンド・チーズ〔ゆでたマカロニにチーズソースを絡めたアメリカの家庭料理〕から高級レストランの味わい深いメニューまで――は、どれも4種類の分子から得られている。水、脂肪／油脂、タンパク質、そして炭水化物だ。

それらの味をミクロのレベルまで読みとくのが私たちの脳は大得意である。なにしろ、いま食べているのが単純炭水化物か複合炭水化物か（つまり砂糖かでんぷんか）も区別できるくらいだ。それというのも、脳にメッセージを送る**味蕾（みらい）が多種多様な分子を感じわけられる**ためである。たとえば味蕾が水素イオン（$H^+$）を感知したら、私たちはそれをすっぱいと知覚する。アルカリ金属であれば、しょっぱい味になる。

お菓子を焼く場合でいうと、脳は単純炭水化物――フルーツ類の糖分――と複合炭水化物――ペストリー粉のでんぷん――の違いがわかる。甘さ（単純炭水化物）とうま味（複合炭水化物）の混じりあったこの状態こそが、パイを史上最強のデザートにしていると私はいいたい(ひいきの引きたおしかもしれないけどね。母のつくるパイが殺人的においしいんだっていったよね?)。

味蕾がこれほどいろいろな分子を感知できるのはなぜだろうか。それは、**イオンチャネル**と呼ばれるものの内部に、特定のイオン――この場合ならナトリウムイオン($Na^+$)と水素イオン($H^+$)――がどれくらいの濃度で存在するかを脳がたえずモニターしているからである。イオンチャネルはいろいろな器官の細胞内に位置していて、イオンが全身をめぐるための特別な経路の役目を果たしている。車が移動できるように道路がつくられているのと同じである。

塩分を多く含むものをかじると、舌表面のイオンチャネル内を移動するナトリウムイオンの数が増え、そのことを脳が感知する。水素イオンの濃度が高まれば、私たちがすっぱいものを食べたのだと脳はすぐに気づく。

しかもこのすべてが一瞬のうちに起きる。脳っていうのは本当に能力が高い。

分子のレベルで見た場合、塩味・酸味と甘味・うま味とのあいだに大きな違いはひとつしかない。分子間の結合の仕方である。しょっぱい食べ物とすっぱい食べ物はイオン結合を用いているのに対し、甘い食べ物とうま味のある食べ物は共有結合で結びついている。私たちが相当に甘いものなら耐えられても、ものすごくすっぱいものが耐えられないのはこのためだ。たとえばブルーベリーパイを食べるとき、味蕾はすぐに甘味を感知する。でも甘い物を食べている分には、イオンチャネルという経路を利用することはない。

同様に、苦味はつねに苦味であり、濃度が変化したところで全体の味は変わらない。苦いものを1滴飲むだけでも、それが1カップでも、味は同じように苦い。

甘味、うま味、苦味は、脳へ伝わる際にイオンチャネルを通らないので、甘味は甘味、苦味は苦味というように、いつも同じカテゴリーにくくられる。これらの味は、共有結合をもつ特定の分子が、味蕾の細胞膜内にある受容体と化学反応することで生まれている。この反応が起きると、脳はすぐさま甘味、うま味、苦味を感じる。くり返しになるが、このすべてが1秒とたたないうちに完了する。

ついでに、よく耳にする誤解をここで正しておきたい。それは、舌はどの場所でもほぼ均等に5つの味覚を感知できるのであって、感じる領域が味覚ごとに分かれているわけではないということ。舌のどの部分であってもパイの甘味を感じることができる。

食べ物には大きく分けて5つの味がある。甘味、塩味、酸味、うま味、そして苦味だ（「うま味（umami）」というのは日本語で、直訳すると「おいしさ」という意味である。アメリカでは「umami」の代わりに「savory」という単語を使うことが多い）。お菓子づくりの達人はこの5つのカテゴリーを組みあわせて、すばらしい風味を際限なく生みだしてみせる。

定番のルバーブパイを例にとってみよう。フィリング（パイの中身）にはルバーブ（酸味）が4カップと、砂糖（甘味）が3分の2カップ、それから塩がひとつまみ入っている。そこにレモンの皮（さらなる酸味）を加えれば、酸味－甘味－塩味のバランスがとれた完璧なおいしさが生まれる。

でも、化学の観点から見て私がとりわけ面白いと思うのは、同じ分子を組みあわせても人によって味の解釈の違う場合があることだ。ルバーブパイなんて大っ嫌いだという人もいれば、私などはこれに目がない。なぜそうなるんだろう。

どういう風味を好むかを掘りさげていくと、快楽を感じるための心理学的な仕組みに行きつく。それを理解すれば、どうして人には食べ物や色や映画や歌などに好みがあるのかが見えてくる。脳の化学は恐ろしいほどに込みいっているものの、おおかたの心理学者はひとつの点で考え方がほぼ一致している。それは、何かにはじめて接したときに好ましい経験をすると、人はそれが好きになるというものだ。その結果として、**脳の反応する化学受容体の種類が違ってくる。**

食べ物の場合、好物が決まるのは非常に幼いときであることが多い。私がルバーブパイを大好きになったのも、たぶんそれが生まれてはじめて味わったパイだったからだろう。酸味－甘味－塩味の絶妙の組みあわせは幼心に衝撃的だった。そのたった1回の経験を上回るパイにはまだ出会ったことがない。

　とはいえこれは一般論であって、例外もひとつある。舌を鍛えれば、さらにいろいろな風味に気づけるようになることだ。マラソンやフットボールの試合に向けて筋肉を鍛える際、一心不乱に懸命に努力して何度も何度もトレーニングをくり返すように、食物中のさまざまな分子ついても味わう訓練ができる。その結果として新しい好物を発見することもよくある。それもこれも舌が肥えたおかげ。味気ない言い方をすれば、感知できる風味の数が増えたおかげである。

　味覚に優れた人というのは実際にいる。たとえば、私の知人にお菓子づくりの達人がいて、オートミールクッキーにほんの少しナツメグが入っているだけで瞬時にそれがわかる。行きつけのタイ料理店で、カレーに魚醤（ぎょしょう）が使われていることに気づける食通もいる。けれど、そうでない普通の人間の場合、年を重ねるにつれて（もしくは喫煙量が増えるにつれて）脳は舌からの信号をうまく読みとれなくなっていく。まるで自分の味蕾が――つまりイオン結合や共有結合の分子を感知する能力が――すり切れてしまうか、まじめに仕事をしなくなるかのようだ。それは高齢になるほど顕著になる。だからまだ若いうちは、同じパターンに陥らずにいろいろなことをやってみよう。ルバーブパイをつくり、それからアップルパイを焼いて、どっちが好きかを確かめてみるといい。

以上のように、デザートの中の原子と分子のあいだにはさまざまなことが起きている。これを理解すると、お菓子づくりがいままで以上に楽しく、そして食べることがはるかに面白くなるんじゃないかと思う。

でも、みんなも私みたいな人間だとしたら、ほっぺが落ちそうなブルーベリーパイを焼いたあとには**キッチンがめちゃくちゃになっているに違いない**。服は（髪も）粉まみれだし、床にこぼれたお菓子のかけらを飼い犬が好き放題になめている。

パイを4時間かけて冷ますあいだ、私は居ても立ってもいられずに、洗濯室から古布の束といろいろな掃除用品を抱えてくる。

ひと仕事しなくては。

# 第10章

# 口笛吹いて働こう——家の掃除

Whistle While You Work : Cleaning the House

# 混ぜるな、危険

私は掃除が好きだ。

いや、そういう言い方には語弊がある。実際には、家がきれいになっているという感覚が好きだ。どこかをピカピカの新品同様に仕上げたときにはわざわざ夫を呼んできて、私がたったいまきれいにしたものを無理やりほめさせることがある。何年もそうやっているうちに夫はコツをつかみ、トイレを見て「うわー、すごくきれいだね」とだけいい残して自分の日常に戻るようになった。

キッチンのカウンタートップを漂白したり、レモンを使って排水管の詰まりをとり除いたりするときには、かならず自分の化学スキルを家でも活用しているし、化学者としての自分は当然ながらそれを楽しんでもいる。

これから洗剤について丸々1章かけて解説し、その途中でいろいろなコツを伝授していきたいと思う。ただその前に、**普段の掃除で使う化学物質についてはちゃんと関心をもったほうがいいですよ**、という話をしておきたい。

そもそも家庭用の洗剤にはどれも、入念に選ばれた何種類もの分子が含まれており、それらが協力して特定の清掃作業をする。便器の洗剤には酸が、漂白剤には次亜塩素酸ナトリウムが、窓用洗剤にはアンモニアが。こうした分子は所定の場所で汚れを除去する分には高い効果を発揮するものの、ほかの場所で使うと有害になる場合がある。きっとみんなはこのことを本能的に察知していると思う。浴室用の洗剤で床の拭き掃除をしようとか、花崗岩のカウンタートップにガラスクリーナーを使おうとか(保護層がはがれるのでやっちゃだめ)、たいていの人は考えないはずである。

さらに大事なのは、もっと「強力な」洗剤にしようとして**複数の洗剤を組みあわせるのは絶対にいけない**ということ。それはまるで、実験室で適当に選んだ分子を混ぜてどうなるかを確かめるようなものであり、しかもそれよりもっと厄介だ。なぜって、洗剤に使用される化学物質には反応性の高いものが選ばれているからである。便器の洗剤と漂白剤がいい例だろう。

強い酸(便器用の洗剤)を次亜塩素酸ナトリウム(漂白剤)に加えると、化学反応が起きて有毒ガスが発生する。**塩素**だ。塩素ガスはバーソライトの異名をもち、第一次世界大戦で化学兵器として使用された。私自身は一度も嗅いだことがないけれど、当時の兵士によればパイナップルとコショウを混ぜたような独特の臭いがしたそうだ。塩素ガスは、**口やの**

**どや肺の中の水分と反応して塩酸をつくる。**塩素ガスは非常にたちの悪い分子なので、キッチンにしろ浴室にしろ、うっかり発生させるような真似は絶対にしてはいけない。それをいうなら、どんな狭い空間でもだめだ。

それから、アンモニアを含む洗剤（窓用洗剤など）と漂白剤を混ぜるのもいけない。次亜塩素酸ナトリウムとアンモニアが反応すると、数種のクロラミン（$NH_2Cl$）ができ、これは人体に有害だと考えられている。水道水やプールの水に含まれるクロラミンの濃度が比較的高い地域で、膀胱がんと結腸がんが多いことを指摘する研究もいくつかある。目の刺激感や呼吸器の不具合の原因となることも示されている。

これでもまだ掃除用洗剤で化学実験をしたがる人が万が一いるといけないので、もうひとつ恐ろしい話を紹介しましょうか。２００８年に日本で、ひとりの女性が洗濯洗剤〔日本では「トイレ用洗剤」と報じられている〕と別の洗剤を混ぜて自殺したうえに、同じ集合住宅の住民90人が体調不良を訴えた。安全上の懸念から、日本のメディアはその別の洗剤が何だったのかを報じなかった。賢明な判断だったと思う。

ということで、洗剤は一度にひとつの製品を使うというのを理解したところで、ベトベトやヌルヌルや色じみや汚れをどうやってきれいにしているのか、背後にある強力な科学に目を向けてみよう。読んでいくうち、私たちは家の掃除をうまくやりすぎているんじゃないかと思えてくるかもしれない。

## 食器用洗剤と食洗機用洗剤

まずはキッチン。私が土曜朝の掃除を始めるのもここからだし、掃除した箇所を夫に見せて回る（題して「ビバードーフ家クリーニングツアー」）際にもここが出発地点になる。最初にするのは、前の晩の食器をぜんぶ集めて、できるだけ自動食器洗い機に詰めこむことだ。プラスチック製のものは一番上に置く。そうしないと、食洗機の熱で変形するおそれがある（化学！）。大きな鍋やフライパンは一番下に入れる。

食洗機の科学はいたって単純だ。水が食洗機に流れこみ、洗剤が噴射される。大事なのは、**普通の食器用洗剤と食洗機用洗剤を間違えない**こと。というのも、そのふたつはまったく異なる分子でできているからである。食器用洗剤に配合されている分子は肌に触れても安全なのに対し、食洗機用洗剤はもっときつい化学物質でつくられている。だから絶対に、間違っても、じかに触れようなんて気を起こしちゃいけない。

食洗機用洗剤の強力な分子が食器の汚れを除去し、汚れは排水口から吸いだされていく。ほとんどの食洗機用洗剤には、メタケイ酸塩や炭酸ナトリウムのほか、金属の水酸化物が含まれている。その多くは酵素と結合までしている。食洗機が動きだしたら、こうした化学物質がさまざまなやり方で食器上の分子と反応する。アルカリ塩が油汚れを分解するあいだ、酵素はタンパク質の断片に取りかかる。こびりついたラザニアがこのふたつの分子と反応しなければ、金属水酸化物がその仕事を片づける。

これらの化学物質は一致団結して、食器に残った細かいかけらをはがし、それが熱い化学物質のシチューの中でさらに分解されていく。それらは食洗機の排水口から消えていき、あとは食器を十分にすすいで終わり。ほら、すっかりきれい！

面白い話があって、私は大学2年生のときに「食洗機の化学」の洗礼を受けた。ある日、私の食洗機からものすごい勢いで泡があふれだしてきたのである。どうやら家事の苦手なルームメイトが、食洗機用洗剤を入れるべきところに普通の食器用洗剤を入れてしまったらしい。おまけに、食器をものすごくきれいにしたかったので、ご丁寧に皿の1枚1枚に食器用洗剤をふりかけてもいた。

大げさじゃなく、泡は何日も止まらなかった。とうとうにっちもさっちも行かなくなって、アフターサービスの窓口に電話をかけた。そしてやって来た修理担当の男性が、じつに気の利いた科学のトリックを見せてくれた。男性は植物油の入った大きな容器をもってきていて、まっすぐ食洗機に近づくと、少なくともカップ1杯くらいの油を中に入れ、あとは食洗機を2度回すようにと私たちに指示して帰っていった。

たちまち結果が現れた。

泡がぴたりと止まったのである。**食器用洗剤に含まれる界面活性剤と油が反応したから**だった。界面活性剤は大きな分子で、親水性の側と疎水性の側をもっている。食器を手洗いする場合は、昔からこの性質を利用して食器から汚れを落としてきた。どうするかというと、疎水性側が食べ物のかけらをつかみ、親水性側が水と結びつく。このおかげで、食べ物のかけらが楽々と食器から離れられるわけだ（シャンプーの界面活性剤が髪の油汚れを除去するのと同じである）。

われらがヒーローの修理担当者が食洗機に油を入れたとき、界面活性剤の親水性側が水と水素結合をつくり、一方の疎水性側と油とのあいだに分散力が生まれた。あとは水が食洗機から押しだされるときに、一緒に油分子も引きつれていったのである。

そもそもどうして泡が立ったのだろうか。泡が生まれたのは、洗剤中の界面活性剤分子がほかの界面活性剤分子（そう、同じ洗剤の）や水分子と水素結合をつくったからである。この相互作用はとても強力なので、食洗機内の空気を中に閉じこめて泡ができた――数えきれないほどに。それで泡問題が勃発した。けれど、食洗機に油が加えられたことで界面活性剤の疎水性側が活性化し、最終的に食洗機の泡祭りが幕を閉じたのである。

鍋やフライパンの油汚れが食器用洗剤でよく落ちるのも、そこに理由がある。界面活性剤が親水性と疎水性という両方の性質をもつおかげで、食べ物と油の粒子を既存の（フライパンとの）結合から引きはなすことができる。油で汚れたフライパンを洗うときに、食洗機に入れるよりも食器用洗剤をじかにかけるほうがきれいになりやすいのもこのためだ。フライパンの油はシンクの水を弾いてしまうので、仲をとりもってくれる存在――つまり界面活性剤――が必要である。それがあれば油をフライパンからはがして、水と一緒に流すことができる。

ただし、鋳鉄製のフライパンには食器用洗剤を使わないように注意してほしい。上質な鋳鉄製フライパンにはシーズニング（油ならし）がしてあって、薄い分子層が底面を隅々まで覆っている。そこに食器用洗剤を使用すると、界面活性剤の疎水性側がその分子と結合し、表面から引きはがしてしまう。

大好きなレイチェル・レイ〔アメリカの有名料理人でテレビパーソナリティ〕によると、鋳鉄製のフライパンを洗うには熱湯と粗塩が一番いい。塩の結晶の角の部分が厄介な分子に入りこみ、それをフライパン表面から物理的に押しだしながらも、シーズニングの分子と反応することはない。あとはお湯で洗い流し、底に少量の油を敷く。錆びないようにペーパータオルで包むといいとレイチェルはアドバイスする（けれど、私はいつもこのステップを省いている。油が空気中の水分を軒並み弾いてくれるので、本当はペーパータオルなどいらないのである）。

## 重曹がいろいろ使える理由

食器用洗剤の界面活性剤はフライパンには大いに効果を発揮するが、タッパーウェアの色じみに対してはなすすべがない。これをどうにかしたいとき、私は頼れる相棒の炭酸水素ナトリウム（$NaHCO_3$）にご登場願っている。つまり**重曹**だ。みんながどうしているかはわからないけど、私は家中のいろんな場所に重曹を置いている。猫砂に混ぜるのに1箱、自分の科学実験用に1箱、そしてパイづくり用に1箱。この小さな分子ひとつでいろいろなことができるのは、これが**塩基だから**である。

塩基に分類される分子（重曹や水酸化ナトリウムなど）はヌルヌルしているように感じられる。それはなぜかというと、皮膚表面の脂肪や油脂と反応しているからだ。つまり、その分子をさわるから、ヌルヌルするのであって、しかもその**ヌルヌルの正体は自分の指の油が引きだされたせい**である。不気味でしょう？　皮膚と分子の触れる面積がそれなりに大きいと、まさに皮膚の上で石けんをつくる塩基まである。

１９９９年の映画『ファイト・クラブ』では、塩基が悪い意味でちょっと注目された。タイラー・ダーデン（ブラッド・ピット）が主人公（エドワード・ノートン）の手の甲に、さっきも触れた水酸化ナトリウム（苛性（かせい）ソーダ）を振りかけたのだ。この塩基が皮膚と反応し、主人公は絶叫して苦痛にあえぐ。このシーンは科学的には間違っていて、苛性ソーダが手に触れてもそこまでは痛くない。でも、それが手の表面の脂肪と油脂から石けんをつくりはじめるわけだから、気持ち悪いことこの上ない。重曹のような塩基性の家庭用洗剤を大量に使ったときに、同じ感覚を味わったことがみんなにもあるんじゃないだろうか。

なぜそうなるのか、そして苛性ソーダがタッパーウェアの色移りをどうやってとり除くのかを説明するには、まず塩基とは何かを理解してもらう必要がある。塩基とは、水に加えられたときに陽子１個（$H^+$）を受けとる分子、と定義されることが多い。ここでいう陽子とは、水素原子が１個の電子を失った状態を指して私のような科学者が使う言葉である。重曹（炭酸水素ナトリウム）が「陽子を１個受けとる」と次ページの図のようになる。

ここの話を進めるうえでは、**タッパーウェアの色じみ分子から重曹が陽子を１個受けと**

$$NaHCO_3 + H^+$$
$$\rightarrow Na^+ + CO_2 + H_2O$$

**る**、と考えておけばいい。このプロセスには少し時間がかかるので、タッパーウェアを重曹の水溶液に2〜3時間つけておくことをおすすめする。時間がきたら、溶液に多少の界面活性剤を加えるため、私はいつも食器用洗剤を何プッシュかかけている。

重曹は色じみ分子からいくつか陽子を盗みだし、その厄介な分子を分解して、それを食器用洗剤が押しながす（界面活性剤分子のおかげ）。このとき溶液に氷を入れる人もいる。でも意外かもしれないけれど、そんなことをしたら水に溶けこめる重曹の量が減ってしまうだけだ。

# 酸のパワー

ミクロのレベルの話をすると、どんな塩基も陽子（$H^+$）を受けとりたがっていて、一番手っとり早いのは「酸」と呼ばれる分子から陽子を奪うことだ。酸は非常に反応性の高い分子であり、余分な陽子1個をいつでも渡せる状態にしている。代表的な酸が酢で、5パーセントほどの酢酸（$CH_3COOH$）を含んでいる。酢と重曹を反応させるとなんとも楽しいことが起きる。あちこちの科学フェアで火山を噴火させているのがこの反応である。

こういう仕組みだ。重曹に酢を注ぐと、酢の中の酢酸（$CH_3COOH$）が重曹（$NaHCO_3$）に陽子（$H^+$）を1個与える。

酢と重曹の混合物からはたちまち泡が湧きだす。泡はただの二酸化炭素（$CO_2$）で、この中和反応の過程で発生したものである。

でもそれだけじゃなく、泡の発生と並行して別の反応も起きている。酢酸（$CH_3COOH$）が陽子（$H^+$）を与えて酢酸ナトリウム（$CH_3COONa$）になるのだ。酸–塩基の化学では、こういう関係にある分子を共役酸塩基対と呼ぶ。両者の分子式は陽子1個の違いしかない。酢

$$CH_3COOH + NaHCO_3$$
$$\rightarrow CH_3COONa + CO_2 + H_2O$$

酸（酢）は酸であり、酢酸ナトリウムはそれに対する共役塩基である。

幸い、酢酸ナトリウムは危険な分子ではないので、酢と重曹を混ぜても人体に悪影響はいっさいないと考えられている。

それから、たぶん意外でも何でもないだろうが、酢、とくにホワイトビネガーは洗剤代わりとしてキッチンで大活躍してくれる（ほかの種類の酢を使っても構わないけれど、赤ワインビネガーのような色の濃い酢は、色の薄いものを掃除するのにはあまりおすすめできない）。

ホワイトビネガーは無色透明の液体で、値段もかなり安く、ダメージを与えずにキッチンの汚れを除去するすばらしい物質だ。シンクにも、コーヒーポットにも、ワイングラスのくもりにも使える。酢でゴミ箱を拭いている人もいる。

シンクなどの汚れ分子に対して**酢酸が陽子を1個与えると、汚れ分子はシンクを離れ、酢酸との酸-塩基反応を優先して実行する。**これには少し時間がかかり、酢がシンクの表面に浸透しないと目に見える変化は現れない。でも15分くらい置いて、たわし（または使用済み歯ブラシ）でこすればきれいに落ちる。あとは水で表面をよくすすげばいい。

絶対にやってはいけないけれど、もしも掃除用の酢の水溶液をなめたとしたら、酸に特有のすっぱい味がする。酸味を感じるのはヒドロニウムイオン（$H_3O^+$）の濃度が高いためである。ビールを発酵させすぎたときにもこういう状態になる。酢酸がつくられ、解離してヒドロニウムイオンが生まれ、それが自家製ビールをひどくすっぱくしてしまう。

酸を安全に味わいたければ、レモンやライムに含まれるクエン酸がいい。これもまた、安全な家庭用洗剤の役目を果たしてくれる。シンクの排水管や、冷蔵庫のウォーターサーバーを掃除するときには、レモンを使うのが私は好きだ。私の住むテキサス州オースティンの水はどちらかというと硬水である。つまり、いろいろなミネラルが水に含まれている。それらが少しずつパイプの内側にたまって詰まりやすくする。食べ物や髪の毛などがそこに引っかかるとなおさら厄介である。

この問題をやっつけるうえで、クエン酸を含むレモンは魔法の解決策になってくれる。

NaHCO3
(重曹)
C6H8O7
(クエン酸)

レモン1個か2個を半分に切って生ゴミディスポーザー〔シンクの下に設置し、投入された生ゴミを粉砕して水と一緒に排水管に流す仕組み〕に入れれば、排水管を下っていってくれる。ぬるめのお湯でレモンのクエン酸を排水管に通してやれば、レモンの香り漂うキッチンで楽しく料理ができる。

クエン酸は三塩基酸の一種である。どういうことかというと、酸-塩基の化学反応において3個の陽子を提供できるという意味だ。キッチンの排水管とのからみでいうと、この強力な酸は排水管を下っていきながら、堆積した硬水のミネラルに抱きつく。ミネラルは酸性分子に引きつけられやすいので排水管を離れる。だから詰まりが解消する。

何やら共通するテーマが匂ってきませんか？　私たちがキッチンや浴室などで使用する洗剤はすべて、ほかの分子を引きつけたり、しっかりかんだりすることで手際よく仕事を片づけている。おかげでその分子は、いると迷惑な場所からどいてくれる。ただ、そういう汚れ分子の化学組成は千差万別なので、引きよせるにはそのつど専用の「磁石」が必要になるというわけである。

## 漂白剤は汚れを「見えなく」する

具体的にカウンタートップで見ていこう。あまり時間がないとき、私は何にでも使える表面洗浄剤に頼る。これはおもに水と、少量の塩化アルキルジメチルベンジルアンモニウムでできている。食器用洗剤と同じくこの分子も界面活性剤であり、親水性の側と疎水性の側をもっている。このため、表面の汚れ分子とのあいだにものの数秒で物理的な変化を起こしはじめる（つまり、おもに分散力による分子間力を形成する）。とはいえ、汎用の表面洗浄剤の場合は、汚れを浮かせるために数分置かないといけない。洗剤の注意書きにはかならず従ったほうがいいけれど、**みんなも私みたいだとしたら、待つのは得意じゃないのでは？**

だから私はいささか神経質なくらいに、キッチンの表面を週に一度は漂白剤（次亜塩素酸ナトリウム）で拭いている。液体の漂白剤としての次亜塩素酸ナトリウムは淡い黄緑色で、いかにも清潔そうな独特の匂いがする。次亜塩素酸ナトリウムは塩基性分子なので、その漂白剤溶液は炭酸水素ナトリウム（重曹）に似たふるまいをすることが予想される。

漂白剤の配合されている洗剤は、商品によって次亜塩素酸ナトリウムの濃度が異なる。洗濯洗剤や一般的な家庭用漂白剤では、次亜塩素酸濃度が3〜8パーセント程度だが、そこに少量の水酸化ナトリウム（『ファイト・クラブ』で使われた塩基）も加えられていることが多い。

水酸化ナトリウムが入っているのは、洗浄力を高めるためではない。緊急時の安全対策として、次亜塩素酸ナトリウムの分解を遅らせるために配合されている。保管している最中に、仮に漂白剤が分解して例の有毒な塩素ガスが発生しても、水酸化ナトリウムが塩素ガスと反応して再び次亜塩素酸ナトリウムをつくってくれる。うまくできているでしょう？

私がキッチンで漂白剤を使いはじめたのは大学生の頃だ。化学の先生が本筋から脱線して、次亜塩素酸ナトリウムがどれだけすごいかについて語りだしたのがきっかけである。先生によれば、次亜塩素酸ナトリウムはいろいろな物体の表面を安全に殺菌できるため、病院で好まれている。低濃度（0・05パーセントくらい）なら医師の手の消毒に使えるし、高濃度（0・5パーセントくらい）なら体液のかかった場所の消毒にも使用できる。だから血液が飛びちったとき、清掃に一番適した化学物質は漂白剤なのである。

とはいえ、漂白剤は実際に表面から異物をとり除くわけではない。そうではなく、分子内の結合をいくつか壊す（これによって細菌が死ぬ）。つまり、その分子を構成する原子は、カウンタートップや浴室の床の微細な穴にまだ残っている。

なので、**何かの痕跡を警察の目から隠したいのなら、漂白剤を使わないほうがいい。**

どういうことか説明しよう。次亜塩素酸ナトリウムは汚れ分子と反応して、その分子と光との相互作用のやり方を変える。この反応が起きたあとでは、分子はもう可視光領域（赤－オレンジ－黄－緑－青緑－青－紫）の光を放つことができない。そのため、人間の目には見えなくなるものの、厄介な分子は依然として存在している。

だから、あなたが大量の血液を警察から隠したい場合は、漂白剤を使えば目に見える痕跡は消せる。でも、警察があなたの行動を不審に思ったら、漂白された箇所にルミノールをかけてブラックライト（紫外線）を当てさえすればいい。血痕がホタルのように浮かびあがる。

別の言い方をするなら、カウンタートップや浴室で漂白剤を使っても、実際に細菌をとり除いているわけではないということだ。ただ分子の色を変えているだけである。とはいえ心配はいらない。ほとんどの漂白剤には少量の界面活性剤が含まれているので、濡れぞうきんで拭けば細菌を除去しやすくなる。

# 酸性洗剤とアルカリ性洗剤

キッチンが終わったら、私はたいていリビングルームに移動する。そして自分のリーディングヌック〔部屋の隅にある読書用の小さな空間〕の窓に向かい、こびりついた犬の鼻の跡をきれいにして悦に入る。

この仕事をこなせる最有力候補は、同じく塩基のアンモニアだ。アンモニアは塩基なので汚れやほこりと結びついてくれるため、洗剤にするにはうってつけである。ひと拭きするだけで、窓の汚れが落ちてピカピカになる（けれど私が背中を向けたとたんに、うちの犬がそそくさと窓に近づいて掃除を台無しにする）。

アンモニアは家具や床を磨くのにも適しているが、便器や浴室の汚れには向かない。でもそのことは『マイ・ビッグ・ファット・ウェディング』〔２００２年公開のカナダ・アメリカ合作映画〕のお父さんには内緒ね。なんたって、窓拭きスプレーで何でも――ニキビだって――治せると信じているんだから。

うちには犬が２匹に猫が１匹、それからアレルギーもちの夫がひとりいる。なので窓拭き以外では、ほこりを払ってペットの毛を吸いこむことがリビングでのおもな作業になる。だから私はスイッファー〔シートを取りかえて拭き掃除するタイプのアメリカの掃除用品のブランド名〕とルンバがどうしても手放せない。

スイッファーはたいしたものである。一風変わったシートを平らな表面にすべらせるだけで、どんなリビングルームからも大量の粒子状物質を除去できるんだから。今度ダスターを使うときには、よくよく眺めてみてほしい。どれだけ表面積が広いか、どのように繊維がからみあっているか。

そしたら使いながら確認してほしいのだけれど、表面をひとなでするたびに細かい繊維がほこりを集めていく。そのときあなたが何をしているかというと、**ほこり粒子とスイッファーのシートとのあいだに分子間力を形成させている。**この現象を「静電気でくっつく」と表現する人もいるけど、私はただ単に化学と呼ぶ。

私のルンバ（名前はスティーヴィー）は、物理的な変化や化学的な変化で床からほこりを引きはなすのではない。モーターでファンを回転させて「真空」（本当はただの低圧状態なんだけど）をつくりだし、**空気分子と一緒にほこりを吸いこんでいる。**空気はフィルターを通して反対側から吐きだされ、ほこりやペットの毛はロボット本体の内部に集められる。

もちろん誰もが知っているように、最初に部屋全体のほこりを払ってから掃除機で吸いこんだほうがいい。でも、このときにはひとつコツがある。時間があるなら、何分か待ってから掃除機をかけるのである。たいていの粒子状物質は相当に軽いので、気体分子（窒素、酸素、アルゴン、二酸化炭素）に乗って空中をしばらく漂う場合がある。何分かしないと床におりてこられない。

掃除をしていて一番化学物質だらけになるのは、いうまでもないが浴室だ。私が浴室の掃除をするときは、強い塩基を使うのがわかっているので、反射的にゴーグルと手袋に手を伸ばす。浴室に用いられる分子はキッチン用より格段に強力であり、なかでもそんじょそこらの洗剤とは桁違いなのがドレイノ〔アメリカのパイプ詰まり用洗剤〕である。

液体タイプのドレイノには、水酸化ナトリウム（苛性ソーダ）と次亜塩素酸ナトリウム（漂白剤）が含まれている。ものすごく強力で、腐食性が著しく高いため、絶対に体のどこかにつけてはいけない。うっかり皮膚に付着させてしまったら作業をすぐに中断して、その箇所に10分間は流水をかけなくてはだめだ。

炭酸水素ナトリウム（重曹）もドレイノも、どちらも洗剤用の塩基である。なのに、一方はブルーベリーパイに入れても安全で、もう一方は飲みこんだら死んでもおかしくない。化学的な性質がこれほど違うのはどうしてだろうか。

どちらの分子も塩基なので、水溶液中では同じようにふるまう。ただ、水酸化ナトリウムが強塩基なのに対し、炭酸水素ナトリウムは弱塩基だ。ここにとてつもなく大きな違いがある。

強塩基の場合、反応物のすべてが生成物に変換される。弱塩基の場合、反応物の一部しか生成物に変換されない。たいした問題じゃないように聞こえるかもしれないけど、洗剤がどれだけ効果を発揮するかを判断するうえでこの違いはとても重要な鍵を握る。だとしたら、自分の家にある塩基が強力かそうでないかはどうやって見分ければいいのだろう。

### キッチンの水酸化ナトリウム

あなたのキッチンのパントリーには水酸化ナトリウムも置いてあるかもしれない。食品用の苛性ソーダとしてである。苛性ソーダを使うレシピの中で私のお気に入りは、ひと口サイズのミニプレッツェルだ。プレッツェルにはふたとおりのつくり方がある。水酸化ナトリウム（食品用苛性ソーダとして簡単に手に入る）を使うか、重曹を使うかである。どちらの場合も水に溶かしてから軽く沸騰させて、成形したプレッツェル生地をそこにひたす。こうすると生地の外側が黄土色に変わる。これは、生地の小麦粉の中の長いポリペプチド鎖が塩基によって壊されるためである。

塩基と反応すると、比較的小さなアミノ酸がつくられ、それがメイラード反応を起こす。この化学反応を通して、プレッツェルならではの褐色と香ばしさが生まれる。メイラード反応が起きるためには、アミノ酸分子1個が炭水化物分子1個と反応する必要がある。フルクトースとグルコースはスクロースより小さいので、そのふたつがアミノ酸の末端原子をつかむことでメイラード反応をひき起こすケースが多い（肉や魚を焼いたときなどに、色が褐色に変わるのもメイラード反応である）。

生地をオーブンに入れると、熱が外側の分子の分解を促し、それによって何百種類もの分子が誕生する。この新しい分子はほとんどがやはり（カラメル化の場合のように）褐色なのだけれど、結果として生まれる風味が違っている。メイラード反応には炭水化物（糖類）だけでなくアミノ酸（タンパク質）もかかわるために、この反応による風味はよく「肉っぽい」と表現される。アミノ酸には窒素原子が含まれているので、それがカラメル化の場合よりはるかに複雑な風味をもたらす。

重曹は苛性ソーダより弱い塩基であるため、小麦粉中のタンパク質との反応は苛性ソーダの場合より程度が小さい。メイラード反応にかかわるアミノ酸の数も少ないので、あまり濃い褐色にはならないのが普通だ。

解離させる（つまり分解する）力がひとつの塩基にどれだけあるかを調べたいときは、水素イオン指数という尺度を用いればわかる。たぶんみんなも「**pH（ピーエイチ）**」や「pHスケール」として知っているんじゃないかと思う。pHには0から14までの段階がある。これは対数スケールであり〔pH値が1増えると水素イオン濃度が10分の1になる〕、化学者はこれを使って生成物が酸性か塩基性（つまりアルカリ性）かを判断する。それがわかれば、その分子がほかの分子とどのように反応するかが予測できる。掃除用洗剤の場合でいえば、酸性洗剤やアルカリ性洗剤のもつ化学特性に応じて、それがキッチンで使えるか浴室で使えるかが決まる。

純水のような中性の分子はpHが7である。塩基のpHはかならず7より大きく、酸のpHはかならず7より小さい。溶液のpHを測定するときには、pHプローブやpHメーターなどの計測器かpH試験紙を使う。計測器は、溶液にひたすとpHの数字を吐きだしてくれる。pH試験紙のほうは圧倒的に安上がりな方法で、紙の色が変わる。あとはpHスケールを参照して、その色が0〜14のどの数字に当てはまるかを確かめればいい。

とはいえ、pHプローブやpHメーターは具体的に何を調べているのだろうか。じつは、**溶液中のヒドロニウムイオン（$H_3O^+$）と水酸化物イオン（$OH^-$）の濃度を測っている**。pHが7より大きいときにはヒドロニウムイオンより水酸化物イオンのほうが多く、その溶液は塩基（アルカリ性）ということになる。代表的な塩基には、シャンプー、塩湖、大多数の掃除用洗剤などがある。

前のほうでも触れたように、地域によっては水がアルカリ性（硬水）の場合がある。アルカリ性の水を飲むと、胸やけが減ると示唆する研究もある。エッセンシアやアクアハイドレートといったブランドの水には水酸化物イオンがたくさん含まれているけれど、天然のアルカリ水というわけではない。メーカーが人為的にミネラルを添加してpHを高めている。個人的にはアルカリ水の味がどうにも苦手なので、私はダサニやアクアフィーナといったもっと酸性度の高い水を選びがちだ。もっとも、誤解のないようにいっておくと、飲む水のpHがどれくらいでも胃に入ってしまえば関係ない。これは純粋に味の好みの問題である。

一方、私たちの使う化学洗剤の場合は、当然ながらpHが大きく物をいう。ドレイノに入っている水酸化ナトリウムのような強塩基の場合、pHがものすご〜〜〜く大きくて13か14にもなる。それというのも、洗浄液中の水酸化物イオン濃度がとてつもなく高いためだ。溶液中に水酸化物イオンが多く含まれていればいるほど、その溶液のpHは高くなり、腐食性も増す。ドレイノはシンクの排水管をきれいにしてくれ、その意味では効き目はレモンと変わらない。ただし、違うのはレモンよりはるかに強力だということ。こびりついたミネラルに抱きついて排水管を下っていくどころか、水酸化ナトリウムはパイプからミネラルを引きはがす。恋に破れた十代の少女が、自分のロッカーから元彼の写真を引きはがすように。

重曹やアンモニアはどちらも水酸化ナトリウムより弱い塩基である。ドレイノよりpHは低いものの、中性の水よりは高い。重曹のpHは9で、アンモニアは11に近い。pHスケールは対数スケールなので、11であっても水酸化ナトリウム溶液と比べたら水酸化物イオンの数に相当な開きがある。

水酸化物イオンよりヒドロニウムイオンのほうが多ければ、その溶液は酸性とみなされる。つまりpHが7より小さいということで、酢やフルーツジュース、トマトなどもみんなそうである。酢酸やクエン酸はどちらも弱酸で、pH値は3程度だ。

便器用洗剤によく使用される塩酸などは強酸であり、pH値が0に近いか、せいぜい1くらいである。近所のホームセンターでは、ただトイレ用酸性洗剤として売られていることも多いが、効果を発揮する科学的な仕組みは本章で取りあげたほかの酸と同じだ。塩素が汚れた便器のしみ（や細菌）を攻撃し、汚れ分子内部の結合を壊す。破壊された分子の断片は水と一緒に楽々と流れおちていく。

だとしたら、ものすごくアルカリ性のものに、ものすごく酸性のものを加えたらどうなるだろうか。たとえば、何か馬鹿なことをしたくなって、トイレ用洗剤（酸性度の非常に高い塩酸）とドレイノ（アルカリ性の水酸化ナトリウム）を混ぜてみたとしよう。このふたつの分

① $HCl + NaOH \Rightarrow NaCl + H_2O$

② $H^+ + OH^- \Rightarrow H_2O$

子を一緒にすると、中和反応が起こる。酸と塩基が近くに存在していれば、かならず中和反応が始まる。なぜ中和反応と呼ぶかというと、最終的な溶液のpHが7近辺になることが多いためだ。つまり中性ということである。私たちのいまの例でいくと、強力な酸と強力な塩基を反応させると塩水ができる。化学式にすると上の①のようになる。

次に、この式から「傍観イオン」をとり除いてみよう。傍観イオンとは、反応に直接関与しないイオンのことなので、なんともぴったりな名前といえる。強力な酸と強力な塩基との中和反応から傍観イオンを消去すると、②のような一般式になる。

見覚えがあるのでは？　強力な酸と強力

な塩基を混ぜると、互いをうち消しあって、水に少量の塩（塩化ナトリウム）が加わった溶液ができる。この式だけを見ている分には、トイレ用洗剤とドレイノを混ぜてもそうひどいことにはなりそうにないと思うことだろう。それもあながち間違いとはいえない。

ただ、どちらの洗剤にも少量ながらほかの有効成分が配合されていて、それらが混じりあうことはない。ほとんどの中和反応についていえることだが、結果として生成される溶液は単なる塩水ではない。それどころか、弱酸と弱塩基の化学反応の場合であっても、普通は2種類（ないしそれ以上）の生成物ができるものである。さっきも取りあげた「酢＋重曹＝火山の噴火」という定番の科学実験を思いだしてほしい。これを強酸と強塩基でやったら相当に危険な反応になる。

## 血液のpHが一定に保たれる理由

こんなことをいったら意外に思うかもしれないけど、酸と塩基の両方を含んだ「緩衝液」という商品が販売されている。これは、誰かがキッチンで適当に混ぜあわせてつくれるような代物ではない。弱塩基とその共役酸、または弱酸とその共役塩基を混合することで緩衝液はできている。共役酸塩基対の話をしたのを覚えている？　これらのペアは、それぞれの分子式が陽子（$H^+$）1個の違いしかない。いまこの瞬間も、**あなたの体内には数種類の天然の緩衝液が存在している。**たとえばリン酸緩衝液は、腎臓と尿のpHを一定に保つ仕事をしている。

## 体内の緩衝液

緩衝液は、血液内のpHを調節するうえでもきわめて重要な役割を果たしている。どのようにするかというと、呼吸の際に生まれる二酸化炭素（$CO_2$）と水（$H_2O$）を反応させて炭酸（$H_2CO_3$）をつくる。

$$CO_2 + H_2O \Leftrightarrow H_2CO_3$$

炭酸がつくられたら、そこから陽子（$H^+$）1個が放出されて重炭酸イオン（$HCO_3^-$）になる。

$$H_2CO_3 \Leftrightarrow H^+ + HCO_3^-$$

この反応とひとつ前の反応を組みあわせることが炭酸 - 重炭酸緩衝系の土台であり、これを通して血液のpHを7・4に保っている。

たとえば私たちが、血液内のヒドロニウムイオン（$H_3O^+$）濃度を高めるようなことをした場合（運動するなど）、血液のpHは自然に低下する（pHが下がると酸性になるのを思いだして）。こうなると、一時的に炭酸が形成されてから、再び分解して二酸化炭素と水になる。

$$H_2CO_3 \Leftrightarrow CO_2 + H_2O$$

この二酸化炭素は毛細血管から押しだされて肺胞に入り、そのあと難なく口から吐きだされる。このプロセス全体によって血液のpHは7・4に戻る。

血液のpHが高くなりすぎるのは、血漿（けっしょう）（血液の液状成分）中に重炭酸イオンが多量に含まれすぎているときである。重炭酸イオンは共役塩基なのでpHが高い。こうなった場合、体は自然と呼吸数を変え、肺から血流中へと二酸化炭素ガスを押しだす。それから二酸化炭素はただちに炭酸に変換され、正常なレベルへとpHをひき下げるのである。

緩衝液は実験室でも非常に有効なツールなのだが、それは酸や塩基の濃度が多少変化してもpHを一定に保ってくれるからである。このため、プールやホットタブ〔友人どうしなどで入ってくつろぐ温水浴槽〕の水をきれいにするには理想的だ（このふたつはいつか手に入れたい）。なぜかを説明するために、自分がプライベートなプールとすてきなホットタブを利用できると考えてほしい。プールやホットタブの水の細菌や微生物を死滅させて、なおかつ水自体のpHに影響を与えたくなければ、たぶん誰もが緩衝液を使用するはずである。この目的に一番よく利用されるのが、次亜塩素酸と次亜塩素酸塩イオン（つまり弱酸とその共役塩基）からつくられた溶液である。

次亜塩素酸－次亜塩素酸塩の緩衝液として申し分のない比率は、弱酸である次亜塩素酸（$HOCl$）と、その共役塩基である次亜塩素酸塩イオン（$OCl^-$）が50パーセントずつである。正しく調合すれば、この緩衝液はpH7・52を保つ。たとえ少量の酸や塩基が緩衝液に加えられても、pHが大きく変化するのを阻んでくれる。

ホットタブを例に、もう少し詳しく見てみよう。緩衝液を加えたお湯に弱酸性の異物（ミモザなど）がたまたま落ちた場合、緩衝液内の塩基部分がその酸と反応して「脅威」を中和する。この場合でいうと、次亜塩素酸塩イオン（$OCl^-$）が酸（ミモザ）の中のヒドロニウムイオン（$H_3O^+$）と反応する。酸がすべて中和されたら、水のpHは多少低下することが予想されるものの、それでも7・5近くを保つことができる。

それに対し、弱アルカリ性の異物（ハンドソープなど）がホットタブのお湯に落ちた場合、緩衝液の塩基部分には何の手出しもできない。その代わりに酸部分である次亜塩素酸（HOCl）が始動し、その弱塩基（ハンドソープ）の中の水酸化物イオン（$OH^-$）と反応して中和する。やはりこの間にpHがごくわずかに変動することが予想されはするが、最終的には水のpHは7・5前後にとどまる。

ところが、今度はあなたの家の裏庭に破壊工作員が突入してきて、ホットタブに大量の漂白剤をぶちまけたとしよう。この場合もホットタブ内の次亜塩素酸が漂白剤の次亜塩素酸ナトリウムと反応を続けるものの、緩衝液の次亜塩素酸は使いつくされてしまう。そうなると、pHは7・52を外れて12近くか、それ以上にまで上昇する。

逆に、その破壊工作員が大量の電池酸（蓄電池用の硫酸希釈液）をホットタブに放りこむことにしたとする。そうしたら、緩衝液内の次亜塩素酸塩イオンが電池酸と反応して、しまいには次亜塩素酸塩イオンが底をつく。そうなればpHは7・52から大幅に下がって2近くか、それ以下になる。このどちらかの状況になったら、あなたのホットタブはものすごく汚くなってくるので、緩衝液をもっと入れないといけない（もしくは新しいホットタブを買うか）。

いうまでもないけれど、緩衝液は魔法の液体ではないので、酸性やアルカリ性の異物が大量に入ってきたら手も足も出ない。酸性分子であれアルカリ性分子であれ、それぞれの少量の追加に緩衝液は耐えられるだけだ。ここで問題になってくるのが緩衝能である。さっきも説明したように、弱酸とその共役塩基の比率、もしくは弱塩基とその共役酸の比率が1：1のとき、緩衝液は最も効果を発揮する。この比率のときには、酸や塩基が追加されても最大限抵抗できる。

その比率が1：1から1：10までのあいだであれば、緩衝液は効力を発揮する。この比率を外れたら緩衝液はもう機能せず、酸や塩基が溶液に追加されたとたんにpHが大幅に変動する。この変化はたいていはすぐにわかる。水の色が変わるし、下手をしたらおかしな臭いもしはじめる。こうなったら潮時であり、ホットタブなりプールなりの水を替えたほうがいい。

緩衝能は、人間のもつアルコールへの耐性に似ていると思う。大学1年生が、自分はどこまで酒が飲めるのかよくわかっていないとしよう。18歳なので、たぶん1～2杯も飲めば酔っぱらってくる。3杯目くらいになると、耐性の低下してくるのがまわりにも見てとれ、アルコールが人間の基本的な機能をむしばみはじめる。4杯、5杯ともなれば、かわいそうに意識をなくし、それ以上の酒は受けつけられなくなる。それと同じで、緩衝能を超えると、緩衝液はもはや酸や塩基の追加に対処できない。

プールやホットタブの場合、弱酸性や弱アルカリ性の異物（細菌など）との反応が限界を超えなければ緩衝液はなくならない。塩素濃度とpH値を週に2〜3回チェックすることが推奨されてはいるものの、家で何度もパーティーをしたり豪雨に見舞われたりするのでない限り、そこまでしなくていいような気がする。ほとんどの気候のもとでは週に1度のチェックで十分だろう。

もしくは私の兄と同じやり方を使う手もある。プールの水の消毒に対する不満がたまりにたまった兄は、次亜塩素酸の緩衝液をやめて、塩水を使う装置に切りかえた。この装置は弱い電流によって塩化ナトリウム（NaCl）を分解し、ナトリウムイオン（$Na^+$）と塩素ガス（$Cl_2$）にする。このプロセスは電気分解と呼ばれ、電子を低エネルギー状態から、（本来は好ましくない）高エネルギー状態へと外部電源で無理やり移行させている。

これが起きると、ナトリウムイオンは水と分子間力を形成して塩水になり、一方の塩素ガスは水に溶けて例の次亜塩素酸塩–次亜塩素酸になる。プールの水のpHが正常値を外れていたら、この装置（要は塩素発生機）が食塩を塩素ガスに変換し、それがすぐさま漂白剤となって、藻などの緑のヌルヌルが寄りつかないようにしてくれる。

以上を踏まえたうえで、メスを入れたい洗剤のカテゴリーが最後にもうひとつある。ナチュラル洗剤と呼ばれるものだ。「化学物質不使用」とか「天然成分」をうたった洗剤のことである。

そもそも、**化学物質が使われていないものなどこの世には存在しない**。原子があるなら、それは化学物質である。しかもこの本の第1章で学んだように、あらゆる物質は原子でできている。

それに、ナチュラル洗剤というのは植物由来の成分を使用していることが多いが、だからといって合成洗剤より優れている(もしくは劣っている)ことにはならない。化学の観点からすれば、ほとんどの洗剤には酸か塩基かどちらかの分子が含まれている。レモンの力をアピールする洗剤にしても、クエン酸のもつ酸の性質を利用しているにすぎない。

私が洗剤を買うときは、いつも環境に優しい製品を探す。自分の使う洗剤には、リン酸塩を配合していたり有毒ガスを発生させたりしてほしくない。マイクロビーズが含まれているものもいやだ。マイクロビーズが海に流出することは大きな問題になっている。

ともあれ読者のみんなも、こうしたあれこれをぜんぶ考えあわせたうえで、自分と家族にとって最適の洗剤を選べるようになってほしい。要は何が排水管を下っていくにしろ、**それは酸と塩基の化学だということ**。そしてこれはもっと大事なんだけれど、どんな場面であれ2種類の洗剤を混ぜあわせたらとんでもないことになると、この章を読んでみんなが肝に銘じてくれていたら嬉しい。

さあ、面倒な家事は片づいた。次は、もっとうんと楽しいはずのことに移るとしよう。
そう、ハッピーアワー！

# 第11章

# ハッピーアワーは最高の時間

## ——バーで

Happy Hour Is the Best Hour : At the Bar

# 幸せをもたらす分子

日常の中の化学について本を書こうと決めたとき、ハッピーアワーの章は絶対に入れたいと思った。いま、この文章を書いている時点では、COVID－19のパンデミックの影響でお酒を飲める店は閉まっている。それでも、友だちとたむろして、よもやま話をしながら割引料金のお酒を注文することほど、すてきな一日の終え方はない。テキサスの晴れた日には、私はとりあえずチーズとフローズンマルガリータを頼む。でもデートの夜にはワインを1杯（さもなきゃ2杯）飲むことが多い。夫は決まってウイスキーから入り、それから気分を爽快にしてくれるビールに切りかえる。もとの暮らしが戻ってくる日が待ちどおしくて仕方がない。

でも、どんなカクテルを飲むにしろ、そこには漏れなく化学が詰まっている。まずは基本的なところを押さえておこう。

アルコールというのは総称である。**水素原子1個と酸素原子1個が結合していて、しかもその酸素原子が炭素原子とじかにつながってC-O-Hのようになっている分子すべて**を指す。メタノールは分子式が$\mathbf{CH_3OH}$なので、アルコールの一種である。エタノールもアルコールの一種で、分子式は$CH_3CH_2\mathbf{OH}$だ（太字にしていない水素原子は、酸素原子ではなく炭素原子と結びついている）。

どういう話をしているかによって、アルコールという言葉の意味するところは違ってくる（ちなみに英語でアルコールはalc-**OH**-olとつづる）。たとえば、病院でアルコールといったら消毒用アルコールの可能性が高い（イソプロピルアルコール、別名イソプロパノール）。アジアではアルコールが燃料に使われている（メチルアルコール、別名メタノール）。マルガリータの場合のアルコールなら、飲む人を酔わせる分子のことだ（エチルアルコール、別名エタノール）。ということで、この章ではエタノールに焦点を絞ろうと思う。

**ああ、愛しい愛しいエタノール。**独特のやり方で脳内の分子と反応・結合するおかげで、仕事疲れの発散はもちろん、はじめてのデートや別れの場でもよく選ばれる。私たちがなぜエタノールを大いに楽しむのかもさることながら、それがどうやってつくられているのかも負けず劣らず興味深い。もしかしたらかなり意外でもある。

歴史学者によれば、人間がブドウからワインをつくりはじめたのは紀元前6000年頃。果実を発酵させはじめたのは新石器時代からと考えられている。人類の祖先が昔々にしたことのせいで、私たちの脳は生まれながらにエタノールに引かれるのだとする仮説まである。これを「酔ったサル仮説」という。どういうことかというと、祖先の霊長類は熟した果実（つまり発酵した果実）を食べていて、それにはエタノールが含まれていた。そのため、ほかの場所でエタノール分子に遭遇したときにも人類は自然とそれに引きよせられ、喜びを覚えるようになった、という考え方である。別の言い方をすると、私たちが生まれながらにリンゴやバナナの匂いと味に引かれるように（固有の「リンゴらしさ」や「バナナらしさ」のせいではなく、それぞれから連想される栄養のせいで）、エタノールも高い栄養価と関連づけられたことで、私たちはそれに魅力を感じるよう進化したということである。

人間は昔から発酵の実験をしてきた。エタノールを自然に含む果物や野菜から、幸せをもたらす分子を取りだしてきたわけである。さらには、それをしっかりした科学と結びつけ、仕組みをおおむね解明してもいる。

大まかにいって、ワインは3つの段階で醸造される。第1の段階ではブドウのツルから実をつみ、つぶして果汁を集める。このための機械は非常に繊細で、皮を破って果汁（マストと呼ばれる）を放出させる程度の圧力を加えながらも、実の中心にある種子を壊してタンニンをしみ出させるほど強くはしない。このあと、不快な苦みをもつ茎がマストから取り除かれるのが普通だ。こうしてできたマストの液体部分は12〜27パーセントが糖で、1パーセントが酸、残りは水である。この果肉と果汁の混合物を適切な容器に入れると（果皮を除去する場合としない場合がある)、ワインづくりで一番すてきなプロセス、つまり第2段階の発酵がスタートする。

発酵は嫌気性のプロセスである。つまり、化学反応の反応物に酸素を必要とせず、生成物としてエタノールを生みだす。仮にこの過程で周辺に酸素が存在するとグルコースが酸素と反応して、エタノールのかわりにATP(運動に関する第6章を思いだして)を生成する。

しかし酸素が存在しなければ、酵母と糖が反応してエタノールが生成される。パンづくりをした経験があるなら、これはおなじみのプロセスのはずである。まず最初に酵母を砂糖水に数分ひたして、酵母を活性化する。このあいだに、酵母はグルコース分子を分解し、その過程で二酸化炭素ガスを発生させる。ほどよい頃合いで液体の表面に薄茶色の泡が浮いてくるのはそのためだ。

ワインづくりではこの発熱反応を通して、グルコース(糖)と酵母がエタノールと二酸化炭素に変換される。

この反応で生成される純粋なエタノールは、じつは苦みをもっていて可燃性が非常に高い。酒のグラスに火をつけて飲んでみようと誰かに誘われることがあっても、丁重にお断りして、炎からはできる限り離れていてね。そういう無謀な行為は、手が少しすべっただけで建物全体の火災につながりかねず、下手をしたら顔にやけどを負う。

グルコース＋酵母
→エタノール＋二酸化炭素

でも、火がつかないまま発酵を続けられたら、エタノールはやがて酢酸に変わる（酢酸は酢に含まれ、洗剤代わりにもなる）。お酒が酢になったらいやでしょう？　だからワインづくりでは、**適切なタイミングで発酵プロセスを止めることが重要**になってくる。さもないと、うっとりするほどすっぱいワインができあがる。

　どういう種類の酵母を用いるかは醸造元によってまちまちであり、ワインの種類ごとに味が異なる理由のひとつとなっている。ブドウの果皮表面に付着している天然酵母が使われる場合もあれば、発酵をスタートさせるための培養酵母が使用される場合もある。

　この発酵スターター（マザーと呼ばれるこ

ともある）は、自己増殖する大量の善玉菌とでもいうべき存在である。酵母は単細胞の微生物であり、ブドウ果汁内の天然の糖と反応して二酸化炭素ガスを放出する。われらが愛するエタノールはこの過程の副産物として生成される。

こうしたスターター用の酵母は一般に低温で保管され、代々受け継ぐこともできる。イタリアのおばあちゃんが、大西洋を横断する船に自分のおいしいスターターをこっそり忍びこませ、それが確実に孫の手に渡るようにしたという話もあるくらいだ。この種のスターターはパンづくりに使われることが多いが、原理となる科学は酒づくりの場合も変わらない。

赤ワインを発酵させる（つまり、酵母がブドウ果汁の糖と反応してエタノールと二酸化炭素をつくる）場合、4日～2週間たってからようやく果皮をとり除く。その後も（合計）2～3週間のあいだ発酵を続ける。ところが、白ワインの場合は最初から果汁のみを発酵させるので、果皮表面の天然酵母に頼れない。そのため、発酵には4～6週間を要する。マロラクティック発酵というプロセスを追加する場合は、主要な発酵の終わったこのタイミングで実施する。

マロラクティック発酵はワインが発見されてからずっと知られてきたが、その化学反応が正確に記述されたのは1930年代のことである。つきとめたのはジャン・リベロー＝

ガイヨンというワイン研究家だ。この発酵によって、リンゴ酸（ブドウをはじめとするほとんどの果物に含まれ、ほのかな酸味を与えている）が乳酸に変換される。これにより、ワインから刺すような酸味が少なくなる。私の知る限り、マロラクティック発酵の善し悪しについては醸造家それぞれが譲れぬ見解をもっている。オエノコッカス・オエニ菌〔乳酸菌の一種〕を投入してマロラクティック発酵を促す人もいれば、ありとあらゆる手を尽くしてマロラクティック発酵が起こらないようにする人もいる。

## ワインの色からわかること

人類がワインを生みだしてからというもの、私たちはそのプロセスや色や味にあれこれ手を加えてきた。歴史学者の考えによると、最初のワインはすべて赤だったのが、色の突然変異したブドウを古代エジプト人が見つけ、そこから白ワインをつくるプロセスを編みだした。もちろん、赤ワインにしてもはじめは赤みの薄いものしかなかったのに、果皮とともに発酵させることで濃い赤（と独特の風味）が得られるようになった。白ワインの場合、ブドウの種子や果皮と一緒の状態なのは数時間だけで、その後に果汁が取りだされる。

このふたつの手法をたくみに組みあわせたワインもある。たとえば、ロゼと呼ばれるピンク色のワインは、赤ワイン用のブドウを使って白ワインのような手法でつくる。果汁と果皮が触れる時間をあまり長くしないことで、できあがったワインがきれいなピンク色に染まる。一方、オレンジワインというのもあって、こちらは白ワイン用のブドウを原料にして赤ワインの製法で醸造する。果皮と一緒に発酵させるので、ワインがすてきなオレンジ色になる。果汁と果皮が接する時間が長いほど、ワインの色は濃くなる。

カリフォルニアでは、ほとんどの白ワイン（シャルドネ以外）がステンレス製のタンクで発酵されるので、内側の液体がタンクと相互作用を起こすことがない。しかし、赤ワイン（とシャルドネ）は木の樽で醸造されることが多い。この樽の種類によって風味に深みが加わる（樽の材質はアメリカンオーク材やフレンチオーク材の場合もあれば、バーボンウイスキー用の樽が使用される場合もある）。

発酵が終わったら、第3段階に入る。ワインはこの最終段階で熟成し、何層にもなる鮮烈な風味をかもしだすようになる。最終段階をどのようにするかはワインの種類によっても、ワインのつくり手によってもかなり異なる。とはいえ、何らかのかたちで澱（おり）引きをするのが一般的だ。まず、倉庫でよく見るような大きなラックにワインの樽をセットする。

それからときどき樽を動かすのだが、澱引きの目的は（液体の）ワインを固形粒子（澱）と分離させることにある。澱はゆっくり樽の底に沈むので、それを漉しとる。1個の樽につき数回ずつ濾過される。

この濾過というプロセスは、合成化学の分野における基本的な技法のひとつだ。実験室では、生成物をしょっちゅう精製している。具体的には、生成物を液体に溶かし、残っている固形粒子を濾過してとり除く。ワインの澱引きもやっていることは同じで、ワインを何度も何度も濾過する。違うのは、それをとてつもなく大きな規模で実施するという点である。澱引きの工程を通して、ブドウの断片と酵母の死骸を残らず除去することを目指す。

澱引きの最終段階では、ワインを清澄化する場合がある。これは、清澄剤を加えてワインを透明にする作業で、清澄剤には活性炭や、魚の浮袋由来のゼラチンなどが用いられる。これらがワイン液内に残っている固形粒子と分子間力を形成する。こうして誕生した化合物は重すぎて液体中に浮いていることができず、容器の底に沈む。

ついにワインが完成したら、瓶詰めされてコルク栓がはめこまれる。最高級のワインでは、ワインの液面とコルク栓の底面との隙間をあまり大きくしない。なぜかというと、ワイン中の分子が酸化するおそれがあるためだ。隙間の空気に含まれる酸素が、ワイン中の分子と化学反応を起こすのである。あいにく、酸化はワインボトルにとって最悪の出来事であり、いわゆる「コルク臭」と関連づけられるような過剰に甘い香りを発生させてしまう。

ワインボトルを横に寝かせておくのもそこに理由がある。つまり、**酸化を防ぐため**だ。ボトルを横向きにしておくと、コルクが湿った状態を保つことができ、それが空気中の酸素からワインを守ることにつながる。ところが、ワインを立てた状態で保管しているとコルクが乾き、小さな小さな酸素分子がコルクの空洞部分からワインに入るおそれがある。そうなったらワインは台無しだ。ボトル内のワインがどれだけ完全な状態を保っているかは、コルクの匂いが判断の目安になる。

ワインの栓をあけると、同じ酸化プロセスが起きる。開封して1日目と2日目とで、ワインの風味に違いを感じるのはそのためだ。それ以後は、コルク栓をしておきさえすれば3〜4日はもつ。とはいえ、ひとつとして同じワインはないので、怪しいと思ったら匂い(か味)をチェックしよう。大まかにいって、一度栓を抜いたワインは5〜7日で料理用にしたほうがいい。

最近では、コルク栓ではなくスクリューキャップのワインボトルが増えている。私は結婚5周年記念で夫とスペインのバスク地方を旅したとき、このことをソムリエに尋ねてみた。ソムリエの説明によれば、スクリューキャップとコルクのどちらを選ぶかによってワインの瓶内熟成がじかに影響を受ける。**ワインを長期熟成させる必要がある場合には、ワ**

**イン中の酸素濃度を維持するためにコルク栓が用いられることが多い。**一方、オレゴン州産のピノ・ノワールのように、あけてすぐに飲んでしまうようなワインであれば、スクリューキャップで何の問題もない。

とくにシャンパンや比較的高価なスパークリングワインの場合は、瓶内で二次発酵させるのでコルクで栓をする必要がある。瓶内二次発酵では、酵母がエタノールと二酸化炭素を生みだすことに変わりはないものの、一次発酵と違って二酸化炭素が密閉容器内から外に出られない。そこが通常のワインと違うところだ。二次発酵には最低でも2か月かかるうえ、長い場合は数年を要するケースもある。いずれ酵母細胞が死ぬと、それがスパークリングワインに独特の香ばしい風味を添えてくれる。瓶内二次発酵が終わったら再び固形粒子（澱）をとり除き、それから再度コルク栓をする。

お手頃価格のスパークリングワインは二酸化炭素ガス（いわゆる炭酸ガス）を人為的にたっぷり注入され（発酵プロセスによって二酸化炭素が自然に生成されるのではなく）、圧力をかけた状態で保管される（炭酸飲料に炭酸を抽入するのとまったく同じ）。この場合もコルク栓が必要だ。スクリューキャップではボトル内にたまった圧力に耐えきれず、いつなんどき間欠泉のように瓶から噴きだすかもわからない。

それに対して**コルクには通気性があるために、ワインとコルクのあいだの狭い隙間にワ**

**インから少しずつ二酸化炭素が抜けていく。**それでも圧力はかなり高まるので、だから栓を抜いたときにポンという音がする。

夫と私がスペインを旅行したとき、ふたりして「カバ」にはまった。これはスペイン産のスパークリングワインで、「スペインのシャンパン」とも称される。以来、ふたりで出かける夜やお祝い事の際にはまずカバから始めるようになり、それが友人たちからも注目されるようになった。そういえば、少し前のハッピーアワーで友人たちにスペイン旅行の話をしていたとき、たまたまそのうちのひとりが趣味でビールを醸造している人だった。おかげで、ワインづくりとビール醸造の違いについて大いに話が盛りあがった。もちろん、おいしい液体を追求することとエタノールがつくられることに変わりはないので、そのふたつのプロセスはよく似ている。

## ビールづくりは加熱がキモ

ブドウ果汁の単糖類を酵母と反応させて発酵させるのがワインなのに対し、ビールは多糖類（穀物のデンプンなど）を出発点にする。でも、デンプンはもっと小さい分子に分解しないと何かに役立てることはできない。ではどうするか。

加熱するのである。

もっとも、実際はそれほど単純な話ではない。ビール醸造に使われる原料で一番多いのは大麦である。大麦の種子は淡い黄色をしていて、巨大なコンバインで長い茎から収穫される。それから約15度の水に2日くらいひたされる。種子にめいっぱい水を吸わせてふくらませるのが狙いだ。

その後、種子を4日ほど発芽させる（種子によっては8〜9日を要する場合もある）。この間に多種多様な酵素が生成され、ただちに種子の細胞壁を壊しはじめる。ところが、一部の酵素はその作業をせず、大麦中のデンプンを糖へ、またタンパク質をアミノ酸へと分解することに精を出す。このプロセス全体が進行していることはマクロのレベルでも観察できる。麦芽（モルトとも）の色が変化するからだ。発芽の期間が長ければ長いほど、麦芽の色は濃くなる。

麦芽づくりで一番大事なのは最終段階の「焙燥」だという醸造家もいる。焙燥というのは、種子から水分子を除去するために一定温度（55度程度）の熱風を当てることだ。とはいえ、どういう麦芽にしたいかによっては180度にまで加熱する場合もあるので、温度の差は相当に大きい。低温で処理した麦芽は色が薄くて酵素の活動レベルが高い。高温で処理した麦芽は色が濃くて風味が豊かであり、酵素の活動レベルは低い。色の濃い麦芽は燻製感や香ばしさ、あるいはカラメル化したような味わいすら感じさせる場合があり、それは何か月か保管されたあとでも変わらない。

次に麦芽を細かく粉砕し、それをまた水にひたすことで酵素を再び活性化させる。酵素は残っているデンプンを糖に換える作業に再度いそしみ、結果的に茶色の液体ができる。いってみれば、手の込んだ方法でつくりだされた甘くておいしい砂糖水である。これを麦汁(ワートとも)という。

麦汁はホップを加えて煮沸されることで、砂糖水に深みと苦みが加わる。見たことのない人のために説明すると、ホップは小さな緑色の花で、ふわふわしたブラックベリーとでもいうような姿をしている。この煮沸プロセスには90分ほどかかる。この間(かん)にビールならではの風味を麦汁が吸収するとともに、活動していた酵素は残らず死滅する。ビールの味を豊かにするだけのためにこの段階があると勘違いしている人がいるが、実際には**ビール中の糖分子の数を一定に保つ**効果がある。それをしないと、酵素が糖分子を好き放題に食べてしまい、それはお察しのとおりビールの味に悪影響を与える。それから麦汁を10度くらいにまで冷却し、いよいよ私の大好きなプロセスが始まる。発酵だ。

ビールの発酵プロセスもワインとよく似ていて、ホップ風味の糖を酵母がエタノールに変換する。ひとつ大きく違うのは、ビールには上面発酵と下面発酵があることだ。**上面発酵からはエールビール**が、**下面発酵からはラガービール**ができる。

最初はエールから見ていこう。高温の麦汁にエール酵母を加えると、酵母どうしが集まって液の表面に浮いてくる。エールの中でも人気のあるインディア・ペールエール（IPA）は、ここ数年のアメリカで大きな注目を集めている。IPAは比較的**エタノール濃度が高く、苦みをもつ**ものが多い。シエラネバダ・ペールエールのような従来のペールエールはエタノール分子の数が少ない。これはおそらく発酵期間が短いせいだと思われる。とはいえどちらも上面発酵ビールであり、高温の麦汁と酵母を合体させている。

ペールエールには、スマッシュIPAという特殊なジャンルがある。これは1種類のホップと1種類の麦芽のみでつくられたビールをいう。私がこのビールを知ったのは2020年の夏のこと。地元オースティンのビール醸造所が、スマッシュIPAの新商品に私にちなんだ名前をつけたのだ（その名も「ケイト・ラ・キミカ」〔「ラ・キミカ」とはスペイン語で「女性化学者」の意〕）。このビールは新しいホップを実験的に使用していて、私はその醸造の全工程を見学させてもらった。オタクにとっては天国にも等しい体験だった。

もうひとつの製法は、低温の麦汁（つまり冷やした麦汁）にラガー酵母を加えることである。こちらはエール酵母の分子より大きくて重いため、酵母どうしが集まって容器の底に沈む。コロイドのように液全体に浮遊させておくことはできない。

なぜ高温／低温発酵ではなく上面／下面発酵というのかはわからない。ともあれ、アメリカではほとんどの醸造所が低温／下面発酵でラガービールをつくっている。そのほうが**辛口で「パンのような」風味が出る**からだ。ラガーのほうが普通は**エタノール濃度が低い**ので、はじめてビールを飲む人の入口としてはこちらが向いている。銘柄でいうとバドワイザーやクアーズなどである。

私が好きなのは小麦ビールで、これは上面発酵でも下面発酵でもつくることができる。アメリカの小麦ビールはドイツの小麦ビールのようにヴァイツェン酵母を使用していないので、ホップの風味が強い。このため、ドイツの小麦ビールのほうが少しフルーティーで苦みが少なく、味も良いと私は思う。

ビール醸造の最終段階はコンディショニングと呼ばれ、さっき説明したワインの最終段階と似ているところが多い。ビールの場合も清澄剤を加えて、液中に漂うタンニンやタンパク質と結合させて沈殿させ、液を濾過してそれをとり除く。酵母の死骸が残っていた場合も、この過程で除去される。

ワインと違ってビールは横にしておかなくてもいいし、コルク栓も必要ない。ただ冷暗所で保管しておけばいい。日光は強力なので芳香分子の結合を壊す力があり、そうなるとビール中に硫黄が放出される。いわゆる「スカンク臭」のするビールというやつである。面白いのは、**茶色のガラスには低エネルギーの日光の一部を吸収する働きがある**ため、ビールを有害な光線から守ってくれることだ。緑色のガラスではそうはいかないので、だからビール瓶はほとんどが茶色である。

## アルコール度数の見方

完成品のビールは90パーセント弱が水で、2〜10パーセント弱が炭水化物、そして1〜6パーセントがエタノールというケースが多い。ご存じのとおり、ビールの成分組成は商品によって大きく異なる。そのため、アルコール飲料中のエタノール濃度を表示するにはアルコール度数や「プルーフ」が使われる。アルコール度数とは、**体積で表した場合のアルコールの比率**のことだ。本当はエタノール度数というべきなので、私にはどうにも気に入らないんだけどね。

プルーフという用語はもともとイギリスで使用されていたものであり、ビールと蒸留酒とで異なる酒税をかけるための手段として生まれた。当初は、火薬の上から酒を注いで火をつけ、独特の青い炎を上げて一定のペースで燃えれば高級酒と「証明」された（「プルーフ（proof）」は英語で「証明」の意）。火がつかなければ「アンダープルーフ」とされ、これは所定の強度を満たしていない、つまりエタノール分子の数が足りないという意味である。火薬に早く火がつきすぎた場合は「オーバープルーフ」となり、その蒸留酒に含まれるエタノール分子が多すぎることを表していた。

いまでは、大人の飲み物のエタノール含有量を示すものとしてはアルコール度数が一般的である。アメリカのお酒にプルーフが記されていたら、ただそれを2で割ればアルコール度数が計算できる。アメリカ国立アルコール乱用・依存症研究所の報告書によれば、12オンス（約350ミリリットル）入りビールの平均アルコール度数は5パーセント。比較のためにいうと、グラス1杯のワインのアルコール度数は12〜18パーセントで、日本酒はなんと20パーセント近い。

なぜそんなに度数が高いのか、って？　それは、日本酒がいわば半分ワインで半分ビールのような酒だからである。製法はワインに近いものの、原料はブドウでもなければほかの果実でもない。ビールと同様に穀物からつくられており、具体的には米だ。発酵過程では米にカビ(麴菌)を加え、そのカビの酵素が米のデンプンを糖に分解する。そこへ酵母を加え、酵母が糖と反応して大事な大事なエタノールを生成する。

ただ、ビールとは違って、このように純粋な発酵法からはアルコール度数20パーセントの強い酒が生まれる。日本酒のアルコール度数がビールより格段に高い理由のひとつは、蒸した米を発酵過程で何度か追加するところにある。糖をエタノールに変換する酵母も米の表面で増殖できるので、蒸した米を追加するのはまさに一石二鳥である。

ここまでに取りあげた3種類の酒の中では、日本酒が一番デリケートだと考えられている。というのも、ブドウやホップには色のついた分子が含まれており、それが日光を吸収してくれる。おかげで、軽やかで花のような風味をもたらす分子が損なわれずに済む。でも日本酒はそうした分子をもたない。日本の日本酒産業では透明や青色のボトルを使っているが、それらも日光の前では役に立たない。日本酒はワインやビールに輪をかけて繊細であることを思うと、なんとも皮肉なものである。

このため、日本酒は短時間で飲むことが推奨されるのが普通だ。栓をあけたあとはなおさらそうである。とはいっても、アルコール度数が20パーセントもあるわけだから、大勢の友人と一緒に飲むのがいいかもしれない。

でも、私にはすすめないでね。エタノール含有量が多すぎるので、匂いをひと嗅ぎしただけで実験室を思いだしてしまう。

## 蒸留酒の化学的特徴

ウォッカに対してもまったく同じ反応が出る。なんたってウォッカは、水で薄めたエタノールとでもいうべきお酒だからだ。ウォッカの中でも最強クラスなのがポーランド産のスピリタスである。アルコール度数は96パーセント。つまり、体積全体の96パーセントがエタノールである。お金をもらっても試す気にならない。

ほとんどのウォッカはアルコール度数が40パーセント前後であり、それはどれもが似たような精製プロセスを経るからである。ワイン、ビール、日本酒と同様、蒸留酒も発酵から始まるが、このほかに蒸留のプロセスがつけ加えられている。原料となる野菜や穀物にメタノールという危険な分子が含まれていることが少なくないために、この蒸留プロセスを欠くことはできない。

**メタノールとエタノールとでは分子式はよく似ているものの、体内での働きが大きく異**

**なっている。**私たちがエタノール（$CH_3CH_2OH$）を飲むと酔っぱらう。でもメタノール（$CH_3OH$）を飲んだら失明する。メタノールは体内でギ酸に変化し、それが視神経と相互作用すると毒性を示して失明をひき起こす。みんなも「blind drunk」という表現〔文字どおり訳すと「目が見えなくなるほど酔う」という意味で、酔いつぶれることを指す表現〕を聞いたことがあるのでは？　これでその言葉の由来がわかったでしょう？

いまはFDA（アメリカ食品医薬品局）のような機関のおかげで、カクテルにメタノールが入っている心配はなくなった。でも禁酒法時代には、大勢の新参化学者——要は酒の密造者——がキッチンでエタノールをつくりはじめた。そのほとんどにはしっかりした科学の素養がなく、図らずもメタノールを生みだして、失明する人の数を一気に増やした。友だちの家で自家製の酒をすすめられたときは、よくよく考えたほうがいい。

メタノールを摂取しすぎれば命を落とす。ウォッカ（やウイスキーやテキーラやラム酒）がかならず蒸留プロセスを経ているのはそのためだ。ウォッカを精製するには、まずデンプン質の作物（ジャガイモやトウキビなど）を発酵させて、アルコール度数の高い液体を醸造する。それから使用済みの酵母をとり除き、エタノール／メタノールの混合液だけが残るようにする。次に、その混合液を時間をかけて異なる温度に加熱する。

最初の段階では混合液をしばらく65度ほどに熱し、メタノールが残らず沸騰して最終的に気化するようにする。このガスを除去すれば、メタノールをとり除いたことになる。

次に、温度を78度程度に上げて液体からエタノールを回収する。エタノールの蒸気は液体を離れると、凝縮器と呼ばれる複雑なガラス管の中を上がっていく。ここで気体のエタノールが凝縮して液体に戻り、新しい容器へしたたり落ちる。

3回蒸留のウォッカの場合はこの工程をあと2回くり返す。エタノールの混合液に忍びこんでいたメタノールは熱を浴び、それから（沸点に達して）気体となって、スーパーマンよろしく上へ上へとのぼって飛びさっていく。

蒸留のプロセスを終えるとアルコール液から不純物が除かれるだけでなく、いやがおうでもエタノールの濃度が上がる。でも、ウォッカのアルコール度数は40パーセントなのだから、残り60パーセントは何なんだろうか。

水だ。

つまり、飲みながらしっかり水分補給もできるわけである。いやいや冗談。実際には間違いなく脱水を起こす。飲みすぎたときに二日酔いになるのはそのためだ。

それはさておき、私たちがウォッカを飲むときは、かならずエタノールと水が混合している。このふたつの液体には混和性があってよく混ざりあう。それは、水の酸素原子とエタノールの水素原子が水素結合をつくるからである。混和性のない液体どうしを混ぜあわせると、水と油のように2層に分かれる。幸い、たいていのミキサー〔お酒を割るための飲料〕はエタノールと水に混和性をもつ。

でも、B－52というカクテルを飲んだことがあれば、3種類のリキュールを重ねられることを知っているはずだ（一番下がコーヒーリキュール、真ん中が普通はベイリーズアイリッシュクリーム、一番上がグランマルニエ）。このカクテルは、比重というものの仕組みを手軽に実感できるサンプルといえるだろう。

## アブサンは何物か？

普段の私はたいていの蒸留酒やリキュールに抵抗をもっていないけれど、ひとつだけ、どうしても味わう気にならないものがある。アブサンだ。最近、テレビ関係の仕事のマネージャーとブルックリンのオイスターバーに行ったとき、店ではハッピーアワーのスペシャルドリンクとしてアブサンを出していた。ウェイトレスは試してみろとしきりにすすめ、私は「まっぴらごめん」をなるべく丁寧な言葉で伝えようとした。

アブサンは蒸留酒の一種なのだが、これを明確に定義している国はほとんどない。そのため、従来のアルコール規制の網をかいくぐりやすい。ブランデーやジンのような蒸留酒とは違って、「アブサン」という名はいろいろなアルコール飲料につけられている。それというのも、(スイスを除く)すべての国でこの酒の法的な定義がまだ定められていないからだ。そういう理由もあって、アブサンのボトルはエタノールが45パーセントのものから70パーセントのものまである。

このお酒にはおもに3種類の植物が原料として使われている。ニガヨモギと、フェンネル(別名ウイキョウ)と、アニスだ。ニガヨモギが相当に苦いこともあって、アブサンは角砂糖の上から注がれることが多い。店によっては、その角砂糖に火をつけるところもある(アブサンからアルコールが蒸発する)。このおかげでアブサンに香ばしい風味が加わるのは確かだが、私にとってはそこも苦手な理由のひとつだ。

製法の説明に入る前に、アブサンにまつわる噂について考えてみたい。まず、**アブサンは幻覚剤でもなければ向精神薬でもない**。アブサンのせいで幻覚を見たとか暴力的な犯罪を犯したとかいう話は、まさしく話でしかない。つまり作り話だ。科学の視点からは、アブサンのせいで人体がそんな突飛な反応を示す理由は何ひとつない。

にもかかわらず80年近く前から、ツジョンという分子が人の思考と行動に異常をきたさせるとして非難されてきた。ツジョンは人間の神経系に毒性を発揮すると考えられていたし、痙攣（けいれん）をひき起こすことが知られてもいた。この分子はニガヨモギ油に含まれていて、人がアブサンに対してよからぬ反応を示す原因だと報告されたこともある。しかし、ツジョンとアブサンを結びつけたヴァレンティン・マニャンという精神科医は、じつは一種の絶対禁酒主義者で、フランスでのアルコール消費に反対する人物だった。

だいたい予想がつくように、保存されていた20世紀のアブサンのサンプルからは、ツジョン分子がほとんど検出されないことが近年の発見で示されている。マニャン医師がいったいどうやってアブサンの「危険性」を世界中に納得させたのか、この先も謎のままだろう。いずれにしても、この人物によってとんでもない噂が広まり、アブサンはその噂を蹴散らすことができずに今日まできた。

アブサンについて適切な定義をもっているのはスイスだけなので、スイスでアブサンをどう製造しているかを少し詳しく見てみよう。スイスでは、96パーセントのエタノール溶液にニガヨモギとフェンネルとアニスをひたすことでアブサンがつくられる。このプロセスは浸漬（しんし）と呼ばれ、植物が半透膜を通してエタノールを吸収する。それと同時に、エタノールがハーブ特有の軽やかで花のような香りを帯びる。

ウォッカと同じように、アブサンも蒸留して液体から不純物をとり除く。メタノールが除去されると、アルコール度数は一気に70パーセントくらいに下がる。これに水のみを加えることでアルコール濃度をさらに薄める製造者もいる。ここまで終わったら普通はもう一度浸漬のプロセスをくり返すが、今度はヒソップ〔別名ヤナギハッカ〕とメリッサ〔シソ科の多年草で別名レモンバーム〕をひたし、再度ニガヨモギも追加する。この部分は私たちが紅茶をいれる方法によく似ている。違う点は、アブサンの場合は最終溶液に多量の葉緑素が含まれているのが理想だということ。アブサンがかの有名な緑色をまとうのはこのためである。

アブサンのようにアルコール度数の高い酒は、数杯飲んだだけでも体に変調をきたしかねない。アルコール度数の高さが次々と化学反応をひき起こし、それが体の機能に大きな悪影響を及ぼす。それは、酒が食物とは違う代謝のされ方をするところに原因がある。はじめに、エタノールは小腸で吸収されて静脈に入り（飲酒運転したときに血中のアルコール濃度を測定するのはこのため）、それがまっすぐ肝臓へ運ばれる。

エタノールが肝臓にたどり着いたら、アルコールデヒドロゲナーゼ（ADH）という酵素がエタノール分子（$CH_3CH_2OH$）内の2個の共有結合を壊す。このプロセスは部分酸化と呼ばれ、結果的にアセトアルデヒド（$CH_3CHO$）を生みだす。**もう少しするとみんなもこのアセトアルデヒドが大嫌いになる**のだけれど、とりあえずいまは、これがしばらくして酢酸イオン（$CH_3COO^-$）に変化することだけ押さえておいてほしい。

そこへアルデヒドデヒドロゲナーゼという別の酵素が現れて、酢酸イオンを二酸化炭素と水に分解し、その二酸化炭素を私たちは呼気として吐きだす。こう聞くと、何の毒にもなりそうになくない？　これ以上のことを知らずにいれば、胃が食物を消化するのとたいした違いはないように思える。

## 酒に飲まれるな

じゃあ、酔うというのは科学的に見てどういう仕組みなのだろうか。ハッピーアワーにお酒を何杯か飲んだら、カウボーイブーツをはいてテキサス・ツーステップ〔アメリカのカントリーダンスの一種〕を踊りたくなるだなんて、いったいエタノールの何がそうさせるのだろう。それに、すきっ腹にお酒を入れると、そういう状態が少し早くやって来るように思えるのはどうして？

まず、エタノールは**摂取されてからおよそ5分で脳に到達する**。そのさらに5分後には、酔いを感じだしても不思議はない。その頃にはすでに脳がエタノールと相互作用するだけの時間が経過していて、**脳はドーパミンを放出しはじめる**。ドーパミンは神経伝達物質であり、神経受容体どうしのあいだで信号を運ぶ仕事をしている。このように、私たちが酒を飲むと、脳はドーパミン分子の放出というかたちで反応する。

ドーパミンはスーパーヒーロー分子のほまれも高く、たちまち人を「楽しい」気持ちにさせる。けれど、運動についての第6章でも取りあげたように、何かをすることへの（またはしないことへの）意欲自体を実際にドーパミン分子が与えてくれるわけではない。その点は研究から示されている。ただ、何かをすること——たとえば酒を飲むこと——のもつ肯定的に思える側面をドーパミンは伝える。だから人はドーパミンを自動的に快楽と結びつける。

エタノールはナトリウム、カルシウム、カリウムの各種チャネルとも相互作用するだけでなく、**GABA**（ギャバ）（γ－アミノ酪酸）という別の神経伝達物質にも影響を与える。同じ神経伝達物質といっても、GABAのほうは脳活動を抑制する仕事をしていて、それがエタノールによって活性化する。酔った人がその影響をまともに受けているのは、見ればだいたいわかる。動作がぎこちなくなったり、酔っぱらいの定番ともいうべきろれつの回らなさが現れたりするのはGABAが原因だ（よくいわれるABBA（アバ）のダンスが下手なのとは関係ないのでお間違いなく〔ABBAは1970年代半ば～80年代前半に世界的人気を博したスウェーデンのポップグループ〕）。

エタノールはGABAだけでなくもう1種類の神経伝達物質の機能も乱す。グルタミン酸だ。脳が記憶を形成したり、最終的に新しい物事を学習したりする際には、グルタミン酸分子が鍵となる役割を果たしている。**グルタミン酸の活動が抑制されると、酔った人は新しいことがなかなか覚えられなくなる。**つまり新しい記憶が形成されにくくなる。ほんの1〜2杯飲んだだけで何ひとつ記憶できなくなる人もいて、特殊なグルタミン酸ブロッカーでももっているんじゃないかといいたくなる。これは本当に呆気(あっけ)にとられるような変化だ。ひと晩に相当な量を飲んだあとにも、こういう状態になりやすい。

この3つの要因が組みあわさった結果、やたらご機嫌で自分の足につまずき、翌朝には何もかもきれいさっぱり忘れている酔っ払いができあがる。いうまでもないが、この状態がどれほどひどくなるかは飲む量によって左右される。

体内に存在するエタノールの量のことを**血中アルコール濃度**（BAC）という。これは、実際に血流中に吸収されたエタノールの比率をパーセントで表した数字である。自動車運転時のBACの法定限度は通常0・08〔日本では0・03〕だ。なぜそう定められているかというと、人間がGABAの影響を本格的に感じはじめるのが0・09〜0・18程度だからである。

BACが0・19以上になると、体は混乱しはじめる。グルタミン酸が影響を受けて新しい記憶が形成されにくくなるので、その感覚はなおさら強まる。これくらい高い数値になると協調運動もうまくいかなくなり、そこには間違いなくGABAがかかわっている。酒を飲んで「意識をなくした」ことがあるなら、たぶんそのときのBACは0・19を超えていて、要は相当におかしくなっている。

BACが0・25より大きくなると、急性アルコール中毒の症状が現れてもおかしくない。本当に危険なのはここからだ。この状態になると、自分の吐いたものをすぐのどに詰まらせて窒息死するおそれもある。

どうにかしてBACが0・35になるまで飲んだとすると、昏睡状態に陥る危険性がある。基本的な呼吸機能や循環機能にも支障をきたしはじめる。BACが0・45になれば、あの世行きが保証されたようなもの。脳はもはや適切に機能できず、呼吸のような基本的な仕事でさえ体に指示できなくなる。にもかかわらず、スウェーデンではなんとBACが0・545まで行った記録があるらしい。

BACが0・545って、いったいどういう状態か考えてみてほしい。平均的な人間の体に5リットルくらいの血液があるとしたら、血液中だけで純粋なエタノールが30ミリリットル近く存在することになる。これは2・5オンス（約74ミリリットル）のショットグラスに入ったウォッカ1杯分と同じである。しかもそれが血流中に！　飲酒運転のドライバーから血液サンプルを採取する令状を裁判所が認めるのは、科学捜査で血中のエタノール量を数値化するためである。

でも、BACを特定するのに本当は血液サンプルが必要なんだとしたら、路上の警察官には体内のエタノール分子数などわかりっこないのでは？

そのとおり。

だからアルコール検知器を使う。この種の装置はじつに興味深い化学反応を利用したものが多く、具体的には**呼気中のエタノール（$CH_3CH_2OH$）蒸気をたちまち酢酸（$CH_3COOH$）に変換する**。前のほうで説明したように、自家製の酒を長く発酵させすぎるとエタノールが酢酸（酢）に変わるが、これはそのときの化学反応とまったく同じである。

酢酸が空気中に自然に存在することはない。だからアルコール検知器で少しでも酢酸が検出されたら、それは体内のエタノール由来だと判断できる。こういう仕組みで、アルコール検知器はそこそこ正確なBACを短時間で弾きだせる。

警官がパトカーに携帯している小型のアルコール検知器はそれほど精度が高くないために、法廷の場では証拠として使えないケースが多い。ただ、逮捕を正当化できる程度には正確である。逮捕したら、警官は運転手を病院に連れていって血液を採取する。

一般の人もアルコール検知器を買って車内に置いておき、バーで2～3杯飲んだら自分

$CH_3CH_2OH$
$CH_3CH_2OH$
$CH_3CH_2OH$

で検査してみるといい。呼気を調べて0・08〔日本では0・03〕を超えていたら、運転代行業者(か友人)に電話をかけて家まで送ってもらう必要がある。いまのご時世、自分や他人の命を危険にさらさなくても車に乗る手段は簡単に見つかる。マルガリータを何杯かあけたら、もうGABAは私たちの友だちじゃない。

　このように、たとえそのときは楽しくても神経伝達物質の働きを乱すと、翌朝の気分は恐ろしいものになる可能性がある。二日酔い(hangover)は私の大好きな映画のタイトルだけれど〔2009~2013年のコメディ映画シリーズ『ハングオーバー!』のこと〕、本物の二日酔いのほうは最悪である。大量のエタノールを処理したせいで体は脱水しており、しかも肝臓内の酵素がエタノールを分解して例の厄介な分子を蓄積させている。アセトアルデヒドだ。

　アセトアルデヒドは、ほかの化学物質をつくるための中間生成物といえる。なかでも重要な化学物質が酢酸イオンであり、これが最終的に二酸化炭素と水に分解される。ただし、このプロセスにはいささか時間がかかる。アセトアルデヒドは人体に有害な分子で、(エタノール分子がすべて除去されたあとも)何時間も体内に残りつづけ、それからやっと代謝される。

　アルコールデヒドロゲナーゼ酵素に遺伝子変異をもつ人の場合はとりわけそうだ。そういう人たちの体内では、エタノールが著しく短時間でアセトアルデヒドに変換されてしまい、なのに体はそれをなかなか酢酸イオンに変化させられない。こうなると、アルコール赤面反応のせいで全身がまだらに赤くなる。赤らみはすぐに現れる場合もあれば、夜遅くになってからの場合もあるが、いずれにしてもこれが出たら二日酔いの前触れと考えていい。

二日酔いの何が良くないかというと、**体からエタノールをとり除く化学反応に伴って電解質が失われる**ことがひとつあげられる。電解質というのは、朝食についての章で取りあげたミネラルが水に溶けたものであり、陽イオンと陰イオンの2種類に分けられる。体内の代表的な陽イオンにはカルシウムイオン、マグネシウムイオン、カリウムイオン、ナトリウムイオンがあり、おもな陰イオンには塩素イオン、炭酸水素塩イオン、リン酸水素イオンがある。体内では陽イオンと陰イオンがおおむね1：1の割合で維持されている。

ハッピーアワーにくり出さない日には、腎臓が個々の電解質の濃度を適切に維持している。これはとても重要な機能であり、それはそうしたミネラルが血液のpHを調節したり、筋肉（心筋など）の収縮を起こしたりしているからである。ところがハッピーアワーの日には、腎臓が一気に働きすぎの状態になる。どうしてだろうか。

エタノールには利尿作用があるので、飲むとおしっこをしたくなる。しかもたくさん。**トイレに行くたびに、必要な電解質が体外に押しだされてしまう。**だから翌朝はチョコチップパンケーキよりも、スポーツドリンクのほうが良い選択肢に思えることが少なくない。カリウムイオンやマグネシウムイオン（やその他のイオン）を補うにはそれが手軽で安価な方法であり、そういう電解質があれば前日の夜の飲みすぎからくる疲労や痛みを撃退できる。

二日酔いに負けないための一番いい方法は、責任ある大人になることだ。すでに心がけているとは思うものの、飲みに行くときには前もってしっかり水分補給をしておく。それだけでなく、ワインの1杯目は食事と一緒に楽しみ、しかも消化に時間のかかるものを口にするといい。そうすれば、エタノールは静脈に吸収される前に食物のあいだを通りぬけなくてはならなくなる。第9章で説明した多糖類（ジャガイモやトウモロコシなどのデンプン）は物理的な障害物として働いてくれるので、エタノールの吸収を遅らせる。だから**すきっ腹で酒をあおらないようにすること！**

ここまで学んだことをまとめてみよう。酒はどんな種類であっても発酵の結果として得られるものであり、蒸留酒は発酵プラス蒸留を通してつくられる。ワイン醸造家はリンゴ酸について譲れぬ見解をもち、ビール醸造家は自分の麦汁を愛している。一般の私たちにとっては、ハッピーアワーに友人どうしで何杯かお酒を楽しもうが、これでもかってほどチーズを食べようが、なんならテキサス・ツーステップを踊ってみようがいっこうに構わない。ただ忘れないでほしいのは、遅かれ早かれあのエタノールの副産物が生まれるので、それをかならず体の外に出さなくてはいけないということ。ジキル博士がアセトアルデハイド氏に変わるときが来るから〔英語の発音はアセトアルデヒドではなくアセトアルデハイドに近い〕。

# 第12章

## 日暮れてまったり——ベッドルームで

Sunset & Chill : In the Bedroom

# 一日の終わりのハッピーアワー

「夜は良い時間」とは誰がいったか知らないが、きっとその人は化学者だったに違いない。それが証拠に、**一日のなかでもとびきり楽しい化学は夜に起きる。**誰もが愛でる夕暮れの光のショー、セックスのあとに感じる喜び、気分を高めるためにともすキャンドル。夜の時間には特別なエネルギーがみなぎっていることは否定のしようがないし、それはすべて原子や分子の相互作用のおかげである。

まずは自然界でもそうはお目にかかれないような、この上なく精妙で美しい不思議から見ていこう。夕焼けである。太陽が沈むと、地球は太陽からのエネルギーをもらうことができず、熱が放散して地表が冷えていく。この切りかえが始まるときには目を見張るような光景が訪れる。明から暗へと空がゆっくりと移ろうなか、見事な夕焼けが広がるのだ。とくに昼の時間が一年で一番長い夏の盛りなどに、たまたまいつもより少し早く仕事を終えたときには、運がよければ息を呑むような自然現象を目の当たりにできる。**薄明光線**だ。「神の光線」の異名をもつこの現象は、空気中に漂う塵の粒子（つまり分子）に光が反射して起きる。その結果、まるで神聖な存在が雲を裂いて地上にスポットライトを当てたかのようになる。

私が薄明光線にはじめて目を留めたのは子どもの頃。ミシガン州にある家族の別荘でのことだった。私たちは小さな湖のほとりにこじんまりしたコテージをもっていて、湖のまわりには50～100センチメートルほどの砂浜がぐるりととり巻いていた。庭のオークとカエデの巨木のあいだに父が古いハンモックを張っていて、いつでもそのハンモックに寝そべれば、湖からのそよ風を受けながら波が浜に砕ける音が聞こえた。本当にのどかでくつろげる場所だったので、家族がハンモックで眠ってしまっているのを何度見かけたかわからない。まるで小さく切りとられた天国だった。薄明光線が雲のあいだから差したときには、本当に天国のような光景が広がったものである。

薄明光線は、愛情込めて「ブッダの光線」や「ヤコブの梯子（はしご）」などと呼ばれる場合もある。この現象の特徴的な点は、明るい光線と暗い部分が交互になっているところだ。具体的なパターンはそのつど異なり、それは雲の位置や時間帯（さらには太陽の位置）の影響を受けるからである。日没直後か日の出直前の薄明かりの時分に現れることが多いのは、太陽が地平線の下に位置しているせいである。その角度だと光が散乱されやすく、見事な日の出や日の入りにつながる。とはいえ、それはいったいどういう仕組みだろう。

この本でもすでに見てきたように、太陽は電磁波（紫外線、可視光線、赤外線）というかたちで地球上に光線を送っている。1個の分子が電気波か磁気波のどちらかを妨げた場合、光線はさえぎられるか曲がるかする。しかし薄明かりの時間帯には、雲や山の投げかける暗い影が明るい日光と平行して走る。夕方近くになると自分の影が長く伸びるのと同じだ。この平行パターンを上から（つまり宇宙飛行士の視点から）眺めると、じつは日光より先に影のほうに目が行く。でも地上にいる私たちには、光が雲を押しのけて進んでいるようにしか見えない。

そこで、何年か前に国際宇宙ステーション（ISS）の宇宙飛行士が薄明光線の写真を宇宙から撮影し、地上を歩く私たちにその姿を教えてくれた。写真からは、光が雲に当たって曲がり、地上に平行な影を投げかけているのがわかる。この写真は本当にうまく撮れていて、雲がまるで流星体さながらに塵の尾を引いているように見える。

光線がこういう美しいパターンをつくるのはどうしてだろうか。さっきも触れたとおり、大気中には――つまりは私たちが吸いこむ空気の中には――ごくごく小さい分子（窒素、酸素、二酸化炭素など）や汚染物質（犬の毛、塵、車の排気ガスなど）が漂っており、それらによって日光が散乱された場合にのみこの現象が起きる。たぶん察しがつくと思うが、人口の多い大都市はそうでない地域よりその種の粒子の数が普通は圧倒的に多い。都会っ子

(私みたいな)が田舎の空気をずっときれいだと感じやすいのは、そこに原因がある。塵分子の数が単純に少ないために、肺が酸素と塵を分離させる際にも労力が少なくて済むのだ。

**対流圏(地表に一番近い大気層)で光が雲を抜けて低い角度で差すと、光の軌道が空気中の物質と交差して何らかの光学現象をひき起こす**。幸い、その背後にある科学はビーチの章で解説した化学ととてもよく似ている。物理学者は光学現象なんて言葉を使うけど、その実態は大気中の化学的な相互作用にすぎませんからね、物理学者のお馬鹿さん。

虹や蜃気楼(しんきろう)、あるいは薄明光線のような現象は、物質と光の相互作用としては肉眼でも見える部類に入る。光の反射や屈折もこのカテゴリーに含まれ、それらのおかげで朝焼けと夕焼けの見事な色が生みだされている。これについては少しあとで取りあげよう。

大まかにいうと、大気中の分子と低エネルギーの光がぶつかったときに光学現象が起きる。赤外線も低エネルギー光の一種で、地球が太陽から受けとる光の中では最もエネルギーが弱い。弱いとはいっても、地球には毎日おびただしくやって来る。その量、紫外線の7倍。幸いにもエネルギーがそれほど強くないおかげで、(紫外線のように)皮膚がんの原因にはならずに済んでいる。

1800年にウィリアム・ハーシェルが赤外線を発見したことについてはすでに紹介したとおりだ。でも、もうみんな下地はできているので、そろそろ赤外線の化学をもう少し掘りさげてみたいと思う（どっちみちこれが最後の章だしね）。思いだしてほしいのだけれど、ハーシェルがこの発見をした時代には、光が粒子と波の両方の形態をもつという推定はまだなされていなかった。赤外線の場合、重要なのは波としての形態――いわばエネルギーの痕跡――のほうである。波としての赤外線は人体に害を与えない程度には大きいものの、それでもかなり小さい。波長は７４０ナノメートル～１ミリメートル程度で、だいたい針先くらいのサイズである。この種のエネルギーは人間の目には見えないので、検知するためには温度計とプリズムを組みあわせる方法を編みださなくてはいけなかった。

私たちには暗視ゴーグルをつけない限り赤外線が見えないけれど、熱というかたちでは間違いなく感じている。お菓子づくりの章でも触れたように、赤外線エネルギーとは要するに熱エネルギーのことであり、だから家のオーブンには赤外線が用いられている。

お菓子を焼くときと同じで、分子は赤外線と相互作用すると、そのエネルギーを吸収して振動しはじめる。たとえばだけど、誰かにホースで水をかけられたら、水に反応してちょっと跳びはねたりするんじゃないだろうか。ある種の分子が赤外線と相互作用するときにも、まさしくそういうことが起きる。分子は赤外線（いまの例でいけば水）を吸収し、系に余分なエネルギーが加えられたせいで振動する（跳びはねる）。

二酸化炭素やメタンのような分子もすべて、大気中で赤外線と相互作用すれば同じ反応を示す。つまり振動するのであり、そうするとちょっとすてきなことが起きる。

紫外線のところで話したこととは違い、赤外線のように比較的エネルギーの低い光と大気中の分子が相互作用した場合には、分子が別の方向にエネルギーを放出しかえす。こういう性質があるからこそ、私たちの惑星は人間にとって安全な気温を維持できている。

もう少し詳しく説明するために、さっきの水とホースの例に戻ろう。ふいに誰かに水をかけられたら、あなたはたぶんとっさに跳びさがって、水気をふり払いながら小刻みに動きまわるに違いない。そのとき、もともとの体の向きを10度か20度、場合によっては１８０度変える。大気中の分子もそれと同じで、赤外線を吸収すると向きを変える。

この新しいエネルギー（ホースの水）が**分子を振動させ**（跳ねまわる）、それによって**空間内での分子の位置が少し変化する**。赤外線（水）の不意打ちに対する反応が終わったら、**吸収したエネルギーをその時点で向いている方向へと放出しかえす**。

塵粒子の場合でいうと、塵の分子は赤外線のエネルギーを短時間しか保持できず、すぐにそれを地球の大気に放出しなおす。この赤外線の再放出はまったく新しい方向に向けて軌道を描くので、絶好の条件が整うと（薄明かりの時分など）、華やかな光のショーとなって地球の１か所にスポットライトが当たる。

普通、薄明光線は白色光としてのみ存在する。色がないように見えるのは、可視光スペクトルのすべての色が完璧に混ざりあっているからだ（そんな馬鹿なと思うようなら、自分で確かめてみるといい。日光をプリズムに通せば虹の7色に分かれる）。

白色光というのは、波長が３８０〜７４０ナノメートルの電磁スペクトルを指す総称である。これは可視光域と呼ばれ、その名のとおり私たちの目で見える光の範囲を表している。色のついた物質には分子の中に特殊な部分があり、その部分を私たちの目が特定の色として解釈する。この特殊な部分を発色団といい、**いろいろな波長の光を吸収できるが、ひとつだけ吸収できない波長があって、それがその分子の固有の色となる。**

眼科医に（私みたいに）よく通っている人には、この化学になじみがあるかもしれない。じつは私たちの眼球にも発色団が含まれている。それは**レチナール**（ビタミンAの一種）と呼ばれ、物を見るのを助けてくれるすばらしい分子だ。眼球内のレチナール分子に光が打ちあたると、構造がシス型からトランス型へ変わって分子がまっすぐになる（シス型は折れまがっていて、トランス型はまっすぐなのを思いだして）。この構造の変化によって、網膜内のオプシンというタンパク質が押され、それがプロセスを始動させて最終的に脳が周囲の物体の像を解釈する。

レチナールとオプシンの相互作用は、光のさまざまな波長に対して起きる。光の波長が６２５〜７４０ナノメートルであれば、それは赤と解釈される。それより短い波長の

590〜625ナノメートルはオレンジ、次いで黄（565〜590ナノメートル）、緑（500〜565ナノメートル）、青緑（485〜500ナノメートル）、青（450〜485ナノメートル）、紫（380〜450ナノメートル）と続く。紫色の光は可視光域の中で最もエネルギーが大きく、したがって比較的波長が短い。

## 青い空と赤い空の仕組み

しかし、白色光が可視光線のすべての色を含んでいるのなら、なぜ夕焼けは赤とピンクの組みあわせがほとんどで、ときおり濃淡さまざまなオレンジ色が入りまじるだけなのだろうか。

この疑問に答えるには、波長の長さとエネルギーが反比例の関係にあることを思いだす必要がある。つまり、波長の長い光線は、波長の短い光線よりエネルギーがはるかに弱い。青い光の波は赤い光の波より格段に強力で波長が短いため、空気中の塵などにぶつかったときに効率的にはね返る。

こんなふうに考えるとわかりやすい。さまざまな波長をもった光線がすべてボールだとしよう。ものすごく古い石畳の道にそのボールをぶつけてみるとする。手始めに、でこぼこした路面に向けて力いっぱい青いボール1個をたたきつける(これが青色の光線を表す)。予想どおり、青いボールは跳ねあがってくるものの、まったく違う角度に、しかもかなりのスピードで飛んでいく。

次に、そのでこぼこ道に赤いボール1個をそっと落としてみる(これが赤色の光線を表す)。赤い光はエネルギーが弱いので、それを再現するために力は少ししか入れない。青いボールと同じように赤いボールも軌道を変えるが、そのスピードはずっと遅い。

でも今度は、同じ石畳の道に青いボールと赤いボールを何百個も同時に落としたらどうなるかを考えてみよう。この場合、**青のボールのほうがエネルギーが格段に強いので、弱い赤のボールの軌道を圧倒し、何度も何度もはね返りながら赤のボールを蹴散らしていく**。人間の目に映るのは、ほぼ青いボールばかりがそこらじゅうを飛びまわる姿であって、ところどころかすかに赤がほの見えるだけになる。これが日中に起きていることであり、**だから空は青い**。

ところが日暮れ時になると、太陽は地平線の上に低くかかっているために、光線が私たちに届くまでの距離が昼よりずっと長い。日光が相互作用する分子の数も大幅に増え、結果的に（意外なことに）空は赤とオレンジに美しく染まる。

そこにはこんな仕組みが働いている。思いだしてほしいのだけれど、酸素とオゾンは自らの結合を破壊させることでＵＶＢ（紫外線Ｂ波）とＵＶＣ（紫外線Ｃ波）を吸収している。でもＵＶＡ（紫外線Ａ波）はエネルギーが弱すぎて、酸素分子やオゾン分子の共有結合を壊すことができず、吸収されずにオゾン層を通りぬけるんだったよね？　可視光の場合にも同じことが起きる。

紫と青の光の波はエネルギーが十分に大きいので、窒素や酸素といった大気中の分子によって散乱される。どちらも一度それらの分子に吸収されてから、そのエネルギーが太陽のほうに向けて（私たちのいる地表方向ではなく）再放出される。**赤とオレンジの光の波は弱すぎて、分子に吸収されることがない**。だから、赤色、ピンク色、オレンジ色は分子の横をすり抜けて、言葉を失うような美しい夕焼けを私たちに見せてくれる。

都市部では空気中の汚染物質濃度が高いために、青い光が地球から遠ざかる方向にさらに激しくはね返され、長めの波長の光線（赤色）しか大気中に残らなくなる。恐ろしい山火事が起きて、燃えた物質が空中にまき散らされると、本当に息を呑むような夕焼けが現れるのはこのためだ。２０１９年末から２０２０年にかけてのオーストラリア森林火災のときのように、燃え方がことのほかひどいと空一面が赤く染まり、この世の終わりであるかのような雰囲気をかもしだす。さながら映画『マッドマックス』のワンシーンである。もっとも、ごく普通の晴れた火曜日の夕焼けであっても、壮大なスケールで色の渦巻きが現れることはある。一定の条件がそろって光が散乱され、華やかな赤とオレンジが空に現れたら、絵に描いたようなすてきなデートの夜に向けてお膳立てが整う。

## その気にさせるムードづくり

私がどういう方向へ話をもっていこうとしているか、もうみんなにはおわかりのことと思う。そう、夜の秘め事に関しては、完璧なムードをつくりあげる物事の中に科学がどっさり詰まっているのだ。まずはその気にさせるための催淫剤(さいいんざい)から見ていこう。キャンドル、チョコレート、牡蠣(かき)。人それぞれ好みがある。でもそういう「化学反応」は本物の化学に裏づけられているのだろうか。それともただの妄想?

答えを聞いたら意外に思うかもしれない。だがその前に言葉の定義をはっきりさせておこう。性欲の引き金になるものを催淫剤(アフロディジアック)といい、これは愛の女神アフロディテからきている。紛らわしいが正反対の意味をもつ言葉もあって、こちらはニンニク臭や体臭などのように性欲をそぐものを指している。制淫剤だ。まさに読んで字のごとしである。

どんなものが催淫剤とされるかは地域によって異なる。カボチャの種（メキシコ）やコブラの血（タイ）もあれば、カニのスムージー（コロンビア）もある。アメリカで多いのはアロマキャンドルである。

私の生まれ育ったミシガン州の町には、カラマズー・キャンドルカンパニーという小さなキャンドルショップがある。モロッカンローズやアーボリータム（森の香り）、大好きなレモングラスなど、すばらしい香りのキャンドルがそろっている。どれも夜のお楽しみに弾みをつけてくれるし、世のサピオセクシャル〔外見より知性にセクシーさを感じる人〕にとってキャンドルの科学は掛け値なしに興奮をかき立ててくれるものでもある。

キャンドルを製造するには、まずセルロース（綿）のひもを熱いパラフィン（炭化水素から製造されるロウ）でコーティングし、それを冷たい表面に垂れかける。この瞬時の温度変化によって液体のパラフィンが固まり、セルロースのまわりに保護層を形成する。これがキャンドルの芯になる。

キャンドルの本体をつくるのにはいろいろな方法がある。よく使われるひとつが押し固める製法だ。はじめに冷却室（25度未満）内のスプリンクラーから、熱い（液体の）パラフィンを垂直に噴射する。高温のロウは空中に舞いあがるとたちまち冷え、低温の（固体の）ワックス（ロウ）のパウダーとなって大きなトレーに落ちてくる。まるでパラフィンワックスのスノードームであり、それが巨大な産業用機械の真ん中で起きている光景はなんともかわいらしい。

このワックスパウダーを型に入れて押し固めると、ワックスの無極性分子が隣りの分子と分散力を形成し、定番の円筒形キャンドルができる。

アロマキャンドルの場合は、液体のパラフィンワックスに4－ヒドロキシ－3－メトキシベンズアルデヒド（バニラの香り）のような芳香分子を加えてから、低温の空気中に噴射する。しかし、パラフィンワックスは無極性分子でできているので、添加する分子も無極性でないとパラフィン溶液に溶けない。無極性の混合液に極性の芳香分子を多量に加えようとしたら、ワックスパウダーになる以前に分離してしまう。

ありがたいことに、キャンドルに用いる芳香分子は非常に強力なので、ほんの数滴で香りを与えられる。しっかり攪拌すれば、どれだけ極性の高い分子でも数滴なら無極性の溶液内に分散する。キャンドルに芯を挿しおえたら、あとは燃焼反応を利用してその芳香分子を放出し、催淫剤としての仕事をしてもらえばいい。

でも思いっきり正直にいうと、催淫剤にしろ制淫剤にしろ科学の裏づけという点ではちょっと怪しい。というのも、牡蠣やチョコレートの中の分子が性行動にじかに影響を及ぼすことが、確たる証拠によって示されているわけではないからである。少なくとも現時点でそういう証拠は見つかっていない。実際のところ、こうした食べ物の催淫性は、通説を信じる気持ちからくるプラセボ効果にすぎないと考えられている。

た・だ・し。ひとつだけ、脳内の化学的——そして性的——な反応に影響することが証明されている催淫剤がある。**エタノール**だ。

エタノール分子が脳の化学を変化させる作用をもつことから、ビールやワインや蒸留酒は実際に催淫剤に分類されている。信頼している相手と安全な場所で酒を楽しんでいるときには、酒が入っていない場合よりもガードを下げて、新しい冒険に身を任せやすくなる……たぶんベッドルームでの冒険に。

もちろん状況にもよるし、アルコールを摂取したからといってかならず気分が高まるわけでもない。たとえば私の場合、同僚と少し飲んでもその気になることはないけれど、夫と何杯かカクテルを傾けたら……それはもう、話は違ってくる。

# 体内をめぐるメッセンジャー

催淫剤については、どういう環境で誰と一緒にいるかが物をいう。アロマキャンドルが人をかならずその気にさせるとは限らないのに対し、パートナーがそれらしい眼差しをよこして服を脱ぎはじめたとしたら、それが意味するところを脳は推測できる。でもどうして？

答えは**ホルモン**だ。

ホルモンについては本書でもすでに何度か登場しているが、それがどんなに重要かはどれだけ強調しても足りない。ホルモンは「活性化させる」分子であり、体内のさまざまな内分泌腺によってつくられる。これまでの章では、ＴＳＨ（甲状腺刺激ホルモン）、アドレナリン、コルチゾール（ふたつあるストレスホルモンのひとつ）などのホルモンを取りあげた。じつは体内で生産されるホルモンは50種類を超える。そのほとんどは（コルチゾールのような）ステロイドホルモンか、（ＴＳＨのような）ペプチドホルモンで、数は少ないもののアドレナリンのようにアミノ酸由来のものもある。

ここまでの章で説明したように、ホルモンは種類によって物理特性が異なる。水(血液)に溶けやすいものもあれば、脂肪(脂質)に溶けやすいものもある。睡眠パターンや気分に影響を与えるホルモンもあるし、**その気になるかどうかを決めるホルモンもいくつかある。**テストステロンを例にとってみよう。

テストステロンの発見物語はセクシーとは程遠い。1849年、アーノルト・アドルフ・ベルトルトというドイツの動物学者がニワトリを観察していた。すると、去勢されたオスが正常なオスとは違ったふるまいをすることに気づく。そこで、科学者なら当然のことをし、6羽のオスのニワトリを使った実験に踏みきった。4羽から精巣をとり除き、2羽についてはそのままにして、あとはその6羽が成長するのを見守ったのである。

その結果、去勢されていない2羽のオスは正常に発達し、オスならではの特徴を示すようになった。たとえば鉤爪(かぎづめ)は頑丈だし、性行動も普通だし、トサカや肉垂れも適切な大きさである。トサカと肉垂れを人間に置きかえるなら、若い男性が思春期にのどぼとけを大きく発達させるのと同じである。興味深いことに、それ以外の4羽のニワトリ(精巣をもたないもの)は、立派なトサカと肉垂れを発達させることがついぞなかった。

といってもそれは、ベルトルトがちょっと……おかしなことをしてみようと思いたつまでの話。何かというと、去勢したオスから2羽選んで、腹部に精巣を移植したのである。

再度オス化されたその2羽は、やがてどちらもオス特有の特徴を発達させていった。その結果を受けて、ベルトルトは我を忘れるほどに興奮した。だって、それはつまり精巣が何らかの分子を血流中に分泌していて、オンドリの思春期を開始する引き金を引いているということだからである。それが証拠に、その2羽を解剖しているときに、移植した精巣の周囲に新しい血管が形成されているのが確認された。

当時のベルトルトには知るよしもなかったが、このとき発見したものの正体はホルモンのテストステロンだった（男性の中心的な性ホルモン）。これは大きな分子であり、オスの二次性徴を促す。だから人間の場合ならのどぼとけを大きくし、ヒゲを生やし、筋肉と骨の密度を高め、声を低くする。骨粗鬆症（こつそしょうしょう）の予防にひと役買っていることものちに解明されている。

やがて１９０２年には、イギリスの生理学者ウィリアム・ベイリスとアーネスト・スターリングがこの研究を一歩先に進め、テストステロンのようなホルモンが化学物質のメッセンジャーとして働いていることに気づいた。いわば体のための郵便サービスのようなものであり、化学物質の「メッセージ」をあちこちに運んでいるということである。

ホルモン放出のきっかけとなる物事はいくつもあり、その多くは外部環境に存在する。つまり特定の条件が満たされたり特定の動作がなされたりしたときに、いろいろな内分泌腺からホルモンを介して「メッセージ」が送られるように人体はできている。私のお気に入りであるオキシトシンもそのひとつで、これは「愛のホルモン」の異名をもつ。

オキシトシンは分子量が1モル当たり1007グラムの大きなペプチド分子だ。8種類のアミノ酸が厳密な順序でつながって構成されている。2度使われているアミノ酸はシステインだけであり、このように9個のアミノ酸からなるペプチドはノナペプチドと呼ばれる。オキシトシンは脳下垂体で産生・放出され、その脳下垂体は鼻梁(びりょう)(鼻筋)のすぐ後ろ側に位置している。

オキシトシンの分泌を促す外的要因はいろいろある。パートナーがあなたをぎゅっと抱きしめたときもそうだし、誰かがあなたの赤ちゃんを笑わせたときもそうだ。**人と人とのこうした肯定的なやりとりが起きたとき、脳がオキシトシンホルモンで満たされる**ように私たちの体はできている。オキシトシンが放出されると、胸が愛情ではちきれそうな感覚が得られる。恋人とのやりとりであろうと、子どもの世話であろうと関係はない。このホルモンはそれを区別をしない。オキシトシンはただそうした愛情に反応し(そしてまず間違いなくその感情をつくりだし)ている(誤解のないようにひと言つけ加えておくと、これは第6章で取りあげた至福分子のアナンダミドとは違う。アナンダミドは痛みを遮断する分子である)。

愛の分子であるオキシトシンは非常に重要なホルモンである。というのも、私たちの生殖器の働きを調節してもいるので、出産と性交の両方に大きく影響しているからだ。女性の子宮が分娩時に収縮したり、授乳中に乳首が刺激されたりするときには、オキシトシンが下垂体から血流中に分泌されることがわかっている。女性が生涯のあいだに最も多量のオキシトシンを経験するのは分娩中であり、そのときのオキシトシン濃度は通常の300倍に達する。

子宮を収縮させる作用をもつことから、高濃度のオキシトシンを配合した薬品（ピトシンやシントシノンといった名称）が陣痛促進剤として与えられることがある。この効果が明らかになったのは1906年のことだ。イギリスの薬理学者サー・ヘンリー・デールは、ヒトの下垂体からホルモンを単離し、それを妊娠した猫に注射したところすぐに出産した。のちにデールはこの分子にオキシトシンという名をつけたが、その語源はギリシャ語で「すばやい出産」という意味である。以来、オキシトシンは陣痛室や分娩室で利用されてきた。

ようやく1953年になって、アメリカの生化学者ヴィンセント・デュ・ヴィニョーが画期的な発見をし、オキシトシンを構成するアミノ酸の構造と配列をつきとめた。発見の正しさを裏づけるため、自らの研究室でオキシトシンホルモンを合成しもした。その種の合成は過去に一度もなされたことがなかった。この目覚ましい偉業が評価され、デュ・

ヴィニョーは1955年のノーベル化学賞を受賞している。

さらにいまから15年ほど前には、スウェーデンの医師シャスティン・ウヴネース・モベリが『オキシトシン・ファクター』〔日本語版は『オキシトシン——私たちのからだがつくる安らぎの物質』(瀬尾智子／谷垣暁美訳、晶文社、2014年)〕という本を発表し、オキシトシンは人体に「闘争か逃走か」反応とは正反対の影響を及ぼすと主張した。赤の他人を見たときに、うとましい思いや警戒心を抱かせるのではなく、オキシトシンは私たちを安心させて人を信頼しやすくさせるというのである。その根拠として、モベリはラットやハタネズミ(ハムスターに似たキュートな生き物)などの動物を使った研究をあげている。たとえば、標的となるオスが近くにいるときにハタネズミにオキシトシンを注射することで、そのオスを選ばせるように操作することができる。

ヒトの場合、ほかの人間と(もしくは動物とでも)どう絆を結ぶかに対してオキシトシンが大きな影響を与えていて、そのことはさまざまなデータで示されている。たとえば犬をなでると、オキシトシン濃度は急激に上昇することがわかっている。その傾向がとりわけ顕著に現れるのが、動物の赤ちゃんを相手にした場合である。かわいらしい子犬が、抱っこしてほしくて膝にはい上がってきたときなどがそうだ。いうまでもないが、母親が自分の赤ちゃんを抱くときにも同じようなオキシトシン濃度の急増が確認できる。化学の視点から見ると、母親から大きな愛情があふれだしているとき、その体内ではオキシトシン濃度が著しく高くなっている。だてに愛のホルモンと呼ばれているわけではない。

大人が愛しあうときにもオキシトシン濃度が急上昇することが明らかになっている。女性の場合、オキシトシン分子の濃度が高くなりはじめるのは前戯の段階である。一般に、性的な経験においては実際の挿入に至るまでの時間の長いほうが、パートナーへの絆を強く感じやすく、そのことは研究で確かめられている。化学の視点からはさもありなんで、**そのほうが全身をめぐるオキシトシン分子の量が増えるから**である。

女性の場合はオルガスムの直後に、オキシトシンの2度目の急上昇が起きる。これは生理学的にいうと、ひょっとすると妊娠するかもしれないので、その場合に備えて相手と強い絆を結べるようにするためだ。女性の体はこうしたことを無意識のうちに本能として実行しており、それがふたりの結びつきを強くするのを助けている。

## パートナーの愛を試す

一方の男性のほうには、オキシトシンの第2の急上昇は起こらない。その代わり、どんなかたちであれ性的に興奮しているあいだは全般的にオキシトシン濃度の上昇した状態にあり、オルガスムのあとで上昇が止まる。研究者の考えによると、男性に第2の急上昇がないのは妊娠できないからであって、生理学的に見てパートナーと強い絆を結ぶ理由がないからである。

この愛のホルモンに関する実験の中で、私がことのほか気に入っているものがある。ひとりのパートナーとだけ関係を結んでいる異性愛者の男性を大勢集めた実験だ。研究者はまず、医療用経鼻スプレーを使って男性被験者にオキシトシンを吸引させた。それから、オキシトシンがオキシトシン受容体と結合するまで数分の時間を置いた（オキシトシンは大きなペプチド分子なので、目的地に着いて受容体と結合するには少し時間がかかる）。確実に結合がつくられた頃合いを見計らって、実験を開始する。内容は、とても美しい初対面の女性に被験者の男性をひとりずつ引きあわせるというもの。そのとき、女性と男性がどれくらいの距離をあけて立つかを研究者はモニターした。

このグループ（ちゃんとしたパートナーのいる男性たち）のデータを集めたあと、今度は独身男性のグループを呼びいれる。同じようにオキシトシンの経鼻スプレーをして実験をくり返し、独身男性をひとりずつ女性のもとに送った。今回も前回と同様に、見ず知らずの魅力的な女性と男性との物理的な距離を測定することで、オキシトシン分子が人体にどんな影響を及ぼすかを判断した。

結論をざっくりいうと、パートナーのいる男性のほうが独身男性より最低10センチメートル（15センチメートルとはいわないまでも）は女性から離れて立っていた（もちろん数人の例外はいたが）。この研究（をはじめとする複数の研究）からうかがえるのは、**男性のオキシトシンがカップル間の絆を目に見えるかたちで強める**ことである。だから、今度あなたの夫が男だけで飲みに行くことがあれば、鼻からオキシトシンをシュッと入れて熱烈なキスとともに送りだしてやるといい。**あとは化学がうまいことやってくれる**。

もしもあなたがパートナーと並外れて強い絆を結んでいるとしたら、ベッドの上でともに過ごす時間が長いかもしれない。だとすると（そして今後の家族計画によっては）、別のホルモンによる化学反応の恩恵を余すところなく受けたいと思う人もいるだろう。たとえば**レボノルゲストレル**のような。つまり、避妊である。

レボノルゲストレルは大きな分子で、専門的にはステロイドホルモンに分類され、子宮内避妊器具（IUD）の中に入れて使用されることがよくある。レボノルゲストレルはテストステロンのいいとこともいうべき分子であり、女性の体内でおもにふたつの化学反応をひき起こす。ひとつは、子宮頸管粘液を厚く分泌させて、精子が子宮に侵入するのを妨げること。もうひとつは、子宮壁内の結合を壊すことである。これによって子宮内膜がはがれて全体の厚みが減るために、受精卵の着床と成長が不可能でないにしろ難しくなる。レボノルゲストレルがうまく効果を発揮できなかったとしても、ＩＵＤは物理的な障害物となって、たまたま卵巣から卵子が放出されても精子が近づけないように阻む。よく知られたあのＴ字形はそのためだ。この３つの要因が組みあわさって、ホルモンタイプのＩＵＤでは避妊失敗率が年間０・２パーセント程度である。

これを銅タイプのＩＵＤと比べてみよう。ＩＵＤにはホルモンタイプと銅タイプがある。銅タイプも同じプラスチック製のＴ形の芯でつくられているものの、レボノルゲストレルが内部に入ってはおらず、外側に銅製のワイヤーが巻きつけられている。子宮内に挿入されると、器具から銅イオン（陽イオン）が放出され、それが子宮開口部の子宮頸管粘液と結合する。すると殺精子作用をもつ分子が生成され、子宮に入ろうとする精子をことごとく攻撃する。

アメリカで一番多く用いられている避妊法は経口避妊薬（ピル）であり、こちらもやはり妊娠を防ぐためにホルモンを利用している。ＩＵＤ（3～12年有効）と違い、経口避妊薬は毎日飲んで、エストロゲン分子とプロゲスチン分子を女性の体内につねに供給しないといけない。そのため、24時間おきの毎日決まった時間にその日の用量を摂取し、それらの分子の血流中濃度を一定に保つ。この２種類のホルモンが体内に届けられていると、体はだまされて自らが妊娠していると思いこむ。だから、ピルの服用中は自動的に排卵が止まる。

幸い、仕事をもつ大人が毎日きっかり同じ時間に薬を飲むのがどれだけ大変かを科学者は認識していて、1回の服用におけるホルモン濃度を調節する方法を見つけた。おかげで多少の余裕はできている（3時間）。人為的なミスがあるので、ピルの避妊成功率は91パーセントだ。比較のためにいうと、コンドームの妊娠阻止率は82パーセントである。しょせんコンドームはただのラテックスであり（ラテックスもポリマーの一種で、ビーチの章で取りあげたクーラーボックスのポリスチレンと同じくスチレンを原料とする）、精子が子宮に侵入するのを物理的にブロックしているだけである。

どういう方法を用いるにしろ、避妊に化学がどっさり詰まっているのは間違いない。いろいろな分子が体内で化学反応をひき起こすことで効果を発揮するのだから。でも、体の外で起きる化学反応についてはどうだろうか。そこに登場するのが性フェロモンである。

フェロモンはじつに大きな分子であり、動物の体から放出されて別の個体のふるまいに影響を及ぼす。性フェロモンは1959年に、ドイツの生化学者アドルフ・ブーテナントによって発見された。ブーテナントはその20年前に、はじめて性ホルモンを合成した功績が認められてノーベル化学賞を受賞していた。化学界のスターなんて言葉じゃとうてい表現しきれない人物である。

ブーテナントの研究から明らかにされたのは、フェロモンがホルモンと同じように作用する一方で、**近くにいる同種の個体にしか効果を発揮しない**ことだった。たとえば、動物Aが近くの動物Bのそばで性フェロモンを放出したとすると、フェロモン分子はBの体内に吸収され、その行動全般を変容させる。Aはまさにキューピットであり、ただ弓矢の代わりに分子を使うわけだ。

このようにフェロモンは、体の外でホルモンのような働きをするという意味で「外部ホルモン」と呼ばれることもある。そしてまさしくホルモンのように、フェロモンにもさまざまな構造がある。非常に小さい分子もあれば、かなり大きいものもある。いずれも揮発性の分子なので、所定の条件のもとですぐに蒸発する。揮発性の分子は(ガソリンや除光液などのように)きつい匂いを伴うので、私たちはたいてい気づくことができる。

フェロモンという名称の語源は、ギリシャ語で「刺激するものを運ぶ」という意味であり、それこそがまさにフェロモンの仕事だ。フェロモンは強力な分子であって、近くにいる個体にさまざまな信号を送ることができる。その信号は食料や危険について知らせるものだったり、交尾を促すものだったりする。たとえば、アリはコロニーから食料までの道にフェロモンを分泌することで、仲間に食料のありかを伝えている。犬は散歩中に消火栓におしっこをしながら、フェロモンを放出して自分のなわばりだというしるしをつけている。ネズミも性フェロモンでメスを引きつけるとともに、それが近くにいるオスの攻撃性を高める。

でも人間の場合はどうなんだろう。私たちも何らかの性フェロモンを分泌しているんだろうか。

俗説とは違い、**ヒトはどんな形態の性フェロモンもいっさいもっていない**。どうしてそんな俗説が生まれたかというと、こんな理由がある。1986年、ウィニフレッド・カトラーがヒトの性フェロモン第一号を単離したと発表した。この研究プロジェクトでは、いろいろな人の性フェロモンを採集・凍結・解凍したとカトラーは主張した。1年後には大勢の女性被験者の上唇にその分子を塗り、野生動物と似たような結果が観察されたとも説明した。

結論からいうと、カトラーの研究はデタラメもいいところだった。ヒトの性フェロモンを発見したわけではない。適当に選んだ被験者の上唇に、奇妙な匂いのする物質をくっつけただけである。しかもその物質の中には——聞いて驚け——脇汗も含まれていた。純粋なフェロモンを単離したどころか、汗として排出された電解質を集めて、それを人の顔に塗りつけたのである。

いまもなおカトラーの気持ち悪い研究はインターネット中で紹介されているので、「人間の性フェロモン」と検索すれば間違った情報がたっぷり手に入る。そろそろ発見されると固く信じる研究者もいないではないが、この本を書いている時点でヒトの性フェロモンはひとつも見つかっていない。数々の研究を実施し、追試を重ね、いくつもの変数をできる限り調節してきたけれど、どの研究グループも同じ結論に達している。つまり、21世紀に生きる人類はおそらく性フェロモンをもたないということだ。

とはいえ、これまでもずっとそうだったのだろうか。ウサギとかヤギとか、ほかのほとんどの哺乳類に性フェロモンがあるのなら、どうして人間には備わっていないのだろう。

答えはびっくりするほど単純である。人間はコミュニケーションの方法を身につけた。フェレットならお目当ての相手に性フェロモンを放つしかなくても、私たちには言葉（やキャンドルや……ランジェリーや……）が使える。自分がベッドに飛びこみたがっていることをパートナーに伝えることができる。

## 睡眠中も化学は続く

閨房（けいぼう）の話を離れる前に、ホルモンをもうひとつ取りあげておきたい。バソプレシンだ。バソプレシンは大きなペプチドホルモンであり、いくつもの働きをもっている（血圧や腎臓のバランスを調節するなど）。男性の体は性反応サイクルの中の「興奮」の段階で、このホルモンを分泌するとともに勃起（ぼっき）反応を起こす。オルガスムのあと、血流中のバソプレシン濃度は大幅に低下する。

バソプレシンは概日（がいじつ）リズム〔生物に本来備わっている、おおむね1日を単位とする生命現象のリズム〕の調節にもひと役買っていることから、眠気や弛緩（しかん）をひき起こすと考えられている。バソプレシン値は男性の性行動中に最も高くなることがわかっているので……性交後の男性がほぼ瞬時にまどろみはじめるのはこれが原因かもしれない。

でも女性の場合は、頭のもやが晴れてくるのとちょうど同じ頃に別のホルモンの作用で眠気が起きる。メラトニンだ。メラトニンはアミノ酸由来のホルモンであり、1958年にアメリカの化学者（のちに皮膚科学者に転身）アーロン・ラーナーによって発見された。皮膵病の治療法を研究していて、牛の内分泌腺を調べていたとき、ラーナーは偶然にメラトニンを見つけた。これは、本章で取りあげたほかのホルモンと比べると小さな分子であり、松果体（脳中心部の視床上部内に位置する）から分泌される。松果体自体は松ぼっくりのような形をしていて、だからその名がついた。

するとそれからちょうど20年後、マサチューセッツ工科大学のハリー・J・リンチ率いる研究チームが、さっき触れた人間の概日リズムにメラトニンが関与しているのを見出し、それが睡眠・覚醒のサイクルにどう影響しているかを明らかにした。概日リズムといわれてもピンと来ない人のためにいうと、これはいわば**体にとっての一日のスケジュール管理ツール**である。体内でいつ化学反応（消化や睡眠などにかかわる化学反応）が起きるかを決めるのがメラトニンだ。たとえば、午後6時くらいにおなかがすいて、午後9時くらいに眠くなり、翌朝7時か8時にまた頭がさえてくるのは、おもにこのホルモンに原因がある。また、夜間シフトで働く（もしくは新たに親になる）のがおそろしくつらいのも、このホルモンのせいである。

ということで、私たちが毎日している化学まみれの活動のうち、一日の最後にやって来るのが睡眠だ。

化学の観点からすると、睡眠とは一種の意識の変容であり、この間に体はいくつかの化学サイクルを処理している。睡眠時にレム（急速眼球運動）睡眠とノンレム睡眠を交互にくり返すことはたぶんみんなも知っていると思う。ノンレム睡眠＋レム睡眠の1回の周期は約90分であり、睡眠が進行するにつれてレム睡眠の占める時間が長くなる。

レム睡眠というのは思っているほど穏やかなものではない。典型的なレム睡眠の段階では、血圧が上昇し、心拍数が上がり、呼吸数も増える。それ以上に重要なのは、脳が激しく活動して盛大に脳波を生みだすことだ。それはまるで、その日のメールチェックをしているかのようである。不要な記憶（迷惑メール）を捨てて、重要なもの（請求書）を保存する。これらすべては**脳内を電子が移動することで行われている**。

同時に、筋肉は弛緩して麻痺状態になる。脳内には多数のアセチルコリン分子が詰まっていることを思うと、なんとも皮肉である。なぜ皮肉か、って？　目覚めているときには、このアセチルコリン分子こそが筋肉を活動させているからだ。ところが、ノルアドレナリンやセロトニン、もしくはヒスタミンの存在しない状態とアセチルコリンが組みあわさると、全身のエネルギーを脳内の化学反応にふり向けるために筋肉は動かなくなる。

しかし、より深い睡眠（つまりノンレム睡眠）に移行すると、私たちの体は外界から完全に遮断される。**神経伝達物質のＧＡＢＡ（酔って意識をなくす原因となるあの物質）が脳内の受容体と結合し、脳の全般的な活動を抑制する。**ノンレム睡眠中に人を起こすのが、レム

MELATONIN
OXYTOCIN
VASOPRESSIN
MELATONIN

睡眠中よりはるかに難しいのはこのためだ。あいにく、睡眠障害のある人が寝言をいったり夢中歩行したりするのもこの段階である。ノンレム睡眠時には脳活動が最小限に抑えられているため、口から出てくる言葉は完全なデタラメである。

夫は早いうちから私の寝言癖に気づいていて、以来、私の深夜の壮大な物語を記録しようと頑張ってきた。結果、10回のうち9回は食べ物や料理についてぶつぶついっているのがわかった。でもたまに夫に向かって、分子や原子についての支離滅裂な講義をしているらしい。

言葉がはっきりしないので、具体的に何のテーマを教えているかまでは聞きとれないようだ。もしかしたら、日光が散乱して薄明光線が生まれることや、セックスの最中にオキシトシンとバソプレシンが分泌されることでもつぶやいているのかもしれない。いずれにしても、声の調子と手のジェスチャーはいつもしっかりしている。寝ているときでも、日常生活を支える化学のすばらしさを知ってほしいと私は思っている。

＊＊＊＊＊

川を泳ぐ2匹の魚の寓話を聞いたことがあるだろうか。1匹の年かさの魚が2匹のもとに近づいてきて、こんなふうに声をかける。「おはよう。水はどう？」しばらく泳ぎつづけたあとで、2匹のうちの1匹がもう1匹に尋ねる。「水って何？」

短い話だが、私はこれが大好きだ。日常生活の中で化学を経験していながら、それに気づいていない人が大勢いることと重なってくるからである。ほとんどの大人は高校か大学に化学を置いてきている。証拠が欲しい？　私の担当する学生のうち、化学専攻として卒業するのは全体の3パーセントしかいない。ほとんどの生徒は最終日にキャンパスをあとにしたら、エネルギーと物質に関する私の講座ときれいさっぱりおさらばする。それでも**化学は身のまわりのいろいろな現象を説明し、私たちの現実の土台となるものを理解する手がかりになる**。そのことを生徒たちに（そしてこの本の読者のみんなにも）示すことができたんじゃないかと思う。

痛みの遮断と食物の消化を助ける反応の中にも、ヘアケア製品のポリマーやパイの中にも、キッチンカウンターや浴室を掃除する万能洗剤の中にも、さらにはたったいまあなたが吸ったり吐いたりした息の中にだって、化学はある。私たちの暮らしのあらゆる面に化学は影響を及ぼしている。細かく見ていけば、どんな科学分野にも、どんな産業分野にも化学の姿が浮かびあがる。衣類から化粧品まで、おもちゃから医薬品まで。

とはいえ、故カール・セーガンの残した言葉ではないが、「科学は知識の集成である以前に考える方法」である。「それはなぜか」「もしこうなったらどうなるか」と問い、疲れはてるまでその答えを探しもとめる。それが科学だ。自分をとり巻く環境を当たり前に思わず、疑問を抱いて学びつづけ、周囲にあるミクロの小宇宙がどれだけ驚きに満ちているかを探っていく。みんなにとって、この本がそのきっかけになってくれたら嬉しい。私がたまらなく化学を愛しているように、みんなも大好きなトピックを本書の中に見つけ、屋根に上がって近所迷惑になるほどその内容を叫んでくれることを願っている。

だって、何かについてのオタクになったら、つまり、**掛け値なしに紛れもなく、居ても立ってもいられないくらいにどうしようもなく何かが好きになったら、不可能なことなんて何ひとつ——ウソじゃなく本当に何ひとつ——ないんだから。**

# 謝辞

まず、黒人女性としてはじめてNASA（アメリカ航空宇宙局）のエンジニアになったメアリー・ジャクソンに感謝の言葉をささげなくてはいけない。自信をなくしかけたとき、私はあなたの物語を嚙みしめる。あなたの強い意志と不屈の精神に思いを馳せ、あなたがけっして夢を諦めようとしなかったことを一心に考える。前人未踏の道を切りひらき、理工系女性のすばらしきロールモデルとなってくれてありがとう。いま、ここであなたに誓います。次世代の若い女性が少しでも科学を学びやすくなるよう、自分にできることは何でもする、と。あなたが私にそうしてくれたように。

共犯者でありマネージャーでもあるグレン・シュウォーツ、２０１８年1月に連絡をくれたことに感謝している。あなたの電子メールの何がそうさせたのかはいまだにわからないけれど、私はあなたの電話を受ける気になった。結果的にそれで本当によかったと思っている。あなたのおかげで、想像すらしなかったような人生を送ることができている。「ありがとう」なんて言葉じゃとうてい気持ちを伝えきれない。

パークロウ出版とハーパーコリンズ社のチーム全員にも謝意を表したい。化学を親しみやすい（そして楽しい！）ものにするために力を貸してくれた。なかでも、優秀な担当編集者のエリカ・イムラニがあらゆる段階で私を導いてくれたことにお礼をいいたい。エリカ、辛抱強く、そして優しく、とことんすばらしい本にするべく私のお尻をたたいてくれてありがとう。あなたからはたくさんのことを学んだ。句読点についても「ちょっとばかり」教えてくれたことを恩に着ている。

ブランディ・ボウルズとメーガン・スティーヴンソンは、次々にくり出される私の草稿、草稿、また草稿を延々と読んでくれた。あなたがたの修正・提案・批評のひとつひとつがありがたかった。この本が実験報告書みたいにならずに済んだのはふたりのおかげである。

私の『ダンジョンズ＆ドラゴンズ』〔アメリカのロールプレイングゲーム〕仲間たち（ジョーダン・コーブマン、ハナ・ローバス、オリン・ローバス、ダスティン・マイヤーズ、ジョシュ・ビバードーフ）へ。私の正気を保ってくれ、私のめちゃくちゃなスケジュールに合わせて時間をやりくりしてくれてありがとう。私たちが毎週プレイしているので、ビンプノッティン・ループモッティン・ウェイウォケット・オダ・オルラ・カラミップ・マーニグ・フニッパー〔それぞれダンジョンズ＆ドラゴンズで使用しているキャラクターの名前〕は大喜びしている。

以下の方々の愛と支えがなければ、本書が世に出ることはなかった——クレイグ・クローフォードとテレサ・クローフォード、ジャック・クローフォードとドート・クローフォード、ブレンダン・ヒューズ、ブリタニー・クローフォードとランドン・ハミルトン、ケイティー・ヒューズとダニー・ヒューズ、ケイトリン・チェンバーズ、チェルシー・ホード、ケルシー・モール、キャシーとスモズ、キム・バーグズとイヴァーズ・バーグス、スクローツ一家、ケリー・パルズロック、キャスリーン・ノルタ、ヴィンセント・ペコラーロ、ジョン・ウォルフ、アラン・カウリー、サイモン・ハンフリー、デイヴィッド・ヴァンデン・バウト、ポール・マッコード、ステイシー・スパークス、ジェニー・ブロドベルト、ジェン・ムーン、ベティーとドート。

最後に私のマウンテンマン、ジョシュ・ビバードーフへ。無償の愛で私を支えてくれてありがとう。この本に取りくんでいるあいだ、毎晩夕食をつくって運んできてくれたね。背中のマッサージにお茶目なウインク。毎日欠かさず笑わせてもくれた。それ以上に嬉しかったのは、とりわけ苦しかった時期に私を励ましてくれたこと。あなたは私がこの惑星で一番気に入っている人。私たちの物語が次の章でどうなっていくのか、早く見たくてたまらない。チュッ。

# 訳者あとがき

本書冒頭の著者にならって、訳者もはじめにひとつ白状しておきたい。

私は化学オンチだった。

高校2年生のときの担任は化学の先生であり、いまでいう大学入学共通テストでは化学を選択した。でも、肝心の授業は霧の中をさまようがごとくで、まさに「はじめに」に登場する著者の親友チェルシーである。化学に限らず理系科目が苦手で、高校卒業とともにきれいさっぱりおさらばできたのを喜んでいたのに、何十年かしたらこうしてポピュラーサイエンスの翻訳者になっているのだから、人生はわからないものである。

とはいえ、本格的に化学を扱った本を担当するのは今回がはじめてだったため、作業を始めるときには少なからず緊張していた。そんな私が本書を訳しおえる頃には、日々の暮らしの中でちょっとした化学が頭をよぎるようになっていた。

水滴を見れば「水素結合」だと思う。甘さを感じたら「共有結合」で、すっぱさを感じたら「イオン結合」だと心でつぶやく。ウォーキング中に雨に降られてパーカが水を弾いたら、「繊維が無極性分子だから」。綿のTシャツが汗でぐっしょり濡れれば、「繊維が極性分子だから」。食器にラップをかぶせながら「分子間力でくっつく」。

すでに読みおえた読者にも、程度の差はあれ似たようなことが起きているのではないだろうか。そして、それこそがまさにこの本の狙い。つまり、私たちの身のまわりが化学であふれていることに目を開かせ、これまでとは違った視点で日常を眺められるようにすることだ。考えてみれば、高校でおさらばしたのは化学という「教科」だけであって、実際の化学は片時も休まず周囲で（そして体内でも）くり広げられてきたわけである。

一般読者向けの化学の本というと、元素や化学物質に注目したものや、特定のジャンルにおける化学を取りあげたものが少なくない。だが本書の場合は、まず第Ⅰ部で原子・分子・結合・反応といった基礎を学んだあと、第Ⅱ部では朝起きてから夜寝るまでの一日の流れに沿って説明が展開する。シャワー、身支度、料理、食事、運動、掃除、日光浴、飲酒、睡眠。日常のありふれた活動の中にひそむ化学が、豊富な具体例とともに楽しくわかりやすく解説されていくのだ。その点がじつにユニークである。

しかも堅苦しい文章ではなく、著者の肉声が聞こえてくるような愉快な語りも本書の魅力だ。それもそのはず、著者のケイト・ビバードーフはテキサス大学オースティン校の准教授であり、研究はせずに教育に特化して入門レベルの化学を教えている。さらには、子ども向けの化学の本を執筆したり、メディアを通じて化学の啓蒙活動に励んだりもしていて、アメリカでは「ケイト・ザ・ケミスト（Kate the Chemist＝化学者ケイト）」の愛称で知られる人気化学者の顔をもっているのである。

教室でのビバードーフは、ハイヒール姿でショーのような体験型の授業を行う。また、大学のアウトリーチ活動の一環として、地元の学校の児童・生徒向けにさまざまな（驚きの）デモンストレーションを披露したりもしている。さらには自身のＹｏｕＴｕｂｅチャンネル（youtube.com/@KateBiberdorf）を開設し、面白い（ときにアブナイ）実験の発信もしている。その型破りで楽しい授業とデモンストレーションは人気を呼び、徐々に評判が広がっていった。いつしか活字メディアで頻繁に紹介されるようになり、全国放送のテレビ番組にもたびたび出演するまでになった。各地で「サイエンスショー」を開催したり、ポッドキャストで科学の番組をもったりと、近年では活躍の場をさらに広げつつある。

「型破りで楽しい講義やデモンストレーション」がどういうものかは、本書の表紙を見てもらえばその一端がうかがえると思う。火を噴いているのはビバードーフ本人である（授業を受けてみたくなるでしょう?）。燃やしたり吹きとばしたりが大好きな、明るくお茶目なキャラクター。それがケイト・ザ・ケミストの人気の秘密だ。

だが、それだけではない。本書の「謝辞」からもわかるように、ビバードーフは理工系女性の育成にも力を注いでいる。ＯＥＣＤ（経済協力開発機構）が２０２３年に発表したデータによれば*、２０２１年に大学の理工系卒業生に女性が占めた割合は、ＯＥＣＤ平均で理学系（自然科学・数学・統計学）が54％、工学系（土木・製造・建設）が28％なのに対し、アメリカは前者が58％で後者が24％だった。アメリカはもっと割合が大きいと思っていた人が多いのではないだろうか。しかし、理工系女性への根強い偏見に遭遇する場面はまだ多々あると、ビバードーフはインタビュー等で語っている。ちなみに日本は前者が27％で後者が16％と、どちらも加盟38か国中最下位であり、道は遠いといわざるをえない。それでも、興味をもつ女性を増やすことは重要な一歩。そのために、女性科学者に対するステレオタイプや偏見をうち破り、理工系女子の新時代のロールモデルになるのがビバードーフの大きな目標なのである。

でも、もちろん本書は老若男女、誰でも楽しめる。化学を学ぶ学生の参考になるだけでなく、教科としての化学から遠ざかっていた大人の学びなおしにも最適だ。第Ｉ部で少し難しい話が出てきても、おおまかにつかめれば先に進んで大丈夫。重要なところは第II部の具体例でくり返し登場するので、いつのまにか頭に入ってくる。第Ｉ部を終えたら、そのまま順に読むもよし、興味あるテーマからページを開くもよしだ。

日常生活にひそむ化学に目覚めたからといって、当然ながら日常生活そのものが変わるわけではない。だが、目に映る現実をひと皮めくったところで、じつは何が起きているかを教えてくれるのが科学だ。ひとつ知れば、物の見方がひとつ豊かになる。本書がきっかけで、もっと化学や科学全般を学んでみたいと思う人が少しでも増えれば、訳者としてこれほど嬉しいことはない。

本書は、ビバードーフにとってはじめての大人向けの著書 *It's Elemental: The Hidden Chemistry in Everything*（Park Row Books, 2021）の全訳である。日本語版では、原書の図版をすべて手描きで作製しなおしたうえ、日本語版独自のイラストも収録している。そういう意味では、原書以上に魅力的な一冊に仕上がっているのではないかと思う。なお、小見出しと文中の太字は日本語版編集部によるものである。

最後になるが、この楽しい本と出会わせてくれ、的確な助言で訳者の詰めの甘さを補ってくださった山と溪谷社編集部の綿ゆりさんをはじめ、本書の製作・刊行にかかわった大勢の方々にこの場を借りて心より感謝申しあげる。

2024年1月

梶山あゆみ

＊ 出典：*Education at a Glance 2023: OECD INDICATORS*、243頁"Share of female graduates in tertiary education, by field of study (2015 and 2021)"

| 8B 10 | 1B 11 | 2B 12 | 3A 13 | 4A 14 | 5A 15 | 6A 16 | 7A 17 | 8A 18 |
|---|---|---|---|---|---|---|---|---|
| | | | | | | | | 2 **He** 4.003 |
| | | | 5 **B** 10.81 | 6 **C** 12.01 | 7 **N** 14.01 | 8 **O** 16.00 | 9 **F** 19.00 | 10 **Ne** 20.18 |
| | | | 13 **Al** 26.98 | 14 **Si** 28.09 | 15 **P** 30.97 | 16 **S** 32.07 | 17 **Cl** 35.45 | 18 **Ar** 39.95 |
| 28 **Ni** 58.69 | 29 **Cu** 63.55 | 30 **Zn** 65.38 | 31 **Ga** 69.72 | 32 **Ge** 72.64 | 33 **As** 74.92 | 34 **Se** 78.96 | 35 **Br** 79.90 | 36 **Kr** 83.80 |
| 46 **Pd** 106.42 | 47 **Ag** 107.87 | 48 **Cd** 112.41 | 49 **In** 114.82 | 50 **Sn** 118.71 | 51 **Sb** 121.76 | 52 **Te** 127.60 | 53 **I** 126.90 | 54 **Xe** 131.29 |
| 78 **Pt** 195.08 | 79 **Au** 196.97 | 80 **Hg** 200.59 | 81 **Tl** 204.38 | 82 **Pb** 207.20 | 83 **Bi** 208.98 | 84 **Po** (209) | 85 **At** (210) | 86 **Rn** (222) |
| 110 **Ds** (281) | 111 **Rg** (281) | 112 **Cn** (285) | 113 **Nh** (286) | 114 **Fl** (289) | 115 **Mc** (289) | 116 **Lv** (293) | 117 **Ts** (293) | 118 **Og** (294) |

| | | | | | | |
|---|---|---|---|---|---|---|
| 65 **Tb** 158.93 | 66 **Dy** 162.50 | 67 **Ho** 164.93 | 68 **Er** 167.26 | 69 **Tm** 168.93 | 70 **Yb** 173.04 | 71 **Lu** 174.97 |
| 97 **Bk** (247) | 98 **Cf** (251) | 99 **Es** (252) | 100 **Fm** (257) | 101 **Md** (258) | 102 **No** (259) | 103 **Lr** (262) |

# 元素周期表

| 1A<br>1 | 2A<br>2 | 3B<br>3 | 4B<br>4 | 5B<br>5 | 6B<br>6 | 7B<br>7 | 8B<br>8 | 8B<br>9 |
|---|---|---|---|---|---|---|---|---|
| 1<br>**H**<br>1.008 | | | | | | | | |
| 3<br>**Li**<br>6.941 | 4<br>**Be**<br>9.012 | | | | | | | |
| 11<br>**Na**<br>22.99 | 12<br>**Mg**<br>24.31 | | | | | | | |
| 19<br>**K**<br>39.10 | 20<br>**Ca**<br>40.08 | 21<br>**Sc**<br>44.96 | 22<br>**Ti**<br>47.87 | 23<br>**V**<br>50.94 | 24<br>**Cr**<br>52.00 | 25<br>**Mn**<br>54.94 | 26<br>**Fe**<br>55.85 | 27<br>**Co**<br>58.93 |
| 37<br>**Rb**<br>85.47 | 38<br>**Sr**<br>87.62 | 39<br>**Y**<br>88.91 | 40<br>**Zr**<br>91.22 | 41<br>**Nb**<br>92.91 | 42<br>**Mo**<br>95.94 | 43<br>**Tc**<br>(98) | 44<br>**Ru**<br>101.07 | 45<br>**Rh**<br>102.91 |
| 55<br>**Cs**<br>132.91 | 56<br>**Ba**<br>137.33 | 57<br>**La**<br>138.91 | 72<br>**Hf**<br>178.49 | 73<br>**Ta**<br>180.95 | 74<br>**W**<br>183.84 | 75<br>**Re**<br>186.21 | 76<br>**Os**<br>190.23 | 77<br>**Ir**<br>192.22 |
| 87<br>**Fr**<br>(223) | 88<br>**Ra**<br>(226) | 89<br>**Ac**<br>(227) | 104<br>**Rf**<br>(261) | 105<br>**Db**<br>(262) | 106<br>**Sg**<br>(266) | 107<br>**Bh**<br>(270) | 108<br>**Hs**<br>(277) | 109<br>**Mt**<br>(278) |

| | | | | | | |
|---|---|---|---|---|---|---|
| 58<br>**Ce**<br>140.12 | 59<br>**Pr**<br>140.91 | 60<br>**Nd**<br>144.24 | 61<br>**Pm**<br>(145) | 62<br>**Sm**<br>150.36 | 63<br>**Eu**<br>151.96 | 64<br>**Gd**<br>157.25 |
| 90<br>**Th**<br>232.04 | 91<br>**Pa**<br>231.04 | 92<br>**U**<br>238.03 | 93<br>**Np**<br>(237) | 94<br>**Pu**<br>(244) | 95<br>**Am**<br>(243) | 96<br>**Cm**<br>(247) |

# 用語集

**アミノ酸**

人間が生きるうえで必要な、炭素原子、水素原子、窒素原子、および酸素原子だけからなる分子

**アルコール**

酸素原子と水素原子の共有結合を含む分子

**イオン**

電荷を帯びた原子（電荷は正の場合も負の場合もある）

**イオン結合**

1個の原子が別の原子に電子を与えるときに生じる相互作用

**陰イオン**

負の電荷を帯びた原子

**塩基**

pHが7より大きい分子

**価電子**

原子の最外殻に位置する電子

**官能基**

分子全体の化学反応性に大きな影響を与える分子の一部分

**気化**

液体が気体になるときの状態変化

**吸熱反応**
エネルギーを吸収する（低温になる）プロセス

**共有結合**
2個の原子が電子を共有する相互作用

**極性**
分子（または結合）内で電子が不均等に分布していること

**グルコース**
分子式$C_6H_{12}O_6$で表される単糖の一種。ブドウ糖ともいう

**結合**
2原子間の化学反応通常は電子を共有したり電子を与えたりして実行する）

**嫌気性**
反応するうえで酸素の存在を必要としない性質

**原子**
物質の基本的構成要素（陽子、中性子、電子からなる）

**原子核**
原子の中心（陽子と中性子からなる）

**原子番号**
原子内の陽子の数

**原子量**
原子内の陽子数と、中性子数の加重平均を合計したもの

**元素**
陽子数（および物理特性／化学特性）が同一な原子の集合

**好気性**
反応するうえで酸素の存在を必要とする性質

**酵素**
触媒に似た働きで化学反応を（しばしば人体内で）ひき起こす天然のタンパク質分子

**酸**
pHが7より小さい分子

**シス型**
ふたつの官能基が分子の同じ側に結合した配置

**質量数**
原子内の陽子数と中性子数の合計

**脂肪酸**
無極性の末端（炭化水素）と極性の末端（カルボン酸）をもつ長い分子

**触媒**
ひとつの化学反応に対する代替経路を提供する分子（通常は反応速度を高める働きをする）

**水素結合**
分子間力の一種。それぞれの分子内に、電気陰性度の大きい原子（窒素、酸素、フッ素など）と水素原子との共有結合が含まれる場合に生じる

**双極子相互作用**
2個の極性分子のあいだに生じる分子間力

**疎水性**
無極性分子がもつ、水と混じりあわない性質

**炭化水素**
水素原子と炭素原子だけからなる分子

**炭水化物**
食物に含まれる糖分子とデンプン分子

**中性子**
原子核内に位置し、中性の電荷をもつ粒子

**電解質**
イオン化した分子（もしくは塩）

**電気陰性度**
1個の原子の電子が別の原子の核に引きつけられる度合い

**電子**
原子核の外側にあって、負の電荷をもつ粒子

**電磁波**
マイクロ波、赤外線、可視光線、紫外線、X線、およびガンマ線などとして空間を伝播する電気と磁気の波

**同位体**
同一の元素の中で、陽子数は同じだが中性子数の異なる2個以上の原子

**トランス型**
ふたつの官能基が分子の別々の側に結合した配置

**トリグリセリド**
食物内の脂肪や油脂に含まれる分子

**熱エネルギー**
熱の形態をとった運動エネルギー

**発熱反応**
熱を放出する（高温になる）プロセス

**分散力**
2個の無極性分子のあいだに生じる分子間力

**分子**
2個以上の原子を含む物質

**分子間力**
分子間に働く引力

**ペプチド**
2個以上のアミノ酸で構成された分子

**芳香分子**

自然の状態で芳香をもつ分子

**ポリペプチド**

食物に含まれるタンパク質分子

**ポリマー**

基本単位のくり返しによって構成される大きな分子

**ホルモン**

体内の1か所から別の1か所へと「メッセージ」を運ぶ分子

**マクロ**

人間の目で（特別な装置なしに）観察できること

**ミクロ**

人間の目では（特別な装置なしに）観察することができないこと

**密度**

所定の体積内で物質が占める相対的質量

**無極性**

分子（または結合）内で電子が均等に分布していること

**陽イオン**

正の電荷を帯びた原子

**陽子**

原子核内に位置し、正の電荷をもつ粒子

ブックデザイン　三森健太（JUNGLE）
イラストレーション　mako
D　T　P　宇田川由美子
編集協力　神保幸恵
編　　集　綿ゆり（山と溪谷社）

# さぁ、化学に目覚めよう
## 世界の見え方が変わる特別講義

2024年3月20日 初版第1刷発行

著　　者　ケイト・ビバードーフ
訳　　者　梶山あゆみ
発 行 人　川崎深雪
発 行 所　株式会社山と溪谷社
〒101-0051
東京都千代田区神田神保町1丁目105番地
https://www.yamakei.co.jp/

乱丁・落丁、及び内容に関するお問合せ先
山と溪谷社自動応答サービス
TEL. 03-6744-1900
受付時間/11:00～16:00（土日、祝日を除く）
メールもご利用ください。
【乱丁・落丁】service@yamakei.co.jp　【内容】info@yamakei.co.jp

書店・取次様からのご注文先
山と溪谷社受注センター
TEL. 048-458-3455　FAX. 048-421-0513

書店・取次様からのご注文以外のお問合せ先
eigyo@yamakei.co.jp

印刷・製本　株式会社シナノ

定価はカバーに表示してあります

Printed in Japan　ISBN978-4-635-13018-9

# 著者略歴

## 著者

### ケイト・ビバードーフ

Kate Biberdorf

テキサス大学オースティン校の化学教育における准教授。無機化学で博士号を取得。大学では文系の学生に向けた化学の講義も担当する。子ども向けのサイエンス本も多数執筆するほか、*Today Show*や*The Late Shown with Stephen Colbert*など数々のテレビ番組にも出演。わかりやすく、すこぶる楽しい化学の授業に定評がある。「Kate the Chemist」の愛称で親しまれる人気の化学者。

https://www.katethechemist.com

## 訳者

### 梶山あゆみ

かじやま・あゆみ

翻訳者。東京都立大学人文学部英文科卒業。主な訳書に、カール・ヘラップ『アルツハイマー病研究、失敗の構造』(みすず書房)、デイヴィッド・イーグルマン『脳の地図を書き換える――神経科学の冒険』(早川書房)、デビッド・A・シンクレアほか『LIFESPAN――老いなき世界』(東洋経済新報社)、コーディー・キャシディーほか『とんでもない死に方の科学――もし○○したら、あなたはこう死ぬ』(河出書房新社)などがある。

## 参考文献


- Alberts, Bruce, Alexander Johnson, Julian Lewis, Martin Raff, Keith Roberts, and Peter Walter. *Molecular Biology of the Cell.* New York: Garland Science, 2002. [『細胞の分子生物学(第6版)』Bruce Albert(ほか)著、中村桂子(ほか)監訳、青山聖子(ほか)訳、ニュートンプレス、2017年]
- Atkins, Peter, and Loretta Jones. *Chemical Principles.* New York: W. H. Freeman and Company, 2005. [『アトキンス 一般化学(上・下)』Peter Atkins / Loretta Jones / Leroy Laverman共著、渡辺正訳、東京化学同人、2014 ~ 2015年]
- The American Chemical Society. *Flavor Chemistry of Wine and Other Alcoholic Beverages.* Portland: ACS Symposium Series eBooks, 2012. PDF e-book.
- The American Chemical Society. *Chemistry in Context.* New York: McGraw-Hill Education, 2018. [『実感する化学(上・下)』A Project of the American Chemical Society原著、Cathy Middlecamp代表執筆、廣瀬千秋訳、エヌ・ティー・エス、2015年]
- The American Chemical Society. *Flavor Chemistry of Wine and Other Alcoholic Beverages.* United Kingdom: OUP USA, 2012.
- Aust, Louise B. *Cosmetic Claims Substantiation.* New York: Marcel Dekker, 1998.
- Barel, André, Marc Paye, and Howard I. Maibach, ed. *Handbook of Cosmetic Science and Technology.* Boca Raton: Taylor & Francis Group, 2010.
- Barth, Roger. *The Chemistry of Beer.* Hoboken: John Wiley & Sons, Inc., 2013.
- Belitz, Hans-Dieter, Werner Grosch, and Peter Schieberle. *Food Chemistry.* Berlin Heidelberg: Springer-Verlag, 2009.
- Beranbaum, Rose Levy. *The Pie and Pastry Bible.* New York: Scribner, 1998.
- Black, Roderick E., Fred J. Hurley, and Donald C Havery. "Occurrence of 1,4-dioxane in cosmetic raw materials and finished cosmetic products." *Journal of AOAC International 84*, no. 3 (May 2001): 666–670.
- Bouillon, Claude, and John Wilkinson. *The Science of Hair Care.* Abingdon: Taylor & Francis, 2005.
- Boyle, Robert. *The Sceptical Chymist.* London: J. Cadwell, 1661. [『懐疑の化学者』ボイル著、田中豊助/原田紀子/石橋裕共訳、内田老鶴圃、1987年]
- Crabtree, Robert H. *The Organometallic Chemistry of the Transition Metals.* Hoboken: Wiley-Interscience, 2005.
- The Editors of *Cook's Illustrated. The New Best Recipe.* Brookline: America's Test

Kitchen, 2004.

- Ege, Seyhan. *Organic Chemistry.* Boston: Houghton Mifflin Company, 2004.
- Feyrer, James, Dimitra Politi, and David N. Weil. "The Cognitive Effects of Micronutrient Deficiency: Evidence from Salt Iodization in the United States." *Journal of the European Economic Association 15*, no. 2 (April 2017): 355–387.
- "Foundations of Polymer Science: Wallace Carothers and the Development of Nylon." American Chemical Society National Historic Chemical Landmarks. American Chemical Society. Accessed March 12, 2020. http://www.acs.org/content/acs/en/education/whatischemistry/landmarks/carotherspolymers.html.
- Fromer, Leonard. "Prevention of anaphylaxis: the role of the epinephrine auto-injector." *The American Journal of Medicine 129*, no. 12 (August 2016): 1244–1250.
- Fuss, Johannes, Jörg Steinle, Laura Bindila, Matthias K. Auer, Hartmut Kirchherr, Beat Lutz, and Peter Gass. "A runner's high depends on cannabinoid receptors in mice." *PNAS 112*, no. 42 (October 2015): 13105–13108.
- "Gchem." McCord, Paul, David Vanden Bout, and Cynthia LaBrake. The University of Texas. Accessed December 20, 2019. https://gchem. cm.utexas.edu/.
- Goodfellow S.J., and W.L. Brown. "Fate of Salmonella Inoculated into Beef for Cooking." *Journal of Food Protection 41*, no. 8 (August 1978): 598–605.
- Green, John, and Hank Green. Vlogbrothers' YouTube page. Accessed May 15, 2020. https://youtu.be/rMweXVWB918?t=75.
- Guinn, Denise. *Essentials of General, Organic, and Biochemistry.* New York: W. H. Freeman and Company, 2014.
- Halliday, David, Robert Resnick, and Jearl Walker. *Fundamentals of Physics.* Hoboken: John Wiley & Sons, Inc., 2014.［『物理学の基礎（1 ～ 3）』D・ハリディ／ R・レスニック／ J・ウォーカー共著、野崎光昭監訳、培風館、2002年］
- Hammack, Bill, and Don DeCoste. *Michael Faraday's The Chemical History of a Candle with Guides to the Lectures, Teaching Guides & Student Activities.* United States: Articulate Noise Books, 2016.
- Higginbotham, Victoria. "Copper Intrauterine Device (IUD)." *Embryo Project Encyclopedia* (July 2018): 1940–5030.
- Hodson, Greg, Eric Wilkes, Sara Azevedo, and Tony Battaglene. "Methanol in wine." *40th BIO Web of Conferences 9*, no. 02028 (January 2017): 1–5.
- Horton, H. Robert, Laurence A. Moran, Raymond S. Ochs, J. David Rawn, and K. Gray Scrimgeour. *Principles of Biochemistry.* Upper Saddle River: Prentice Hall,

Inc., 2002. [『ホートン 生化学（第5版）』Laurence A. Moran（ほか）著、鈴木紘一／笠井献一／宗川吉汪監訳、榎森康文／川崎博史／宗川惇子共訳、東京化学同人、2013年]

- Housecroft, Catherine E., and Alan G. Sharpe. *Inorganic Chemistry.* Harlow: Pearson, 2018. [『ハウスクロフト 無機化学（上・下）』Catherine E. Housecroft ／ Alan G. Sharpe共著、巽和行（ほか）監訳、東京化学同人、2012年]
- "How Big Is a Mole? (Not the animal, the other one.)" Daniel Dulek. TED Talk. Accessed August 3, 2019. https://www.ted.com/talks/daniel_dulek_how_big_is_a_mole_not_the_animal_the_other_one/ transcript?language=en.
- Iizuka, Hajime. "Epidermal turnover time." *Journal of Dermatological Science 8, no. 3* (December 1993): 215–217. https://linkinghub.elsevier. com/retrieve/pii/0923181194900574.
- Karaman, Rafik. *Commonly Used Drugs: Uses, Side Effects, Bioavailability and Approaches to Improve It.* United States: Nova Science Incorporated, 2015.
- King Arthur Flour. *The All-Purpose Baking Cookbook.* New York: The Countryman Press, 2003.
- Koltzenburg, Sebastian, Michael Maskos, and Oskar Nuyken. *Polymer Chemistry.* Berlin Heidelberg: Springer-Verlag, 2017.
- Lynch, Harry J., Richard J. Wurtman, Michael A. Moskowitz, Michael C. Archer, and M.H. Ho. "Daily rhythm in human urinary melatonin." *Science 187,* no. 4172 (January 1975): 169–171.
- "Making sense of our senses." Maxmen, Amy. Science. Accessed February 2020. https://www.sciencemag.org/features/2013/11/making-sense-our-senses.
- Marks, Lara. *Sexual Chemistry.* New Haven, London: Yale University Press, 2010.
- McGee, Harold. *On Food and Cooking.* New York: Scribner, 2004. [『マギー キッチンサイエンス―食材から食卓まで』Harold McGee著、香西みどり監訳、北山薫／北山雅彦共訳、共立出版、2008年]
- Moberg, Kerstin Uvnäs. *The Oxytocin Factor.* London: Pinter & Martin, 2011. [『オキシトシン―私たちのからだがつくる安らぎの物質』シャスティン・ウヴネース・モベリ著、瀬尾智子／谷垣暁美共訳、晶文社、2014年]
- Nehlig, Astrid, Jean-Luc Daval, and Gerard Debry. "Caffeine and the central nervous system: mechanisms of action, biochemical, metabolic and psychostimulant effects." *Brain Research Reviews 17*, no. 2 (May 1992): 139–170.
- Norman, Anthony W., and Gerald Litwack. *Hormones.* San Diego, California: Academic Press, 1997.

- "Nylon: A Revolution in Textiles." Audra J. Wolfe. Science History Institute. Accessed March 14, 2020. http://sciencehistory.org/distillations/ magazine/nylon-a-revolution-in-textiles.
- O'Lenick, Anthony J., and Thomas G. O'Lenick. *Organic Chemistry for Cosmetic Chemists.* Carol Stream: Allured Publishing, 2008.
- Oxtoby, David W., H.P. Gillis, and Alan Campion. *Principles of Modern Chemistry.* Belmont: Brooks/Cole, 2012.
- "Parabens in Cosmetics." U.S. Food & Drug Administration. Accessed September 14, 2019. https://www.fda.gov/cosmetics/cosmetic-ingredients/parabens-cosmetics.
- Partington, James Riddick. *A Short History of Chemistry.* New York: Dover Publications, 1989.
- "Periodic Table of Elements." International Union of Pure and Applied Chemistry. Accessed October 20, 2019. https://iupac.org/what-we-do/periodic-table-of-elements/.
- "Pheromones Discovered in Humans." Boyce Rensberger. Athena Institute. Accessed March 3, 2020. http://athenainstitute.com/mediaarticles/washpost.html.
- Richards, Ellen H. *The Chemistry of Cooking and Cleaning.* Boston: Estes & Lauriat, 1882.
- Roach, Mary. Bonk: *The Curious Coupling of Science and Sex.* New York, London: W. W. Norton & Company, 2008. [『セックスと科学のイケない関係』メアリー・ローチ著、池田真紀子訳、日本放送出版協会、2008年]
- Robbins, Clarence R. *Chemical and Physical Behavior of Human Hair*. New York: Springer Science+Business Media, LLC, 1994. [『毛髪の科学（第4版）』クラーレンス・R・ロビンス著、山口真主訳、フレグランスジャーナル社、2006年]
- Sakamoto, Kazutami, Robert Y. Lochhead, Howard I. Maibach, and Yuji Yamashita. *Cosmetic Science and Technology.* Amsterdam: Elsevier Inc., 2017.
- Scheele, Dirk, Nadine Striepens, Onur Güntürkün, Sandra Deutschländer, Wolfgang Maier, Keith M. Kendrick, and René Hurlemann. "Oxytocin modulates social distance between males and females." *Journal of Neuroscience 32*, no. 46 (November 2012): 16074–16079.
- Scheer, Roddy, and Doug Moss. "Should People Be Concerned about Parabens in Beauty Products?" *Scientific American*, October 2014, https://www.scientificamerican.com/article/should-people-be-concerned-about-parabens-in-beauty-products/.

- Simons, Keith J., and F. Estelle R. Simons. "Epinephrine and its use in anaphylaxis: current issues." *Current Opinion in Allergy and Clinical Immunology 10,* no. 4 (August 2010): 354–361.
- Smith, K.R., and Diane Thiboutot. "Sebaceous gland lipids: friend or foe?" *Journal of Lipid Research 4* (November 2007): 271–281.
- Spellman, Frank R. *The Handbook of Meteorology.* Plymouth: Scarecrow Press, Inc., 2013.
- Spriet, Lawrence L. "New Insights into the Interaction of Carbohydrate and Fat Metabolism During Exercise." *Sports Medicine 44*, no. 1 (May 2014): 87–96.
- Society of Dairy Technology. *Cleaning-in-Place: Dairy, Food and Beverage Operations.* Oxford: Blackwell Publishing, 2008.
- Srinivasan, Shraddha, Kriti Kumari Dubey, Rekha Singhal. "Influence of food commodities on hangover based on alcohol dehydrogenase and aldehyde dehydrogenase activities." *Current Research in Food Science 1* (November 2019): 8–16.
- "Sunscreens and Photoprotection." Gabros, Sarah, Trevor A. Nessel, and Patrick M. Zito. StatPearls Publishing. Accessed January 15, 2020. https://www.ncbi.nlm.nih.gov/books/NBK537164/.
- Tamminen, Terry. *The Ultimate Guide to Pool Maintenance.* New York: McGraw-Hill Education, 2007.
- The Royal Society of Chemistry. *Coffee.* Croydon: CPI Group (UK), 2019.
- "This 16-year-old football player lifted a car to save his trapped neighbor." Ebrahimji, Alisha. CNN. Accessed January 19, 2020. http://cnn. com/2019/09/26/us/teen-saves-neighbor-car-trnd/index.html.
- Toedt, John, Darrell Koza, and Kathleen Van Cleef-Toedt. *Chemical Composition of Everyday Products.* Westport: Greenwood Press, 2005.
- Tosti, Antonella, and Bianca Maria Piraccini. *Diagnosis and Treatment of Hair Disorders.* Abingdon: Taylor & Francis, 2006.
- Tro, Nivaldo J. *Chemistry.* Boston: Pearson, 2017.
- Waterhouse, Andrew Leo, Gavin L. Sacks, and David W. Jeffery. *Understanding Wine Chemistry.* Chichester: John Wiley & Sons, Inc., 2016.
- Wermuth, Camille Georges, David Aldous, Pierre Raboisson, Didier Rognan, ed. *The Practice of Medicinal Chemistry.* London, England: Academic Press, 2015. [『最新創薬化学—探索研究から開発まで（改訂第2版、上・下）』C.G. Wermuth編著、長瀬博監訳、

テクノミック、2004 ～ 2006 年]

- Young, David, John D. Cutnell, Kenneth W. Johnson and Shane Stadler. *Physics.* Hoboken: John Wiley & Sons, Inc., 2015.
- "Your Guide to Physical Activity and Your Heart." National Institutes of Health, National Heart, Lung, and Blood Institute. Accessed March 23, 2020. http://nhlbi.nih.gov/files/docs/public/heart/phy_activ.pdf.
- Zakhari, Samir. "Overview: How is Alcohol Metabolized by the Body?" *Alcohol Research & Health 29*, no. 4 (2006): 245–254.
- Zumdahl, Steven S. *Chemical Principles.* Belmont: Brooks/Cole, 2009.
- Zumdahl, Steven S., Susan A. Zumdahl, and Donald J. DeCoste. *Chemistry.* Boston: Cengage Learning, 2018.